江西理工大学规划教材建设项目(XZG-21-05-5)资助出版

U0747951

地质空间信息处理技术

主　编　孙　涛
副主编　陈　飞　黄　震　潘栋彬

中南大学出版社
www.csupress.com.cn
·长沙·

图书在版编目（CIP）数据

地质空间信息处理技术／孙涛主编. --长沙：中南大学出版社，2024.12.

ISBN 978-7-5487-6101-3

Ⅰ．P208.2

中国国家版本馆 CIP 数据核字第 2024NR8145 号

地质空间信息处理技术
DIZHI KONGJIAN XINXI CHULI JISHU

孙涛　主编

| □出　版　人　林绵优 |
| □责任编辑　伍华进 |
| □责任印制　李月腾 |
| □出版发行　中南大学出版社 |

社址：长沙市麓山南路　　　　邮编：410083

发行科电话：0731-88876770　　传真：0731-88710482

□印　　装　广东虎彩云印刷有限公司

□开　　本　787 mm×1092 mm　1/16　□印张 12　□字数 310 千字
□互联网+图书　二维码内容　图片 25 张
□版　　次　2024 年 12 月第 1 版　　□印次 2024 年 12 月第 1 次印刷
□书　　号　ISBN 978-7-5487-6101-3
□定　　价　45.00 元

内容简介

随着各种高新信息技术在地质领域愈加广泛和深入地应用，地质信息处理技术已成为地质工作者必备的一项技能。本教材面向地质类专业高年级本科学生和研究生，是在学生系统学习了普通地质学、构造地质学、矿物岩石学、矿床学的基础之上，详细介绍各类地质信息的处理技术。通过本教材的学习，学生可以了解地质信息学科的内涵、外延、研究现状和发展趋势，培养统计分析、空间分析、非线性分析的信息处理思维，具体掌握地质、地球物理、地球化学、遥感等各类常见地质信息的处理方法和流程，接触和了解前沿的三维地质建模、地质大数据与人工智能技术，熟悉融合各类地质信息处理技术解决实际地质问题的工作框架，为毕业后开展各类地质工作和研究奠定良好的信息处理知识和技能基础。

前　言

当今人类社会已全方位进入信息时代，爆炸式的信息增长已经成为各行业发展的时代大背景。在地质学领域，随着地球信息探测技术的飞速发展，可获取的地质数据的种类和体量迅猛增长。一方面，海量的地质数据有利于地质各学科的发展，促进地质学向大数据时代和科学定量化方向迈进；另一方面，如何从种类和体量如此庞大的数据中提取有用的地质信息，从而帮助完成各类地质任务和研究课题，也成为信息时代下地质学必须面对和解决的难题。地质信息科学和地质信息处理技术应运而生，搭建了海量地质数据到高价值地质信息之间的桥梁。地质工作和研究的高度信息化是地质学科发展的必然趋势，地质信息处理技术已成为高校地质类专业学生必须掌握的基本技能。

本教材正是基于以上学科背景和依据编写，偏重空间地质信息，详细介绍各类地质信息处理技术的理论基础和应用框架。全书可分为四个部分，第一部分包括第1~4章，介绍地质信息科学的内涵和外延、发展趋势，讲述地质信息统计分析、空间分析和分形分析的核心思路和理论基础；第二部分包括第5~7章，介绍地球物理信息、地球化学信息、遥感信息三类常见的地质信息的具体处理方法；第三部分包括第8、9章，介绍地质信息三维空间建模与可视化、地质大数据与人工智能技术的发展态势和方法框架；第四部分为第10章，通过定量成矿预测这一综合性的地质任务，讲述在实际工作中融合多源地质信息、利用先进的人工智能算法解决地质问题的思路和流程。全书内容紧凑，以思维方式—理论基础—方法体系—前沿技术—综合应用的介绍方式层层递进，帮助读者全面了解和掌握地质信息处理技术。

本教材的第一主编工作单位是江西理工大学。在本教材的编写过程中，得到了吴开兴教授、何书副教授、冯亮副教授、胡训宇博士、姚远博士、刘强博士、李瑞雪博士的指导和帮助。感谢冯梅、刘月、张靖伟、张漪垠、张竑玮、蒲文斌等研究生在应用案例、文字修编、插图绘制等方面的贡献。感谢江西理工大学教务处和资源与环境工程学院领导老师的指导和帮助。感谢中南大学出版社的大力支持和在出版全过程中提出的宝贵意见。

本书在编写过程中引用了诸多学者和专家的优秀成果，在此谨向他们表示诚挚的敬意。

由于编者水平有限，书中难免有疏漏和不足之处，敬请读者批评指正。

编　者

2024 年 8 月

目 录

第 1 章　绪论

1.1　地质信息的相关概念

在地质调查、矿产勘查和工程勘察过程中，人们每时每刻都在采集大量的资料和数据，工作中面对的是一个"数据海洋"。如何管理好这些数据并迅速、有效地利用这些数据去解决各种复杂的地质问题，开展地质评价、资源开发和灾害防治，是摆在地质工作者面前的一个重要任务。根据国内外的成功经验，完成这一任务的最优途径，是采用多种信息技术集成来建立完善的地质信息处理系统。

信息是一个复杂的综合体。由于专业领域的差异和理解上的差异，人们在许多场合常把数据、知识与信息等同看待，结果使初学者无所适从。为了更好地进行信息的采集、管理、处理和应用，有必要对数据、信息、知识等概念进行明确的区分。

1. 数据

数据是客观事物（包括概念）的数量、特征、性质、时空位置及其相互关系的抽象表达。它可以是单个的符号、数字、字母，也可以是它们以某种形式和规则的集合，比如一个数组、一段文字、一句话、一篇文章或者是一幅图。总之，一切能为人感知的抽象表达都可以称为数据。在地质勘查过程中所获得的数据，包括地球物理勘探与遥感数据、地球化学勘探数据、野外露头观测数据、室内化验测试数据、地形地物的测量数据、综合整理与图件数据，也就是地质信息处理技术将要存储、管理和处理的数据。数据和数据载体是两个不同的概念，数据是逻辑概念，而载体是物质概念。载体有时又称为媒体、媒介或介质。一批数据可以记录在多种媒体上，同样，一种媒体也可以记录多种不同的数据。

2. 信息

信息是数据的含义或约定，表示事物运动状态和存在方式。数据是信息的载体，信息寓于数据之中。只有准确地表达了数据真正含义的信息，才是完整的和有价值的信息。例如，在一个地区出现的重力异常，可能是岩石圈结构异常特征的反映，也可能是地壳深部结构异常特征的反映，还可能是在当地的地壳浅部存在某种矿床的反映。如果我们无法用另外的方法或从另外的地方进一步查清它们的真实含义，那么我们在实际上并没有得到完整的信息，其价值就很有限。从这个意义上讲，信息需要通过对数据的分析和解译来获取。而各种实物媒体是数据的物质载体，就像多波段遥感数据是地貌、植被、水体和某些地下地质信息的逻辑载体，而卫星影像是多波段遥感数据的物质载体。正因为三者密不可分，所以在特定情况下，人们常将"数据"和"信息"甚至"数据载体"当作同义词看待。

一般来说，数据结构越复杂，所表达的信息量越大。为了便于计算机对信息的存储、管理和处理，可以将数据分解成一组属性及其属性值，即"属性1：值1。属性2：值2。……。属性n：值n"。这种数组形式可以完整地描述一件事情、一个物体、一种现象、一条信息或一个概念(统称为对象)的存在状态和行为方式(统称为属性，例如时间、地点、程度等)。例如"江西赣南地区广泛出露从加里东期至燕山期的花岗岩，面积达14000 km²"，这一信息可表达为"地点：江西省，赣南地区。对象：花岗岩。形成时代：加里东期至燕山期。出露面积：14000 km²"。

3. 知识

知识是信息的集合，是通过多个信息的关联和组合而表达的认识、规则和经验，它来自人类改造客观世界的实践中。例如，"上盘下降下盘上升""正断层""SiO_2含量(本书含量指质量分数，下同)高于65%""岩浆岩""酸性岩"等分别是一些孤立的信息。如果我们用表示因果关系的关联词"如果……则……"把其中两个或两个以上的孤立信息关联起来，就构成了一条知识。例如，"如果断层的上盘下降而下盘上升，则为正断层""如果岩浆岩的SiO_2含量高于65%，则为酸性岩"。这两条都是简单的地质学知识。

根据以上定义和论述，数据、信息、知识之间存在着明显的层次关系。如果要分别对它们进行处理，则对应的处理便构成了包含的层次关系(图1-1)：知识(处理)依赖于信息(处理)，而信息(处理)依赖于数据(处理)。随着由下往上层次的上升，需要存储和处理的对象越来越多，也越来越复杂。

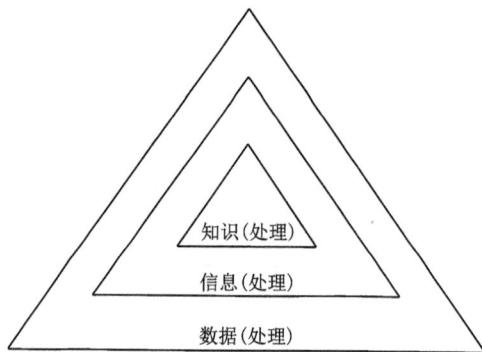

图1-1 信息处理的层次
(据李之棠和李汉菊，1997；吴冲龙等，2016)

地质信息是自然过程以及人类在地质勘查、研究、开发、利用和管理过程中各种状态的客观显示，也是人和自然资源在相互作用的过程中所交换的内容。它们有时表现为物质形态，有时表现为非物质形态，既反映了这些事物在运动中的各种差异及规律，又反映了这些事物之间的相互作用和相互联系。信息在把地质体性质、特征及其形成、分布、演化规律转化为人类意识的过程中，甚至在人类社会与大自然的相互联系、相互作用和协调发展过程中，始终起着中介作用。可靠而健全的地质信息，可以消除人类在自然资源开发利用领域对社会可持续发展问题认识的不确定性，导致由人类和自然界所组成的人-地系统的有序性增强。现代信息资源管理的主要标志之一，是以计算机为基础的各种信息系统的建立。信息资源计算机管理技术的发展和应用，不仅大大地改善了信息工作的条件，有力地推动了信息工作向产业化方向发展，而且能够促进数据→信息→知识的快速转化，提高知识创新和技术创新能力。

1.2　地质信息处理的对象和任务

地质信息处理的对象是各种地质数据。地质数据的多源、多主题、多尺度、大体量的特点，决定了地质数据分类的复杂性和必要性。合理的地质数据分类，是地质信息处理的基础与前提。根据不同的数据属性，主要有以下分类方法：

(1)按主题，可划分为基础地理、基础地质、地球物理、地球化学、工程地质、水文地质、地震地质、地质资源、环境地质等。

(2)按数据尺度(范围)，可划分为全球尺度、板块尺度、区域尺度、手标本尺度、显微尺度等。

(3)按数据属性，可分为空间数据和非空间数据两种。空间数据包括空间定位、空间度量、空间结构和空间聚合。其中空间度量能计算诸如物体的长度、面积，物体之间的距离和相对方位等；空间结构能获得物体之间的相互关系；空间聚合指的是空间数据和各种专题信息相结合，实现多介质的图、数和文字信息的集成处理，为应用部门和决策部门提供综合性的依据。非空间数据包括专题属性数据和质量描述数据。

(4)空间数据，按比例尺，有1:100万、1:50万、1:25万、1:20万、1:10万、1:5万、1:2.5万、1:1万等多个比例尺层次。

(5)按数据状态，可分为原始数据、基础数据(规范化数据)、成果数据。

(6)按数据来源，可分为露头观测、岩芯描述、物理测井、采样化验、物理-力学测试、日常生产记录、水文地质调查、重磁地震等地球物理勘探、遥感、地球化学勘探、综合研究与编图等数据。

(7)按数据维度，可分为二维数据(如地质图)、2.5维数据(如DTM)、三维数据、多维数据等。

(8)按数据加工处理程度，可分为原始数据、基础数据、加工统计数据、深加工数据和专题加工数据。

地质信息具有以下显著的特点：

(1)多源。地质数据获取手段多样，来源主要有地质观测、地球物理勘探、遥感、地球化学勘探、地质模拟等。

(2)多维。地质结构与地质现象的复杂性、地质演化的长期性以及地质勘探设备的多样性特点，决定了地质数据具有空间维、时间维(多时态)及面向多种主题的属性维等多个维度上的信息。

（3）多尺度。由于地质信息管理中空间数据涉及各种比例尺，并且其覆盖空间范围大、数据信息量非常大，因此要求地质信息系统具备多尺度接合以及海量数据管理的能力。

（4）多主题。地质学分科的多样性和复杂性，决定了地质数据的多主题特性。例如，地质调查数据可划分为基岩地质、第四纪地质、工程地质、水文地质、环境地质、地质资源、地震地质、地球物理、地球化学等多个主题。

（5）大体量。由于地质区域的广阔性、地质数据的多源性，地质数据量往往比一般事务性数据量大得多。随着卫星和遥感技术的广泛应用，日益丰富的空间和非空间数据被获取、存储和集成，海量的地质数据在一定程度上已经超过了人们的处理能力，给存储和查询都带来很大的不便。地质数据的复杂性和数据的大量性，TB 数量级的数据库的出现，必然增大发现算法的搜索空间，增加搜索的难度和盲目性。

（6）异构。地质数据类型复杂多样，既包括地质成果图件、地质表格、地质数据库、地质模型等结构化数据，又包括报告文档、报表和多媒体等非结构化数据。

地质信息处理的任务是一个综合性的过程，它涉及地质数据的收集、整理、分析及应用等多个环节。以下是对地质信息处理任务的详细阐述：

1. 地质数据的收集

地质数据的收集是地质信息处理的基础。这些数据可能来源于多种渠道，包括但不限于地质勘探、地质调查、遥感监测、实验室分析等。收集的数据类型也多种多样，包括地质构造数据、岩石矿物数据、地球化学数据、地球物理数据等。在收集过程中，需要确保数据的准确性、完整性和时效性。

2. 地质数据的整理

收集到的地质数据往往需要进行整理，以便后续的分析和应用。整理工作包括数据清洗、格式转换、数据标准化等。数据清洗是指去除数据中的错误、异常值和重复项，以提高数据质量。格式转换则是将数据转换为统一的标准格式，便于后续处理和分析。数据标准化则是将数据按照一定的规则进行归一化处理，使得不同来源、不同尺度的数据能够进行比较和分析。

3. 地质数据的分析

地质数据的分析是地质信息处理的核心任务。分析工作包括地质数据的统计描述、空间分析、分形分析、数据挖掘等。统计描述可以揭示数据的分布特征、集中趋势和离散程度等；空间分析可以揭示地质现象的空间分布规律、空间关联性和空间异质性等；分形分析则能揭示繁杂数据表象下的非线性规律。

在地质数据分析中，还会运用到各种数学模型和算法，如地质统计学、地质过程模拟等。这些模型和算法可以帮助我们更深入地理解地质现象的本质和规律，为地质资源的勘探、开发和保护提供科学依据。

4. 地质数据的应用

地质数据的应用是地质信息处理的最终目的。地质数据可以应用于多个领域，如矿产资源勘探、地质灾害预警、地质环境保护等。在矿产资源勘探中，地质数据可以帮助我们确定矿产资源的分布和储量，为矿产资源的开发和利用提供决策支持；在地质灾害预警中，地质数据可以帮助我们预测和评估地质灾害的发生概率和危害程度，为防灾减灾提供科学依据；在地质环境保护中，地质数据可以帮助我们了解地质环境的现状和变化趋势，为地质环境的保护和治理提供决策支持。

数据分析是地质信息处理的关键一环，目的是把隐没在杂乱无章数据中的信息集中、萃取和提炼出来，以找出所研究对象的内在规律，验证有关的理论或假设。在实际工作中，利用数据分析结果可以有效地帮助人们做出判断，以便采取适当行动。数据分析一般包含以下三个主要步骤。

1. 探索性数据分析

原始数据往往是杂乱无章的，看不出规律，探索性数据分析是应用各种技术（主要是图形方法，也包括一些定量技术）对数据进行分析的途径。探索性数据分析有利于对数据集的深入了解、揭示数据集中隐含的结构、提取重要的变量、确定异元值和异常值等，从而为更深层次的研究奠定基础。探索性数据分析的图形技术都非常简单易行，可以直接采用原始数据绘图，如散点图（相关图）、直方图、概率图等，也可以采用简单的统计量进行投图，如利用平均值或标准差投图。探索性数据分析过程中，需要对缺失值进行处理。所谓缺失值是指在数据采集与整理过程中丢失的内容。缺失值的处理一般有两种方式。一是删除对应的记录，如在微量元素地球化学分析中，由于部分样品的某个元素含量低于仪器的检测限而出现缺失，则将该元素信息全部从数据集中删掉。这种方式在数据缺失非常少的情况下是可行的，但如果各个元素的分析项目中都有数据缺失，对所有缺失的记录都进行删除可能会使总样本量变得非常小，从而损失许多有用信息。缺失值处理的第二种方式是进行插值处理，所谓插值，就是指人为地用一个数值去替代缺失的数值，在本书后续章节中有详细介绍。

2. 模型分析

模型分析是指在探索性分析的基础上提出一类或几类可能的模型，然后通过进一步的分析从中挑选一定的模型。数学模型一直广泛应用于地质信息处理的过程中，而随着人工智能算法的普及，机器学习模型也越来越多地应用于地质信息处理中。

3. 知识推断

地质资料数据指可用于推导出某项结论的资料数据。地质资料数据一般应包括地质数据以及研究区的地质背景资料。地质数据分析离不开专门的地质知识和敏锐的判断力。形式化的数据分析方法只是一种辅助手段，借助计算机技术可以帮助人们进行判断或推理。然而，地质数据分析所需要的数据及其结构、对分析结果的解释、目的等都需要结合研究区的地质背景资料予以综合考虑和评价。显然，只有在相关地质理论的指导下，地质数据分析的潜力才能够得到充分发挥。而且，地质专门知识与地质数据分析方法以及计算机技术的有机结合，可能形成新的学科生长点或衍生出许多研究课题，这方面杰出的实例有法国巴黎矿业学院 Matheron 教授及其同事在 20 世纪 60 年代初期发展起来的地质统计学以及中国地质大学赵鹏大院士及其同事在 20 世纪 70 年代初期发展起来的地质统计预测。

1.3　地质信息科学的兴起与发展

基础地质调查、矿产地质勘查与工程地质勘察的工作过程，本质上都是信息的获取、整理、处理、解释和应用过程。从野外数据采集到室内数据综合整理、数据管理、数据处理、现象解释、图件编绘、成果分析、资源预测、勘查评价、过程模拟，再到成果保存、管理、使用和出版，甚至地质工作的管理与决策等，无不与信息技术紧密相连。随着基础地质学、矿产地质学、资源勘查学、工程勘察学、地球物理学、地球化学、地球动力学和数学地质学、地质学定量化和地质勘查信息化的发展，以及一般信息科学（information science）、地球信息科学（geo-information science）、地球空间信息科学（geomatics）和地理信息科学（geographic information science）的兴起，一门崭新的交叉学科——地质信息科学（geological information science）已经初步形成。

1. 地质信息科学的含义

地质信息科学是关于地质信息本质特征及其运动规律和应用方法的综合性学科，主要研究在应用计算机和通信网络技术对地质信息进行获取、加工、集成、存贮、管理、提取、处理、分析、模拟、显示、传播和应用过程中所提出的一系列理论、方法和技术问题。

地质信息科学是地质学（包括：基础地质学、矿产地质学、环境地质学、工程地质学、数学地质学、地球物理学、地球化学、资源勘查学等）与信息科学（包括：地球信息科学、地球空间信息科学及信息系统技术、计算机技术及通信网络技术等）交叉融合的产物。它既是一个独立的分支学科，又紧密地为地质学发展服务，为地质学定量化和地质工作信息化服务。地质信息科学可能是地球信息科学领域中最复杂的一个分支学科。在地球信息科学的诸多分支学科中，地质信息科学、水文信息科学、海洋信息科学、生态环境信息科学和大气信息科学处于同等地位，具有并列关系，其研究对象分别是岩石圈、地表、水圈、生物圈和大气圈的信息；而地球空间信息科学是一门横断性的信息科学分支，其研究对象是地球各层圈的空间位置、拓扑关系、空间结构、空间形态及其变化的信息。作为地球信息科学和地球科学的分支学科，地质信息科学理所当然地享受着地球信息科学和地球科学所积累的一切成果，同时也从地球空间信息科学、地理信息科学、水文信息科学等并行分支学科的发展中得到启示、借鉴和支持。

地质信息科学的发生和发展，是地质学的定量化和地质勘查的信息化本身的需要。因此，地质信息科学的发生与发展总是与地质学定量化进程相伴随，与资源勘查学、应用地球物理学、应用地球化学、地球动力学和数学地质学的发展相伴随，也与地质勘查的信息化实践发展相伴随。

地质学在由经验上升到理论的无数次飞跃中，需要数学的介入，需要定量化手段的支持，也需要更多、更好的探测与分析技术的帮助。从地质体和地质现象的几何学、物理学和化学测量、换算、分析，到各种地质变量时空变化规律的统计和矿产储量的计算，再到重力法、磁法、电法、地震法、大地电磁法、放射性法和遥感等物理探测手段和各种分析化学手段的相继出现，地质学、资源勘查学、地球物理学、地球化学和地球动力学不断发展。人们获取地质数据的手段越来越多，数据类型越来越复杂，数量也越来越庞大，使之具有多源、多类、多量、多维、多时态和多主题特征。为了从这些数据中获得更为全面的有用信息，以便深刻地了解和认识地质体、地质现象和地质过程，更好地利用和保护地质资源，人们越来越多地求助于数学方法和地质信息技术。各种物化探异常的正、反演理论方法和各种地球动力学理论方法的提出和完善，都是这方面的重要成果，对地质学定量化和地质勘查信息化进程起到了重要的推动作用。

数学地质学学科的形成和计算机技术的应用为地质信息科学的进一步发展创造了条件。数学地质学经过了百余年的漫长历程，才成为一门独立学科。这个过程从 1840 年英国学者 Lyell 首次运用统计学方法划分古近系和新近系地层开始，到 1944 年苏联学者 Вистелиус 提出用定量方法研究地质问题的设想，到 1958 年美国学者 Krumbein 首次在杂志上公布电子计算机地质计算程序，再到 1968 年国际数学地质协会（IAMG）成立为止，数学地质学家开创了地质变量不确定性、数学特征、样本空间特征和地质变量提取转换方法的研究，建立了地质数据空间分布理论和地质作用随机过程理论，提出了地质信息的空间统计法、多元统计法、稳健统计法、成分数据统计法和统计预测法，这些方法成为地质信息科学的方法基础。而电子计算机及其信息系统的应用，既为数学地质学提供了必要的工具，也为地质信息科学技术体系的形成奠定了基础。

地质信息科学技术体系的发展始于 20 世纪 60 年代初。最初是物化探数据处理和模型正、反演的计算机应用，接着是 20 世纪 70 年代中期基础地质信息的遥感技术和地质图件编绘 CAD 技术的引进，再接着是 20 世纪 80 年代初测试数据和描述性数据管理 DBS（数据库）技术的引进，以及地质过程计算机模拟理论和技术的兴起，随后是 20 世纪 90 年代初用于空间数据管理和空间分析的 GIS 技术的引进，最后是 20 世纪 90 年代后期野外地质测量的 GPS 技术和 GPS、RS、GIS 集成化概念和技术的引进。

信息技术的引进、改造、融合和集成，大大加快了地质勘查工作的信息化进程。所谓地质勘查工作信息化是指采用信息系统，对传统的地质勘查工作主流程进行充分改造，实现全程计算机辅助化，使数据在各道工序间流转顺畅、充分共享，最大限度地发挥信息的作用。这是一项复杂的系统工程，其中既涉及各种信息技术及其集成化应用，也涉及方法论和其他问题，要求深化对地质信息机理的基础理论研究。与地质学定量化一样，地质勘查信息化的需求也是地质信息科学发展的动力，促进了地质信息科学理论框架、方法论体系和技术体系的形成。地质工作信息化工程，又成为地质信息科学发展的用武之地和检验场所，地质信息科学的理论框架、方法论体系和技术体系正是通过地质工作信息化的实践而逐步发展起来的。

总之，地质信息科学发生和发展的内部条件，是地质学定量化和地质勘查信息化的需求；其方法基础、技术基础和实践基础是数学地质学、计算机技术和地质勘查工作的信息化过程；其外部条件是一般信息科学、地球信息科学和地球空间信息科学的形成与发展。在信息技术高度发达的今天，地质工作的现代化、地质科技的创新，都离不开信息化，数字地球、数字国土、数字矿山等都是我们熟悉的概念，地质的信息化程度在不断提高，地质信息科学和地质信息处理技术已成为地质研究和地质工作中不可或缺的理论、方法和工具。

课后思考题

1.什么是信息？信息与数据有何区别？

2.地质信息有哪些典型特点？

3.如何理解地质信息的异构性？

4.数据分析包含哪些类型？结合专业知识举例说明其中一种类型。

5.简述地质信息科学的产生背景。

6.总结地质信息科学的研究现状与发展趋势。

主要参考文献

[1] 吴冲龙，刘刚，张夏林，等.地质信息系统原理与方法[M].北京：地质出版社，2016.

[2] 李安波，周良辰，闾国年.地质信息系统[M].北京：科学出版社，2013.

[3] 阳正熙，吴堑虹，彭直兴，等.地学数据分析教程[M].北京：科学出版社，2008.

[4] 吴冲龙，刘刚，田宜平，等.论地质信息科学[J].地质科技情报，2005(3)：1-8.

[5] 赵鹏大.数字地质学[M].北京：科学出版社，2023.

[6] 李之棠，李汉菊.信息系统工程原理、方法与实践[M].武汉：华中理工大学出版社，1997.

[7] 陈苗.海量地学数据查询优化关键技术的研究[D].长春：吉林大学，2008.

[8] 牛文元.新时期中国地质工作发展的六大战略要点[J].地质通报，2003(Z1)：850-853.

[9] Agterberg F P, Bonham-Carter G F, Wright D F. Statistical pattern integration for mineral exploration[M]// Gaal G, Merriam D F. Computer applications in resource estimation prediction and assessment of metals and petroleum. Oxford：Pergamon Press，1990.

第 2 章　地质信息的统计分析

统计分析是揭示大量数据隐藏规律的一种数学方法。地质信息处理中的统计分析往往涉及多元统计分析，这是由于地质人员在工作中获取的数据往往是多变量的，例如岩石分析结果常是以氧化物表示的岩石化学全分析或金属元素的光谱半定量分析。岩石学工作者过去常常根据不同的原则对这些数据进行整理，并进行岩石分类，一般采用三角端元组分图来表示。如果研究涉及三个以上元素的多变量关系，则采用各种元素之间比值的方法。由于地质学中大量多元数据的存在，研究人员很自然地提出应用定量方法研究多元数据的问题。最早应用多元统计方法的是古生物学者，古生物学者从生物学工作者那里引入了多元统计方法，但在电子计算机普及应用以前，由于计算复杂，多元统计方法在地质学中的应用受到限制。电子计算机的普及应用，为在地质学中广泛应用多元统计方法创造了良好条件，目前在很多情况下多元统计方法已成为地质学研究工作的得力助手和有效工具。

为了充分说明多元统计分析在地质工作中的作用，下面列举一些在地质工作中应用多元统计分析方法的具体情况。

(1)矿产地质工作者希望利用积累的已知矿床的地球化学和构造地质信息，通过多元统计分析来预测找到新矿体的可能性。

(2)古生物学家通过对腕足动物贝壳进行观测，获得了大量数据，希望通过多元统计分析得到腕足动物贝壳生长的规律和贝壳形态变化的规律。

(3)石油地质工作者希望通过对大量钻孔岩芯中古生态数据和沉积物数据的处理得到一批新数据，而这批经过多元统计分析后得到的新数据有助于含油层的勘探。

(4)海洋地质学家需要利用多元统计分析研究底部沉积物类型与其上发展的生物群类型之间的关系。

(5)地质工作者应用多元统计方法处理和分析各种类型的地质数据，以解决日常工作中碰到的各种各样的地质问题，这些问题有：岩石的分类问题、矿物的分类问题、变质岩原岩恢复问题、未知时代年龄岩石标本的判别问题、含水层和含油层的区分问题、不同成因类型矿床划分问题等。

2.1　主成分分析

主成分分析是研究系统分类和成因分类的重要手段，该方法从压缩原始数据、指示成因推理方向、分解叠加地质过程等方面为地质研究中的成因推理提供了许多帮助。

主成分分析的核心思想是通过数学手段，将多个复杂相关的变量根据某种内在联系进行线性组合，生成几个新的主要变量，即主成分。这些主成分能够提取原有变量中的主要信息，便于地质研究的进一步分析。

1. 主成分的几何意义

设有 N 个样品，每个样品有两个变量 x_1、x_2。在由 x_1、x_2 确定的样品空间中，若 x_1 和 x_2 有较大的波动（方差较大）且二者具有明显的相关性，作一新坐标系，以数据最大变化方向 F_1 和最小变化方向 F_2 为主轴（图 2-1），则有如下效果：

（1）N 个点在新坐标 F_1 和 F_2 上呈现出弱相关。

（2）在新坐标系里 N 个点的波动（方差）集中在 F_1 上，而 F_2 波动很小，因此 F_1 反映了样品变化的大部分信息。

（3）由于 F_1 和 F_2 形成正交坐标系，(F_1, F_2) 与 (x_1, x_2) 之间的关系可用下式表示：

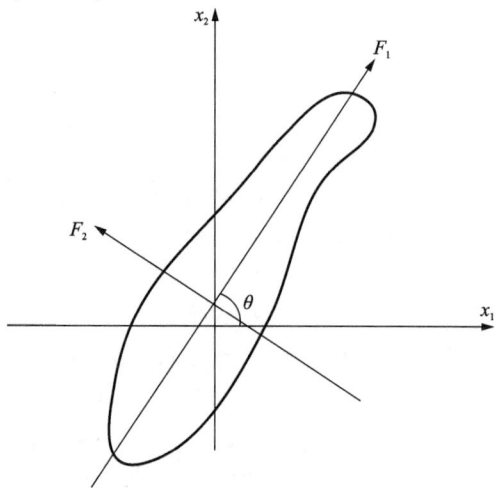

图 2-1　样品在变量坐标下的分布图
（据赵鹏大，2004）

$$F_1 = \cos\theta x_1 + \sin\theta x_2 = a_{11}x_1 + a_{12}x_2 \tag{2-1}$$

$$F_2 = -\sin\theta x_1 + \cos\theta x_2 = a_{21}x_1 + a_{22}x_2 \tag{2-2}$$

即

$$\begin{bmatrix} F_1 \\ F_2 \end{bmatrix} = \begin{bmatrix} \cos\theta \\ -\sin\theta \end{bmatrix}\begin{bmatrix} x_1 \\ x_2 \end{bmatrix} = \begin{bmatrix} a_{11} \\ a_{21} \end{bmatrix}\begin{bmatrix} x_1 \\ x_2 \end{bmatrix} = A\begin{bmatrix} x_1 \\ x_2 \end{bmatrix} \tag{2-3}$$

其中，θ 表示两个坐标轴之间的夹角，A 是正交矩阵，满足：

$$\begin{cases} a_{k1}^2 + a_{k2}^2 (k=1, 2) \\ a_{11}a_{21} + a_{12}a_{22} = 0 \end{cases} \tag{2-4}$$

因而，新坐标系中的 F_1 和 F_2 是无关的，且 F_1 在 x_1 和 x_2 的线性组合中方差最大，由线性组合的系数 a_{ki} 所建立的系数阵属正交矩阵。

将结果推广到多维情况，设 N 个样品，每个样品有 p 个变量，经过适当线性组合可产生 p 个新变量 F_k：

$$F_k = a_{k1}x_1 + a_{k2}x_2 + \cdots + a_{kp}x_p (k=1, 2, \cdots, p) \tag{2-5}$$

其中，系数 a_{ki} 由以下原则确定：

（1）所有系数之和等于1；

（2）F_i 与 F_j 无关（$i \neq j$）；

（3）F_1 是 $x_1, x_2, \cdots, x_p$ 的一切线性组合中方差最大的；F_2 与 F_1 不相关，除 F_1 以外，F_2 是 $x_1, x_2, \cdots, x_p$ 的其他线性组合中方差最大的；$F_k(k=1, 2, \cdots, p)$ 与 $F_1, F_2, \cdots,$

F_{k-1} 不相关，它是除 $k-1$ 个变量外，x_1，x_2，$\cdots$，x_p 的一切线性组合中方差最大的。

这样确定的新变量 F_1，F_2，$\cdots$，F_p 叫原始变量的 p 个主成分，其中 F_1 在总方差中占的比重最大，其余变量的方差所占总方差比重依次递减，其重要性也依次减小。取前面少数几个主成分就可以基本代表原来众多变量所能反映的信息，有利于复杂地质信息的提取与研究。

2. 主成分的计算步骤

设有 N 个样品，对每个样品观测了 p 项指标，以 x'_{ij} 表示第 j 个样品的第 i 项指标，原始数据矩阵为：

$$\begin{bmatrix} x'_{11} & x'_{12} & \cdots & x'_{1N} \\ x'_{21} & x'_{22} & \cdots & x'_{2N} \\ \vdots & \vdots & \ddots & \vdots \\ x'_{p1} & x'_{p2} & \cdots & x'_{pN} \end{bmatrix} \tag{2-6}$$

（1）对原始数据进行标准化变换。标准化后的数据记为 x_{ij}，数据矩阵记为 $\boldsymbol{X} = \left[x_{ij} \right]_{p \times N}$。数据标准化公式为：

$$x_{ij} = (x'_{ij} - \overline{x}'_i) / \delta'_i \tag{2-7}$$

其中，x'_i 是原始数据第 i 个变量的均值，δ'_i 是它的标准差。

（2）计算 p 个变量间的相关系数，形成相关系数矩阵 $\boldsymbol{R}$，$\boldsymbol{R} = \boldsymbol{XX'} / (N-1)$。

（3）求出 $\boldsymbol{R}$ 的特征值并按大小排列 λ_j 及相应于 λ_j 的单位特征向量 $\boldsymbol{u}_j (j = 1, 2, \cdots, p)$。即可得主成分 F_j，其表达式为：

$$F_j = u_{1j} x_1 + u_{2j} x_2 + \cdots + u_{pj} x_p \tag{2-8}$$

（4）将特征值按大小降序排列，计算前 m 个特征值之和占特征值总和的百分比，一般按累计百分比大于 80% 来确定 m，取前 m 个主成分：

$$F_j = u_{1j} x_1 + u_{2j} x_2 + \cdots + u_{pj} x_p (j = 1, 2, \cdots, m) \tag{2-9}$$

（5）计算各个样品在 m 个主成分上的得分。第 i 个样品的第 j 个主成分得分为：

$$F_{ij} = u_{1j} x_{1i} + u_{2j} x_{2i} + \cdots + u_{pj} x_{pi} (j = 1, 2, \cdots, m; i = 1, 2, \cdots, N) \tag{2-10}$$

（6）对前 m 个主成分进行地质解释并对样品进行分类。

2.2 因子分析

1. 因子分析的基本思想

因子分析是起源于心理学的一种多元分析方法。在心理学的研究领域中，研究者对一些个体的心理能力（如智力、伦理观念）常常无法直接测量，只能就一些外显行为进行观测，并尝试从这些可测量的外显行为（变量）中，找出共同因子来代表心理能力。

在许多情况下，对我们所研究的地质对象，必须进行多变量的综合分析。设想如果这些多变量是独立无关的，且每一种变量代表一种独立的地质现象，则可以把问题化为单变量来逐个处理，这只是一种比较理想的情况。

在地质领域的研究中，许多变量之间可能存在相关性，这时要查明它们的规律，就需要在多维空间中加以考察，从而加大了问题分析的复杂性。也正是由于各变量间存在一定的相关关系，因此有可能用较少的综合指标分别综合存在于各变量中的各类信息，而综合指标间彼此不相关，即各指标代表的信息不重叠，这样就可以根据专业知识和指标所反映的独特含义对综合指标进行命名，这种分析方法称为因子分析(factor analysis)。在因子分析中，样品或变量称为因子，综合指标称为公共因子。

因子分析能够剔除原始地质观测数据中独立的和重复的成分，把许多彼此间具有错综复杂关系的地质特征(变量)归纳为少数几个公共因子。每一个公共因子意味着变量之间的一种基本结合关系，它往往指示地质上的某种成因联系，可以用于解释存在于变量之间的错综复杂的关系。因此，因子分析是一种把一些具有错综复杂关系的因子(样品或变量)归纳为数量较少的几个公共因子的多元统计分析方法，可用于研究给定的一组变量之间的相互关系。原始变量是可以直接观测的地质特征(变量)，故又称为显在变量；公共因子是不可观测的地质特征(变量)，故又称为潜变量(latent variables)。因子分析正是利用这些潜变量去解释可观测变量的一种工具。

因子分析主要采取降维的方法，即把地质变量的数目减少，设法找出少数的几个综合因子来代表原来的众多因子，而这几个综合因子既可以尽可能地保留原有众多因子的信息，同时，它们彼此之间又是互相独立的。事实上，由于原始变量之间存在着一定的相关性，因此，必然存在着起支配作用的共同因素。正是依据这一点，因子分析从原始变量的相关矩阵入手，通过研究其内部结构，找出这些起主导作用的综合因子。这些综合因子是原始变量的线性组合，它们保留了原始变量的绝大部分相关信息和变异性，因此，每个综合因子实质上代表了反映地质变量间综合关系的一种地质作用，有助于我们对众多地质观测数据进行分析和解释。

2. 因子分析的用途

从地质应用的角度看，因子分析有以下三方面用途。

(1)压缩原始数据。

地质人员在收集资料时，总是希望能够获得尽可能多的地质数据，而在综合研究时，又希望以尽可能简明的地质数据来说明问题。因子分析可以提供这样一条科学的途径，使原始数据在数量上大大精减，以利于研究人员进行综合分析。特别需要指出的是，因子分析不仅能使数据量大大压缩，而且也不会影响研究结论的可靠性。因为从成因意义上讲，被因子分析压缩后的数据在质量上提高了，压缩后的数据仍然包含着原始数据中的绝大部分成因信息。

(2)指示地质成因的推理方向。

因子分析能够把庞杂、纷乱的原始数据按地质成因上的联系进行归纳、整理、精练以及分类，从而可以理出几条比较客观的成因线索，并且为我们指出逻辑推理方向，启发我们去思考相应的地质成因结论。

(3)分解叠加的地质过程。

绝大多数情况下，地质现象都是多种成因地质过程的叠加产物，既有时间上不同过程的叠加，也有空间上不同过程的叠加。这些过程相互干扰、相互掩盖，使得每个独立过程的特征往往面貌不清，因而使研究地质成因更具复杂性和多解性。因子分析为这些叠加地质过程的分解提供了一些巧妙的途径。

许多学者把因子分析的功能分为探索性功能和验证性功能。探索性功能有助于建立新的假设、发展新的理论；验证性功能是利用因子分析对现有理论和假设进行检验。

3. 因子分析的类型

根据研究对象的不同，因子分析也分为 R 型和 Q 型。R 型因子分析是研究变量之间的相互关系，即通过对变量间相关矩阵内部结构的研究，找出控制所有变量的几个主因子，这些主因子所代表的可能是形成这些变量基本关系（例如，元素的共生组合关系）的地质过程；Q 型因子分析是研究样品之间的相互关系，通过样品间的相似矩阵内部结构的研究，找出控制所有样品的几个主要因素，这些主要因素所反映的是相关变量的代表性样品。因此，对于同一批观测数据，可以根据研究目的来决定采用哪一种因子分析方法：对变量做因子分析可以研究成因；对样品做因子分析可以进行系统分类或成因分类。

这两种类型的因子分析的计算过程本质上是一致的，只不过是出发点不一样，即 R 型因子分析是从相关系数矩阵出发，而 Q 型因子分析是从相似系数矩阵出发。

4. 因子分析的数学原理

1）因子分析的数学模型

从统计学的角度来说，如果给定一组变量 x_1, x_2, $\cdots$, x_p，一方面，由于它们既有相关的一面，又有独立的一面，因而可以把各个变量所包含的信息分为两部分；另一方面，由于各个变量的信息来源于方差（方差表示变量的变异性），所以，也就意味着可以把方差分为两部分，一部分反映变量之间的相关，另一部分仅与变量本身的变化有关。在因子分析中，分别用公共因子（common factor）和专一因子（unique factor）来表示上述两种信息。每个公共因子都代表了原始变量的一种基本组合，公共因子之间互不相关，所以，公共因子的个数比相关的变量 x_1, x_2, $\cdots$, x_p 少得多；专一因子只与一个原始变量有关，它们不但与公共因子互不相关，而且各自之间也互不相关。

把上述思想概括起来，就构成了因子分析的基本假设：如果有 n 个样品，每个样品有 p 个变量，将这 p 个变量的线性组合表示成由公共因子 F_1, F_2, $\cdots$, $F_k(k<p)$ 以及各自的专一因子 ε_1, ε_2, $\cdots$, ε_p 组成的线性组合：

$$
\begin{aligned}
x_1 &= a_{11}F_1 + a_{12}F_2 + \cdots + a_{1k}F_k + a_1\varepsilon_1 \\
x_2 &= a_{21}F_1 + a_{22}F_2 + \cdots + a_{2k}F_k + a_2\varepsilon_2 \\
&\ \vdots \qquad\quad \vdots \qquad\qquad \vdots \qquad\quad \vdots \\
x_p &= a_{p1}F_1 + a_{p2}F_2 + \cdots + a_{pk}F_k + a_p\varepsilon_p
\end{aligned}
\tag{2-11}
$$

这里规定诸公共因子和专一因子具有单位方差和零数学期望（即标准正态分布），而 x_1, x_2, $\cdots$, x_p 为标准化变量。式（2-11）称为因子分析模型，式中系数 $a_{ij}(i=1, 2, \cdots, p; j=1, 2, \cdots, k)$ 称为第 i 个变量在第 j 个公共因子上的因子载荷（factor loadings），表示第 i 个变量与第 j 个公共因子之间的相关关系（相关系数），实际上也可以把 a_{ij} 理解为第 i 个变量在第 j 个公共因子上的权重。顾名思义，每一个公共因子至少应与两个以上的变量相联系。

显然，每一个公共因子应该表示与它相关关系比较密切的那些变量的结合，具有地质成因上的意义。例如，在沉积学中，公共因子往往意味着物质来源、水动力条件、生物环境等；在研究内生成矿作用时，因子可能具有岩浆活动阶段和矿化阶段含义；在研究矿物的物质组分时，因子可以指示元素的共生组合关系，为探索元素赋存状态提供依据。

  2）公共因子的方差贡献、公共因子方差、公共因子得分

  （1）公共因子的方差贡献。

  式（2-11）中各列因子载荷的平方和

$$S_j^2 = \sum_{i=1}^{p} a_{ij}^2 (j = 1, 2, \cdots, k) \tag{2-12}$$

称为相应的公共因子 F_j 的方差贡献（variance contribution）。方差贡献越大的公共因子，提供的信息也就越多，因此也就越重要。F_j 的方差贡献与 p 个变量 $x_1, x_2, \cdots, x_p$ 的总方差之比的百分率称为其方差贡献率，即

$$F_j \text{ 的方差贡献率} = \frac{s_j^2}{\sum_{i=1}^{p} c_i^2} \times 100\% \tag{2-13}$$

式中，c_i^2 表示第 i 个变量的方差，如果数据集进行了标准化处理，则总方差实际上等于变量的个数。

  （2）公共因子方差。

  在因子分析中，每一个变量的方差被分配在不同的因子中，其比例由公共因子载荷决定。因此，式（2-11）中各行因子载荷的平方和

$$h_i^2 = \sum_{i=1}^{k} a_{ij}^2 (i = 1, 2, \cdots, p) \tag{2-14}$$

称为公共因子方差（communalities），它是各个变量的方差中反映变量之间相关的那一部分。公共因子方差越大，说明相应的变量与其余变量的相关关系越密切。由于进行因子分析前一般要对数据集进行标准化处理，因此，如果公共因子方差等于 1，则表示变量的全部原始信息都被所选取的公共因子说明了。不过，通常情况下 $h_i^2 < 1$，表明还有 $(1-h_i^2)$ 的信息量未被说明，未被说明的部分即为专一因子方差。故有：

$$\text{变量方差} = \text{公共因子方差} + \text{专一因子方差} \tag{2-15}$$

  （3）公共因子得分。

  在因子分析中一般只考虑公共因子，因子分析方法就是要对给定的变量 $x_1, x_2, \cdots, x_p$，设法从式（2-11）中估计出 $F_1, F_2, \cdots, F_k$，这些估计值称为公共因子得分（common factor score），即

$$
\begin{aligned}
F_1 &= a_{11}x_1 + a_{12}x_2 + \cdots + a_{1p}x_p \\
F_2 &= a_{21}x_1 + a_{22}x_2 + \cdots + a_{2p}x_p \\
&\vdots \qquad \vdots \qquad \vdots \qquad \vdots \\
F_k &= a_{k1}x_1 + a_{k2}x_2 + \cdots + a_{kp}x_p
\end{aligned}
\tag{2-16}
$$

各公共因子（$F_1, F_2, \cdots, F_k$）可以按照其方差贡献（S_j^2）由大到小逐个提取直到所有的公共因子分解完毕为止。

  系数 a_{ij} 应由如下原则确定：

  ①系数之和等于 1。

②F_i 与 F_j($i \neq j$; i, $j=1$, 2, $\cdots$, k)之间互相无关。

③F_1 是 x_1, x_2, $\cdots$, x_p 的一切线性组合中方差最大的综合变量(即公共因子);F_2 是与 F_1 不相关的 x_1, x_2, $\cdots$, x_p 的所有线性组合中方差最大的综合变量;F_k 是与 F_1, F_2, $\cdots$, F_{k-1} 都不相关的 x_1, x_2, $\cdots$, x_p 的所有线性组合中方差最大的综合变量。

这种由线性组合构成的综合变量 F_1, F_2, $\cdots$, F_k 称为原始变量的第一、第二、……、第 k 个主因子,在地质上可理解为 k 个端元组分;几何上等于 k 个相互垂直的参考矢量。其中 F_1 在总方差中所占的比例最大(即它所说明变量的总方差最大),其余的 F_2, F_3, $\cdots$, F_k 个主因子在总方差中所占的比例依次减小。在实际工作中,可以挑选前面的几个最大主因子作为综合变量,这样既减少了变量的数目,又抓住了主要矛盾,同时还简化了变量之间的关系。

5. 因子分析与主成分分析的关系

如果在因子分析中,假定每一个变量的方差都只是由公共因子方差构成,则在因子分析的数学模型中不出现专一因子这一项,所有因子都是公共因子,而且公共因子的数目通常等于变量的数目,即

$$
\begin{aligned}
x_1 &= a_{11}F_1 + a_{12}F_2 + \cdots + a_{1p}F_p \\
x_2 &= a_{21}F_1 + a_{22}F_2 + \cdots + a_{2p}F_p \\
&\vdots \qquad \vdots \qquad \vdots \qquad \vdots \\
x_p &= a_{p1}F_1 + a_{p2}F_2 + \cdots + a_{pp}F_p
\end{aligned}
\tag{2-17}
$$

式(2-17)即为主成分分析的数学模型,其中的公共因子也叫成分。与因子分析中的主因子解相似,这些成分也可以根据它们的方差贡献由大到小提取,这样获得的成分称为主成分。显然,主成分分析的主要功能是将 p 个变量转化为 k($k<p$)个主成分的线性组合,而且这 k 个主成分能够反映原来多个变量的大部分信息。主成分分析主要是作为一种探索性的技术,主要目的是把现有的变量变成少数几个新的变量(新的变量几乎带有原来所有变量的信息),常常与聚类分析或判别分析结合起来应用。主成分分析也可分为 R 型分析和 Q 型分析。

主成分分析与因子分析的主要差别在于:①在方法应用方面,主成分分析中不要求满足如上所述的因子分析所要求的假设(即各个公共因子之间、专一因子之间以及公共因子和专一因子之间都互不相关);②在方法功能方面,主成分分析着重解释数据的总方差,而因子分析着重解释变量之间的关系(即变量之间的协方差),而且因子分析可以利用旋转技术帮助解释公共因子。

6. 因子模型的求解过程

因子分析的基本目的是利用少数几个公共因子来描述多个变量间的协方差关系,基本问题是要确定因子载荷。也就是说,如果给定 n 个样品和 p 个变量的数据集,需要通过对因子模型进行分析,求解出公共因子的线性组合。由于 R 型与 Q 型因子分析的基本原理相同,本节只介绍 R 型因子分析的求解过程,主要计算步骤包括:

(1)对原始数据进行标准化处理,建立变量的相关矩阵。经过标准化处理后计算出的相关系数矩阵与其协方差矩阵相同。

(2)利用雅可比行列式方法求相关矩阵的特征值和特征向量。

（3）因子提取，即选取特征值，这些特征值的个数就是公共因子的个数，然后计算因子载荷及公共因子方差。

（4）因子旋转，为便于对主因子进行解释，一般需对因子载荷矩阵进行旋转，以达到结构简化的目的。

（5）计算因子得分。

7. 因子分析的地质解释方法

因子分析的地质解释主要是分析因子载荷矩阵，因为因子载荷表示的是变量（或样品）与公共因子之间的相关（相似）程度，因子载荷越大，表明该变量（样品）与该公共因子的关系越密切。所以，如果未经因子旋转，分析研究的主要对象是初始因子载荷矩阵；如果进行了因子旋转，则主要研究还原后的因子载荷矩阵，即因子得分矩阵。

分析研究因子载荷的方法有两种：一种是选取某一常数，如 0.25，凡绝对值大于此数的因子载荷保留，小于此数者则剔除；另一种方法是作图，经过 R 型因子分析并进行方差最大正交旋转后得到主因子解。

地质解释的任务是从各个主因子的因子载荷中找出它的地质意义。通常也有两种做法：

（1）根据主因子中占显著地位的变量（样品）组合说明是代表哪一种地质作用，再根据其特征值在特征值总和中所占的比例说明该地质作用在整个地区所起作用的大小。由于因子载荷具有正负值，地质解释时可以取因子载荷的绝对值，也可以认为因子载荷的正负号反映了其与主因子的正负相关性质。重要的是，应结合实际地质特征进行解释。

（2）把每个主因子的变量（样品）组合按其因子载荷的大小换算，其代表的地质特征就是该主因子所反映的地质作用的产物。

8. 因子分析应注意的几个问题

因子分析在研究成因问题方面是一个非常有力的工具，它有许多独特的优点。但是，正是因为因子分析中存在客观的计算结果与地质人员主观的思维之间交互影响这一特点，在应用因子分析方法时应注意以下几点，以免误用。

（1）因子分析的计算结果只能看作一个中间结果，它仅仅完成了分析的第一步，剩余部分需要地质人员利用自己的思维来完成。由此，可以说因子分析是一个客观计算与主观思维分析相结合的过程。

（2）因子分析所采用的主要是一套坐标旋转和空间变换的技术，其目的在于选择若干个观察地质数据的"最好方向"，以便在这几个方向上能够清楚地识别数据所展示的成因意义。

（3）因子分析非常强调"关联"的意义，主要借助"关联"这把钥匙来对公共因子进行成因解释。换句话说，每个公共因子所代表的变量之间或样品之间的关联将启发我们思索地质过程的性质和特征，从而产生一个该公共因子所代表的地质概念或成因思想。如果因子分析的其他环节都是正确的，那么，影响分析成败的关键就在于地质人员是否能巧妙地正确利用每个公共因子所提供的"关联"来形成地质成因概念。

综合上述，因子分析的结果将启发我们产生许多有用的地质概念和成因设想，用于指导进一步的工作。但因子分析的结果不是最终结论，只有经过验证后的因子模型才能当作确认的模型加以应用。

2.3　聚类分析

在实际工作中，对于那些复杂的问题，通常需要把它们分成若干类来分别进行研究，即按照事物间的相似性进行区别和分类。随着科学技术的发展，人类的认识不断加深，分类越来越细，要求也越来越高，有时光凭经验和专业知识是不能进行确切分类的，往往需要将定性和定量分析结合起来去分类，于是数学工具逐渐被引进分类学中，形成了数值分类学。后来随着多元分析的引进，又逐渐从数值分类学中分离出了一个相对独立的分支——聚类分析。

2.3.1　聚类分析

1. 为什么要进行聚类分析

任何一个研究领域都需要对作为学科基础的观测资料、概念或观点加以分析、归纳和分类，尤其是地质领域。例如，构造地质学、岩石学、矿物学、地层和古生物学以及矿床学等学科，如果没有分类和描述系统，地质研究者之间就很难进行学术交流。科学的分类能反映事物的内在联系，即客观规律性，从而推动科学的发展，如门捷列夫元素周期表对于建立原子结构学说做出了巨大的贡献。

传统的地质学建立了一个定性的概念化分类系统。如岩石学中根据岩石成因不同可以将岩石分为沉积岩、岩浆岩和变质岩三大类；每个岩石大类又可进一步划分成若干小类，譬如按照岩石中 SiO_2 含量可以把岩浆岩划分为超基性岩、基性岩、中性岩、酸性岩等；小类还可细分，如基性岩根据岩浆定位深度、矿物结晶程度分为辉长岩、辉绿岩、玄武岩等，根据产状可分为岩盆、岩盘、岩床、岩墙等。诸如此类，构成了地质中各种由大到小的分类系统。一个好的分类系统是在长期的知识积淀基础上进行总结，并经过不断修正才建立起来的。

然而，由于地质环境上的差异，实际工作中常常会感觉到，把一个现成的分类系统套用到某一个具体的地区受到很多的限制，有时甚至完全不适合，需要研究者根据本地区的地质特点和实际资料对样本进行分类。另外，在定性分类中，当考虑的因素很多时，往往会片面地强调某些因素而忽视其他因素，同时会因人的认识不同而有较大的主观臆断。

在许多探索性领域，研究者面临的常见问题是如何把观测数据组织成有意义的结构，即建立分类系统，因此，聚类分析是一种探索性数据分析的工具。在当前热门的机器学习领域，聚类分析属于一种无监督学习方法(unsupervised learning)。什么叫监督呢？监督就是标准，或者说是有目标的变量。无监督学习不依靠事先确定的数据类别以及标有数据类别的学习训练样本集合。在进行聚类分析前，我们事先并不需要知道所研究的样本分多少类以及每一类有什么特征，聚类后再总结、发现共同点。由此可见，聚类分析可以用于发现数据的结构而无须提供解释；换句话说，聚类分析方法本身只是发现数据的结构而不解释为什么存在这些结构。

聚类分析方法在各个领域都有广泛的应用。例如，在地质学中，地质人员根据岩石样品和地球化学样品的分析数据建立分类方案，借此了解地质成因或元素地球化学行为；在医学中，对疾病、疾病的治疗、疾病的症状进行聚类可能建立非常有用的分类方案；在考古学中，考古人员应用聚类分析方法建立了石器、陪葬物品等的分类方案。一般来说，当需要把大量信息分解为易于管理的有意义的类别时，聚类分析是极其有用的手段。

2. 聚类分析的原理和基本思想

聚类分析(cluster analysis)又称为簇分析、群分析或点群分析，它是根据研究对象的特性进行定量分类的一种多元统计方法。它能够将一批样品或变量(数据集)按照它们在性质上的亲疏关系进行分类，类内部的个体在特性上具有相似性，不同类之间个体的差异较大(图2-2)。通过聚类，人们可以辨识数据属性之间所存在的有价值的相关联系，从中发现规律性，进而达到认识和改造世界的目的。将样本中的研究对象(样品或变量)分组成为由类似的对象组成的多个类(簇、群)的过程称为聚类，这里所谓的类，通俗地说，就是指相似元素(样品或变量)的集合，在许多应用中，可以将一个类中的数据对象作为一个整体来对待。

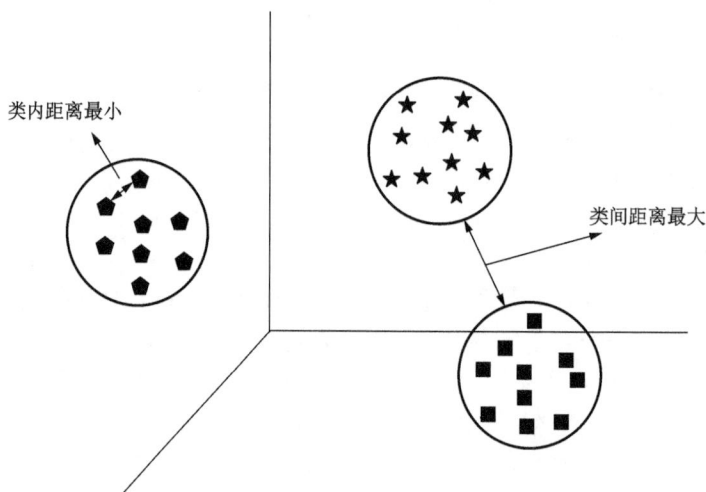

图2-2　聚类分析基本原理示意图(据阳正熙等, 2008)

聚类分析是一种考虑了多种因素的数学分类方法，其基本原理是根据样本自身的属性，用数学方法按照某些相似性指标，定量地确定样本之间的亲疏关系，并按这种亲疏关系程度对样本进行聚类。

聚类分析的基本思想是认为我们所研究对象的样品或变量之间存在着不同程度的相似性，于是根据所获得样本的多个观测指标寻找能度量其样品(变量)之间亲疏关系的统计量，然后根据这种统计量把这些样品(变量)分成若干类。所采取的技术路径是计算样本中样品(变量)之间的聚类统计量，用于定义样品(变量)之间的相似程度，按相似程度将样品(变量)逐一归类，关系密切的类聚合成小的分类单位，关系较为疏远的类聚合到大的分类单位，如此逐步扩大，直到所有样品(变量)都聚合完毕，构成一个表示亲疏关系的谱系图。

常用的聚类统计量有距离系数(相异性度量)和相似系数(相似性度量)两类。距离系数一般用于对样品进行归类，而相似系数一般用于对变量进行归类。

聚类的用途是很广泛的。在地质领域存在着大量聚类问题，例如，聚类分析可以帮助地质人员从岩石化学或地球化学数据库中区分出不同的岩石分类或地球化学元素分类，并且概括出每一类的成因特点或地球化学习性；石油地质中利用储层物性参数，借助聚类分析对储层进行聚合归类，可以解决油藏分类问题。此外，在数据挖掘技术中，它作为数据挖掘中的一个模块，可以作为一个单独的工具以发现数据库中分布的一些深层的信息，并且概括出每一类的特点，或者把注意力放在某一个特定的类上做进一步分析；并且，聚类分析也可以作为数据挖掘算法中其他分析算法的一个预处理步骤。总之，实际工作中需要分类的问题很多，因此聚类分析这个有用的数学工具越来越受到人们的重视，它在许多领域都得到了广泛的应用。

聚类分析所涉及的类不是事先给定的，而是根据样本之间的相异度或相似度来进行划分。聚类的数量和结构都没有事先假定，聚类分析的主要目的是寻找数据中潜在的自然分组结构和感兴趣的关系。实际工作中，针对具体研究问题，既可以对样本中的样品进行聚类，也可以对变量进行聚类。对样品的聚类称为 Q 型聚类，对变量的聚类称为 R 型聚类。

利用 Q 型聚类分析可以达到如下几方面的目的：

(1) 综合利用多个变量的信息对样品进行分类；

(2) 利用聚类谱系图直观地表现其分类结果；

(3) 得到比传统分类方法更精细、全面、合理的结果。

利用 R 型聚类分析可以达到如下目的：

(1) 了解变量间及变量组合间的亲疏关系；

(2) 对变量进行分类；

(3) 根据变量的分类结果以及它们之间的关系，在每一类中选择有代表性的变量作为重要变量，深入进行分析和计算，如采用回归分析或 Q 型聚类分析。

3. 聚类分析的基本步骤

不管是 Q 型聚类分析还是 R 型聚类分析，聚类分析过程可以分为三个基本步骤：

(1) 数据变换处理：在聚类分析过程中，需要对各个原始数据进行一些相互比较运算，而各个原始数据往往由于计量单位不同而影响这种比较和运算。因此，需要对原始数据进行必要的变换处理，以消除不同计量单位对数据值大小的影响。数据变换方法很多，最常用的是标准化变换。

(2) 聚类统计量计算：聚类统计量是根据变换以后的数据计算得到的一个新数据。它用于表明各样品或变量间的关系密切程度。常用的统计量有距离系数和相似系数两大类。

(3) 选择聚类方法：根据聚类统计量，运用一定的聚类方法，将关系密切的样品或变量聚为一类，将关系不密切的样品或变量加以区分。选择聚类方法是聚类分析最终的，也是最重要的一步。

2.3.2　相似性统计量

1. 样本数据矩阵的标准化处理

假定一个样本有 n 个样品，每个样品观测 m 个变量，该样本的数据矩阵 X 的形式为：

$$X = \begin{bmatrix} x_{11} & x_{12} & \cdots & x_{1m} \\ x_{21} & x_{22} & \cdots & x_{2m} \\ \vdots & \vdots & \ddots & \vdots \\ x_{n1} & x_{n2} & \cdots & x_{nm} \end{bmatrix} \tag{2-18}$$

由于各变量的观测值代表同一样品不同属性的量，这些观测值在量纲上可能存在较大差异，如果直接利用原始数据计算相似性统计量，有可能会导致在聚类分析结果中突出某些数量级大的变量、压低数量级小的变量在分类中的作用。为了消除量纲的影响，保证各变量在聚类分析中处于同等地位，需要对原始数据进行变换。标准化变换是最常用的数据转换方法，其公式为：

$$x'_{ij} = \frac{x_{ij} - \bar{x}_j}{s_j} (i = 1, 2, 3, \cdots, n; j = 1, 2, 3, \cdots, m) \qquad (2-19)$$

式中，

$$\bar{x}_j = \frac{1}{n} \sum_{i=1}^{n} x_{ij}; \quad s_j = \sqrt{\left(\frac{1}{n-1} \sum_{i=1}^{n} (x_{ij} - \bar{x}_i)^2\right)} \qquad (2-20)$$

变换后各变量均值为 0，标准差为 1。为了方便起见，我们仍用原始数据矩阵的符号来表示变换处理后的数据矩阵：

$$X' = \begin{bmatrix} x'_{11} & x'_{12} & \cdots & x'_{1m} \\ x'_{21} & x'_{22} & \cdots & x'_{2m} \\ \vdots & \vdots & \ddots & \vdots \\ x'_{n1} & x'_{n2} & \cdots & x'_{nm} \end{bmatrix} \qquad (2-21)$$

式中，X' 表示变换处理后的数据矩阵；n 为样品数；m 为变量的个数；x'_{ij} 表示第 i 个样品在第 j 个变量上的变换后的数据值。那么任意两个样品之间的相似性大小，都可以通过计算任意两行或两列之间的距离和相似系数来反映。

2. 相似性统计量的计算

聚类分析的关键是要算出样本中样品或变量的聚类统计量。常用的聚类统计量可分为两类：①将距离系数作为样品之间相异性的度量，即将一个样品看作是 m 维空间的一个点，并在空间定义距离，距离越近的点归为一类，距离较远的点归为不同的类；②将相似系数作为样品之间相似程度的度量，性质越接近的样品，它们的相似系数的绝对值越接近 1，而彼此无关的样品，它们的相似系数的绝对值越接近 0。比较相似的样品归为一类，不相似的样品归为不同的类。

1）距离系数

距离系数常用于 Q 型聚类分析。将每个样品看成 m 维空间中的一个点，样品之间的相似程度用样品点之间的距离来衡量，以 d_{ij} 表示样品点 x_i 与 x_j 之间的距离。计算任何两个样品 X_i 与 X_j 之间的距离 d_{ij}，其值越小表示两个样品接近程度越高，d_{ij} 值越大表示两个样品接近程度越低。如果把任何两个样品的距离都算出来，可排成距离矩阵 D。常用的距离系数包括：

（1）欧几里得（Euclidean）距离：这是最常用的距离类型，它是多维空间中的几何距离，以两变量差值平方和的平方根为距离。如果根据式（2-21）的变换数据矩阵计算第 i 行和第 k 行的欧几里得距离，则欧几里得距离计算公式为：

$$d_{ij} = \sqrt{\sum_{k=1}^{m} (x'_{ik} - x'_{jk})^2} \qquad (2-22)$$

将所有行之间的欧几里得距离都算出，同样可以得到一个 $n \times n$ 的欧几里得距离矩阵：

$$\boldsymbol{D} = \begin{bmatrix} d_{11} & d_{12} & \cdots & d_{1n} \\ d_{21} & d_{22} & \cdots & d_{2n} \\ \vdots & \vdots & \ddots & \vdots \\ d_{n1} & d_{n2} & \cdots & d_{nn} \end{bmatrix} \tag{2-23}$$

式中，$d_{ij}(i=1,2,\cdots,n;j=1,2,\cdots,n)$ 表示式(2-21)中第 i 行和第 j 行的欧几里得距离。显然，该距离矩阵是对称的且对角线元素均为 0，所以实际只需计算上三角形部分或下三角形部分即可。根据 $\boldsymbol{D}$ 可对 n 个点进行分类，距离近的点归为一类，距离远的点归为不同的类。

由欧几里得距离的计算可知，距离是把每个单位看成是 m 维(m 是变量的个数)空间中的一个点，在 m 维坐标系中计算的点与点之间的欧几里得距离。下述几个距离与欧几里得距离的计算原理相同，它们之间的差别在于对距离的定义不同。

(2)绝对值距离：该距离又称为曼哈顿距离(Manhattan distance)，它只是跨维的平均差，以两变量绝对差值之和为距离。在大多数情况下，这一距离度量的结果与欧几里得距离相似，但单个的大的差值(异元值)被缓冲了(因为它们没有被平方)。该距离计算公式如下：

$$d_{ij} = \sum_{k=1}^{m} |x_{ik} - x_{jk}| \tag{2-24}$$

(3)闵可夫斯基(Minkowski)距离：以两变量绝对差值的 q 次幂之和的 q 次根为距离。其计算公式为：

$$d_{ij} = \left[\sum_{k=1}^{m} |x_{ik} - x_{jk}|^{Q} \right]^{\frac{1}{q}} \tag{2-25}$$

显然，当式(2-25)中的 $q=1$ 时，该式成为绝对值距离；当 $q=2$ 时，该式即为欧几里得距离。

上述距离是在直角坐标系统中进行定义的，这意味着变量(坐标轴)之间彼此不相关。当变量之间存在显著相关性时，则所计算的距离系数就会有偏倚，并不完全代表两样品之间的距离，而且相关程度越高，所产生的偏倚越大。因此，变量之间存在相关性时，在进行 Q 型聚类分析之前，可先进行 R 型因子分析。用计算出的主因子(是相互独立的)代替原始变量，各样品的主因子得分值代替原始数据，再计算距离系数，经过这样交换计算的距离系数叫主因子距离系数。

(4)马哈拉诺比斯(Mahalanobis)距离：马哈拉诺比斯距离是由印度统计学家 Mahalanobis 于 1936 年引入的。该距离系数排除了各变量之间相关性的干扰，而且还不受各变量量纲的影响。除此之外，它还有一些优点，例如，将原始数据进行线性变换后，马哈拉诺比斯距离保持不变。设 $\boldsymbol{\Sigma}$ 表示 m 个变量的协方差矩阵：

$$\boldsymbol{\Sigma} = (s_{ij})_{m \times m} \tag{2-26}$$

式中，

$$s_{ij} = \frac{1}{n-1} \sum_{k=1}^{n} (x_{ki} - \bar{x}_i)(x_{kj} - \bar{x}_j) \tag{2-27}$$

其中的 $\bar{x}_i$ 和 $\bar{x}_j$ 分别为第 i 个和第 j 个样品变量的平均值，即 $\bar{x}_i = \frac{1}{n} \sum_{i=1}^{n} x_{ij}$；$\bar{x}_j = \frac{1}{n} \sum_{j=1}^{n} x_{ij}$。

如果 $\sum^{-1}$ 存在，则两个样品间的马哈拉诺比斯距离为：

$$d_{ij}^2(M) = (x_i - x_j)^T \sum^{-1} (x_i - x_j) \tag{2-28}$$

以上四种距离的定义是适用于间隔尺度变量的，如果变量是有序尺度或名义尺度，也有一些定义距离的方法，详情可参考米红和张文璋（2004）、Johnson（2005）和 Rice（2011）的著作。

2）相似系数

相似系数可用于描述变量或样品间亲疏关系的分类统计量。两个变量（样品）相似系数的绝对值越接近1，说明这两个变量（样品）的关系越密切，性质越接近，从而将相似系数绝对值大的变量（样品）归为一类，相似系数绝对值小的变量（样品）归属为另一类。常用的相似系数包括夹角余弦和相关系数。

（1）夹角余弦。

夹角余弦的原理是用角度分割法表示相似程度，实际上也是一个比例测度。对于 n 个样品，m 个变量的多元数据集，把每个样品看作 m 维空间中的一个向量，两个样品之间的相似程度可由其向量之间夹角的余弦来表示，计算公式为：

$$\cos\theta_{ij} = \sum_{k=1}^{m} x_{ik}x_{jk} \Big/ \sqrt{\sum_{k=1}^{m} x_{ik}^2 \sum_{k=1}^{m} x_{jk}^2} \quad (i,j=1,2,\cdots,n) \tag{2-29}$$

根据余弦性质可知，$\cos\theta$ 在+1 和-1 之间变化。若 $\cos\theta$ 值越接近1，说明第 i 个样品与第 j 个样品越相似；若 $\cos\theta$ 越接近0，表明两个样品差别越大；$\cos\theta$ 为负值时，则表示负相关。如果将所有行（样品）之间的夹角余弦都计算出来，则构成一个 $n\times n$ 阶的夹角余弦矩阵：

$$\boldsymbol{\theta} = \begin{bmatrix} \cos\theta_{11} & \cos\theta_{12} & \cdots & \cos\theta_{1n} \\ \cos\theta_{21} & \cos\theta_{22} & \cdots & \cos\theta_{2n} \\ \vdots & \vdots & \ddots & \vdots \\ \cos\theta_{n1} & \cos\theta_{n2} & \cdots & \cos\theta_{nn} \end{bmatrix} \tag{2-30}$$

式中，$\cos\theta_{11}=\cos\theta_{22}=\cdots=\cos\theta_{nn}=1$，而且 $\cos\theta_{ij}=\cos\theta_{ji}$。所以，$\boldsymbol{\theta}$ 相似矩阵是主对角线为1的实对称矩阵，只需计算上三角形部分就可以了。根据 $\boldsymbol{\theta}$ 相似系数矩阵，就可以对 n 个样品进行分群归类。

（2）相关系数。

相关系数多用于 R 型聚类分析，研究变量间的相关性。第 i 个样品与第 j 个样品的相关系数 r_{ij} 由下式确定：

$$r_{ij} = \Big[\sum_{k=1}^{p} (x_{ik}-\bar{x}_i)(x_{jk}-\bar{x}_j) \Big] \Big/ \sqrt{\sum_{k=1}^{p} (x_{ik}-\bar{x}_i)^2 \sum_{k=1}^{p} (x_{jk}-\bar{x}_j)^2} \tag{2-31}$$

式中，$\bar{x}_i$ 和 $\bar{x}_j$ 分别为 i 变量和 j 变量的平均值，即

$$\bar{x}_i = \frac{1}{n}\sum_{k=1}^{n} x_{ik}, \quad \bar{x}_j = \frac{1}{n}\sum_{k=1}^{n} x_{jk} \tag{2-32}$$

相关系数也用于 Q 型聚类分析，研究样品间的相关性。只需把式（2-31）中的变量值用样品代替，样品数取代变量数，即可得到样品间的相关系数计算公式。

相关系数 r_{ij} 的取值范围在+1 和-1 之间。r_{ij} 越接近1，表示两个研究对象之间关系越密切；r_{ij} 越接近-1，则表示关系越疏远。

如果将所有行（样品）之间的相关系数都计算出来，就构成一个 $n\times n$ 阶的相关系数矩阵：

$$R = \begin{bmatrix} r_{11} & r_{12} & \cdots & r_{1n} \\ r_{21} & r_{22} & \cdots & r_{2n} \\ \vdots & \vdots & \ddots & \vdots \\ r_{n1} & r_{n2} & \cdots & r_{nn} \end{bmatrix} \tag{2-33}$$

R 是对称的且主对角线元素均为 1 的矩阵,计算时也只需考虑上三角或下三角即可。根据相关系数矩阵就可对 n 个样品(或 m 个变量)进行分类。

若将第 i 个变量的 n 个观测值 $(x_{1i}, x_{2i}, \cdots, x_{ni})^T$ 和第 j 个变量的 n 个观测值 $(x_{1j}, x_{2j}, \cdots, x_{nj})^T$ 看成 n 维空间中的两个向量,则 θ_{ij} 正好是这两个向量的夹角。若夹角余弦越大,则夹角越小,两个变量越相似。不难看出,相关系数实际上是对原始数据标准化后的夹角余弦。

由上述分类统计量的定义可以看出,将距离系数作为亲疏程度的度量时,距离系数越小,意味着样品之间的关联性越大;将相似系数作为亲疏关系的度量时,相似系数的绝对值越大,意味着变量之间的关联性越大。设第 i 个变量与第 j 个变量之间的相似系数为 c_{ij},则距离系数和相似系数可以利用下列公式进行变换:

$$d_{ij}^2 = 1 - c_{ij}^2 \tag{2-34}$$

需要说明的是,有时样品之间也可用相似系数来描述它们的亲疏程度,变量之间也可用距离系数来描述它们的亲疏关系,使用时只需把计算公式做相应处理即可。

聚类分析时究竟选用哪一种分类统计量为好?这个问题没有明确的答案。建议通过比较分析进行确定,例如,选择距离系数作为分类统计量时,不妨试探性地选择几个不同意义的距离进行聚类,对结果进行比较分析后确定合适的距离系数。实际工作中,如果遇到研究对象包含了定性和定量变量,可采用下列途径对混合类型的数据进行处理:将数据按类型分组,然后分别进行聚类分析;把不同取值范围的数据转换为 $[0, 1]$ 的范围,然后将混合数据组合在一个相似性矩阵中,进行聚类分析。

2.3.3　层次聚类方法

在聚类分析中,把样品或变量进行归类的方法称为聚类算法。目前在文献中存在大量的聚类算法,可以分为层次法(hierarchical methods)、划分法(partitioning methods)、基于密度的方法(density-based methods)、基于网格的方法(grid-based methods)、基于模型的方法(model-based methods)。算法的选择取决于数据的类型、聚类的目的和应用,如果聚类分析被用作描述或探索的工具,可以对同样的数据尝试多种算法,以发现数据可能揭示的结果。由于篇幅的限制,本书只介绍层次聚类法。

1. 层次聚类法的基本思路

层次聚类分析在一些文献中又被称为系统聚类分析,是聚类分析中应用最广泛的方法,凡是具有数值特征的样品和变量都可以采用层次聚类分析,这种方法不能事先确定类别数,选择不同的分类统计量可以获得不同的分类效果。

层次聚类法的基本思路是:首先将 $n \times n$ 阶的相似矩阵中每列样品(或变量)各作为一类,计算它们两两之间的分类统计量(距离或相似系数);然后根据类间距离度量准则将两类合并成新类,并计算新类与其他类的距离;最后再按类间距离度量准则合并类。以此类推,每次缩小一类,直到所有的样品或变量都并成一类为止,并类过程使得相似矩阵从 $n×n$ 阶最终降低至 $2×2$ 阶,这一过程可以用谱系图清晰地表达出来。层次聚类法既可以对样品进行聚类,也可以对变量进行聚类。

正如样品之间的距离可以有不同的定义方法一样,类与类之间也有不同的距离定义方法。具体地说,在考虑类与类之间的连接时,若某个类有多个样品,就存在用哪些样品来代表类间相似性水平的问题,选取代表性样品和类间连接方法的不同,就构成了不同的层次聚类法,包括最短距离法、最长距离法、中间距离法、重心法、类平均法、可变类平均法、可变法、离差平方和法。这些方法的聚类原则与步骤完全一致,不同的只是类与类之间的距离有不同的计算,这些算法在许多统计软件中都已经实现,因此,本书只以最短距离法为例介绍这些方法的基本过程,如需详细了解每一种方法的具体算法,可参考米红和张文璋(2004)、王淑芬(2007)的著作。

2.最短距离法的基本过程

在计算了距离矩阵或相似系数矩阵以后,直接形成各个类别,不做进一步计算,这一过程称为简单合成归类法(一次计算归类法)。即从相似性矩阵中选择距离最小(或相似系数最大)的样品对(或变量对),然后选择次大的样品对,以此类推。选出样品对后,对该两样品或群的处理遵循下述原则:

(1)若两个样品在已形成的类中没有出现过,则形成一个独立的新类;

(2)若两个样品中有一个是在已经分好的类中出现过,则另一个加入该类;

(3)若两个样品都在已分好的两类中,则把两类连接在一起;

(4)若两个样品都在同一类中,则这对样品不需再作处理。

这样反复进行,直到所有的样品都归类完毕为止,最终形成一个分类系统。

最短距离法(nearest neighbor)又称单一连接法(single linkage),其原则是类间距离采用它们两个最近点的距离(如果是相似系数矩阵,则采用两类中相似系数最大的两个变量作为类间连接的代表),如图2-3所示。

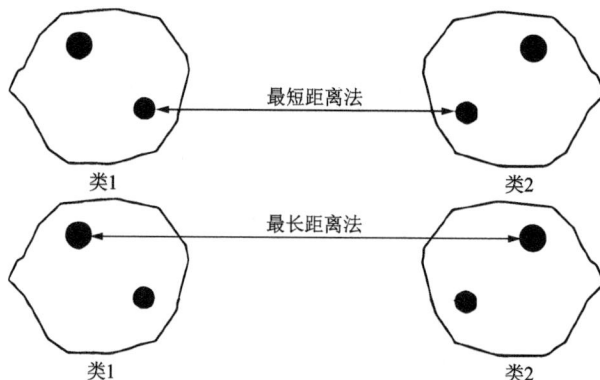

图2-3 最短距离和最长距离层次聚类连接方法示意图(据阳正熙等,2008)

层次聚类法可以实现对一个样本中的样品或变量按照它们在性质上的亲疏关系或相似程度进行分类。对样品聚类，可以将具有相同特点的样本聚集在一起；对变量聚类，可以使具有共同特征的变量作为一类，根据分类结果选择少数几个具有代表性的变量进行其他统计分析。

2.3.4　聚类分析在地质中的应用

1. 谱系图的解读

由聚类分析形成的分类系统通常利用谱系图直观地展现出来，然后根据谱系图进行地质解释。在谱系图中，利用相似性水平进行类别的划分，不同的相似性水平可以分解出不同的类。

相似性水平是衡量每一类样品或变量内部相似性的标准，这一标准定得越高（距离系数的数值越大，相似系数的数值越小），对每一类样品或变量内部的相似性要求就越高，分出来的类就越细，从而类的数目就越多。相似性水平的取值有不同的原则，可以按照分类系统的自然趋势取值，也可以利用某些统计检验的方法确定。

图 2-4 是 21 个样品的 Q 型聚类分析的谱系图，图中的虚线表示不同的相似性水平。从该聚类分析谱系图中可以看出，相似性水平（此处为聚类距离）取值不同，聚类结果不同，当相似性水平逐渐放大时，21 个样品被依次聚类：

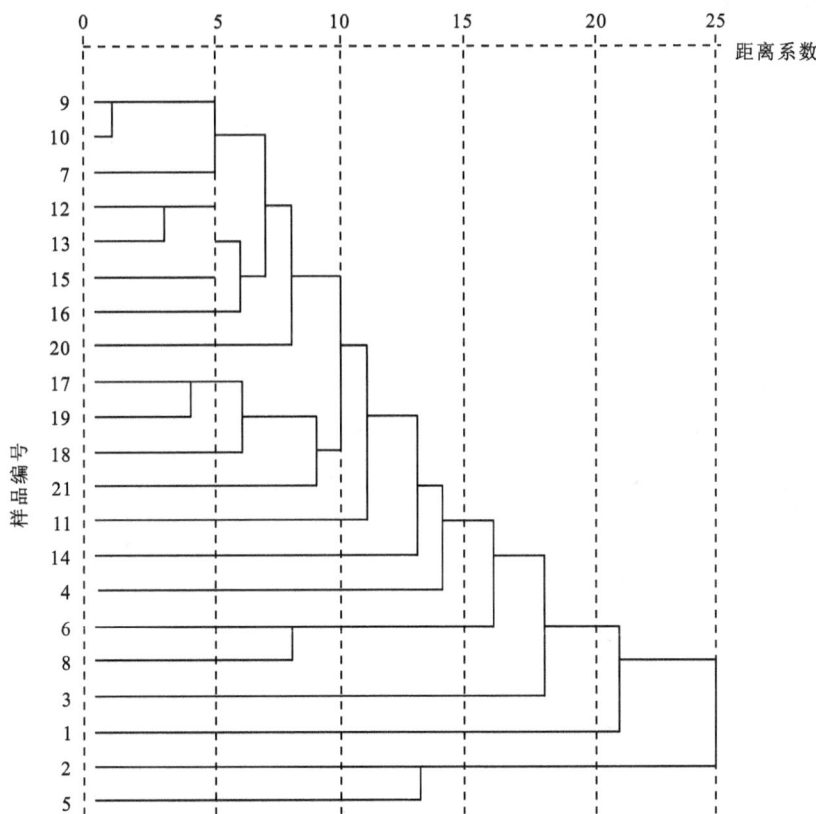

图 2-4　样品 Q 型聚类分析谱系图（据阳正熙等，2008）

（1）当相似性水平为0时，每个样本为单独的一类；

（2）当相似性水平为5时，则21个样品被聚为16类；

（3）当相似性水平为10时，则21个样品被聚为9类；

（4）当相似性水平为15时，则21个样品被聚为5类；

（5）当相似性水平为20时，则21个样品被聚为3类；

（6）最终，当相似性水平扩大到25时，21个样品被聚为1类。

2. 聚类分析应注意的几个问题

作为统计学的一个分支，聚类分析已有多年的研究历史，这些研究主要集中在基于相似性和相异性的聚类分析方面。许多统计软件包，如SPSS和SAS，都包含基于K均值、K中心等的聚类分析方法。值得提出的是，将聚类分析和其他方法联合起来使用，如判别分析、主成分分析、回归分析等，往往效果更好。

聚类分析主要讨论算法问题，它是非推理性的，没有涉及有关统计显著性检验的问题，换句话说，它没有从样本到总体的统计推理。事实上，不像其他许多统计学方法，聚类分析方法更多用于我们没有任何先验假设的情况，仍然还是处于我们研究的探索阶段。在某种意义上，聚类分析是寻找"最有意义的可能的解决方案"，从而，统计显著性检验在此并不适合。

聚类分析是在分类学中发展起来的，最初的目的是要消除分类中的主观性。自从引入聚类分析技术以来，有关该技术的优越性就一直存在争议，不久后发现各种各样的方法都可以提供不同的分类，即使是对于同一组数据；而且，在聚类分析中增加或减少一个变量可能会导致完全不同的结果，从而要求研究者采用不同的方法进行试验，直到获得他们预期的聚类分析结果。读者应该要意识到：聚类分析可以作为探索性数据分析的工具，目的是要更好地了解数据集中多元变量的行为；然而，它从不意味着是变量之间或观测值之间存在某个确定关系的"统计证据"。

聚类分析可以看作是利用谱系图这种直观的容易理解的图形来展示相似矩阵或相关矩阵的内在关系，这是聚类分析的最大优点。

聚类分析过程中需要进行三个决策：①选择变量；②选择相似性度量；③选择算法。不同的选择得出不同的结果，而且实际上没有任何准则来判定哪一种选择是正确的。

大多数聚类分析方法是利用距离度量把观测值归为不同的类。距离系数采用的是直觉的方式，范围在0和∞之间，距离系数为0表示观测值之间完全相同，不需要对数据做出任何有关的统计假设（如果数据具有分类顺序则是例外）。所以，从理论上来说，用距离系数处理地质数据是比较合理的。对于大的地质数据集来说，也可以首先利用聚类分析提取更为均一的数据子集，然后再利用判别分析或因子分析研究这些数据子集的多变量数据结构。

3. 聚类分析应用于地质数据分析中可能存在的数据问题

1）主元素和微量元素数据

在地球物质的多元素分析中，常常包括主元素和微量元素。主元素含量采用%（质量分数）表示，而微量元素含量一般采用10^{-6}或10^{-9}度量。这种数量级上的差异对于同时考虑所有元素的多元分析来说是一个问题，因为方差最大的变量对多元分析结果的影响最大。显然，方差与绝对值大小有关，因此，不应该把具有不同度量单位的变量混合在一起采用同一种多元分析方法进行处理。具体到类分析来说，如果有必要对主元素和微量元素同时进行处理，则需要利用数据转换(一般采用对数转换)和标准化方法对原始数据矩阵进行预处理。

2) 数据异元值

异元值在聚类分析过程中可以影响相似系数，从而干扰聚类倾向，因此，在进行聚类分析之前，应当消除或者采用统计分类方法对异元值进行处理。尤其是在高维变量数据集中，发现异元值是一个重要的环节。证实这些异元值的一种方法是采用马哈拉诺比斯距离，因为马哈拉诺比斯距离严格基于位置和散点估计。

3) 缺省数据

在地球化学数据集中，一个常见问题是化学分析仪器的检测限，低于仪器检测限的数据通常都被省略。在对地质数据进行统计分析的过程中，一般的做法是以检测限值的 1/2 对这些省略数据进行赋值。然而，如果数据集中出现相当数量的相同值数据，无疑将会对聚类分析方法产生显著的影响。对这一问题的处理可以采取如下方式：当某个元素低于检测限数据的个数超过数据集总个数的 5% 时，则把该元素从数据集中剔除，不参加聚类分析。

2.4　趋势面分析

趋势面分析本质上是一种回归分析。在回归分析中，当将自变量取作地理坐标而将因变量取作垂直深度变化时，回归方程称为趋势面方程。如以因变量 Y 表示油田含油砂岩顶面的高度，自变量 X_1 表示地理上的东西坐标，自变量 X_2 表示地理上的南北坐标，在 N 个钻孔观测得到 N 组观测值 $(X_{1i}, X_{2i}; Y_i)$，我们便可用趋势面分析的方法来计算砂岩顶面高度的变化趋势。

在地质工作中，经常要研究某种地质现象的空间分布特征与变化规律。许多地质现象在空间上都具有复杂的分布特征，它们常常呈现为不规则的曲面。欲研究这些现象的空间分布趋势，就要用适当的数学方法将这些现象的空间分布及其区域变化趋势模拟出来，这就是趋势面分析方法。也就是说，趋势面分析是利用数学曲面模拟地质系统要素在空间上的分布及变化趋势的一种地质数据分析方法。

地质调查的结果往往都是用数据来表示，如某一含矿层位的厚度、某一化学元素的含量、各种物探测量的数据、钻孔取样分析数据等。所有这些数据一般包括三部分的变化：区域性变化，数据中反映规律性变化的部分，这部分的变化是由区域地质特征所决定的；局部性变化，反映局部范围内变化的特点，它是受局部因素(如矿化、蚀变等)控制的异常峰值；随机性变化，由随机因素(如取样、分析误差等)所造成的偏差。趋势面分析的目的就是要对数据中所包括的这三部分变化进行分析，排除随机干扰因素；通过区域性变化部分了解地质特征的变化趋势，突出局部异常。

1. 趋势面分析的原理

趋势面分析的原理是用数学方法计算出一个数学曲面来拟合数据中区域变化的趋势，这个数学曲面就称为趋势面。也就是说，通过趋势面方程计算出每个观测点上的趋势值，然后绘制趋势等值线图，反映出区域性变化的总趋势；以该趋势面为基础，将数据的剩余（残差）部分分解出来，去掉随机干扰，绘出表现局部异常峰值的异常图。趋势面是一种抽象的数学曲面，它过滤掉了一些局域随机因素的影响，使地质要素的空间分布规律明显化。

通常把实际的地质曲面分解为趋势面和剩余面两部分，前者反映地质要素的区域性分布规律，属于确定性因素作用的结果；后者则对应于微观局域，是随机因素影响的结果。

趋势面分析的一个基本要求，就是所选择的趋势面模型应该是剩余值最小，而趋势值最大，这样拟合度精度才能达到足够的准确性。空间趋势面分析，正是从地质要素分布的实际数据中分解出趋势值和剩余值，从而揭示地质要素空间分布的趋势与规律。

2. 趋势面分析在地质中的应用概述

趋势面分析方法常常被用来模拟资源、环境、人口及经济要素在空间上的分布规律，在空间分析方面具有重要的应用价值。其在地质领域的应用包含以下几个方面：

(1) 研究成矿过程中元素富集的规律，了解成矿元素的最大富集部位；

(2) 从大量数据中筛选出少量有价值的数据以缩小评价面积，直接圈定成矿远景区；

(3) 以趋势面作为区域背景，圈定地球物理、地球化学异常区；

(4) 研究含矿岩体的形态变化，确定赋矿的有利部位；

(5) 研究环境污染，确定污染源。

3. 多项式趋势面分析

用来计算趋势面的数学方程式有多项式函数和傅里叶级数，限于篇幅，本书只择前者介绍。

多项式是最为常用的函数形式，因为任何一个函数都可以在一个适当的范围内用多项式来逼近，而且调整多项式的次数，可使所求的回归方程适合实际问题的需要。多项式趋势面分析实质上就是通过回归分析原理，运用最小二乘法拟合一个二维非线性函数，模拟地质要素在空间上的分布规律，展示地质要素在地域空间上的变化趋势。

1) 多项式趋势面的形式

用多项式函数来逼近（拟合）某个地质特征的空间变化称为多项式趋势面分析。一次多项式称为一次多项式趋势面，二次多项式称为二次多项式趋势面（分别简称为一次趋势面、二次趋势面），以此类推。

假设在二维空间中有 n 个观测点，其观测坐标为 (x_i, y_i)，观测值为 $Z_i (i = 1, 2, 3, \cdots, n)$，其一次多项式函数形式为：

$$\hat{Z}(x, y) = a_0 + a_1 x + a_2 y \tag{2-35}$$

式中，a_0、a_1 和 a_2 为待定系数；x 和 y 的最高指数为 1，因此称为一次趋势面方程。在一次多项式中加入 x 和 y 的二次项就可以得到二次多项式函数：

$$\hat{Z}(x, y) = a_0 + a_1 x + a_2 y + a_3 xy + a_4 x^2 + a_5 y^2 \tag{2-36}$$

以此类推，可以得到任意次多项式函数。确定了多项式的次数后，在 n 个观测点上，在观测值 Z_i 与趋势值 $\hat{Z}_i$ 之差的平方和为最小的条件下，利用最小二乘法，便可以求出多项式中的系数 a_0、a_1、a_2、$\cdots$。

一次趋势面代表在空间中的一个平面，该平面的走向可根据系数由下式求出：

$$S = \tan^{-1}\left(-\frac{a_1}{a_2}\right) \tag{2-37}$$

式中，S 是该平面的走向与 x 轴方向的夹角。自 x 轴的正方向逆时针测量角度 S，若 $a_1/a_2 \leqslant 0$，则 $S \leqslant 90°$；若 $a_1/a_2 > 0$，则 $S > 90°$。为了和野外观测的走向一致，在度量时，若 x 方向是正北，则应进行相应的校正。

二次趋势面有抛物面、双曲面和椭圆面三种类型。根据二次多项式的系数值可以判定趋势面的类别。设

$$I_1 = a_3 + a_5 \tag{2-38}$$

$$I_2 = a_3 a_5 - (a_4/2)^2 \tag{2-39}$$

$$I_3 = I_2 a_0 - a_3(a_2/2)^2 - a_5(a_1/2)^2 - a_4(a_1/2)(a_2/2) \tag{2-40}$$

若 $I_2 > 0$，$I_3 \neq 0$，且 I_3 与 I_1 符号相反，则为椭圆形；若 $I_2 < 0$，$I_3 \neq 0$，则为双曲形；若 $I_2 = 0$，$I_3 \neq 0$，则为抛物形趋势面。

根据系数值还可求出二次趋势面极值点 (x_m, y_m) 的坐标：

$$x_m = (a_2 a_4 - 2a_1 a_5)/(4a_3 a_5 - a_4^2) \tag{2-41}$$

$$y_m = (a_1 a_4 - 2a_2 a_3)/(4a_3 a_5 - a_4^2) \tag{2-42}$$

从式(2-35)、(2-36)中可以看出，二次趋势面包含有一次趋势面的成分。同理，三次趋势面包含有一次和二次的成分；p 次趋势面包含有 p 次和所有低于 p 次的成分。

实际应用中往往利用次数低的趋势面来逼近起伏变化比较简单的地质数据；采用次数较高的趋势面去拟合起伏变化比较复杂的地质数据。然而，次数较高的趋势面只在观测点附近拟合效果较好，而在外推和内插方面的效果欠佳，因而实际运用的效果不一定理想。

2) 多项式趋势面的拟合程度

根据观测值 (Z_i) 及其坐标 (x_i, y_i) 进行拟合的某次趋势面，在一定程度上指出了观测点坐标 (x_i, y_i) 与观测值 Z_i 之间的关系。然而，对一组数据进行趋势面分析时，不同次数的趋势面对原始数据的逼近程度显然是不一样的，所求出的趋势面与实际数据面的拟合程度，可以采用总离差平方和的变化来表示：

$$SST = \sum_{i=1}^{n}(z_i - \bar{z})^2 \tag{2-43}$$

式中，$\bar{z}$ 为观测值的算术平均值；SST 为总离差平方和，表示 n 个观测值的总波动，则

$$SST = \sum_{i=1}^{n}(z_i - \hat{z}_i)^2 + \sum_{i=1}^{n}(\hat{z}_i - \bar{z})^2 = SSE + SSR \tag{2-44}$$

式中，SSE 为观测值与趋势值之差的平方和，即为剩余平方和或残余平方和，SSE 越大，拟合程度越低；SSR 为观测点趋势值与观测值的算术平均值之差的平方和，即为回归平方和，SSR 值越大，拟合程度越高。

式(2-44)可变换为：

$$\frac{SSR}{SST} = 1 - \frac{SSE}{SST} \tag{2-45}$$

判定系数为：

$$R^2 = \frac{SSR}{SST} \times 100\% = \left[1 - \frac{SSE}{SST}\right] \times 100\% \tag{2-46}$$

R^2 可作为衡量拟合程度的标准。例如，如果 $R^2 = 100\%$，表示所有观测点上的趋势值均与其观测值完全吻合，不过，这种情况很少出现；如果 $R^2 = 40\%$，说明趋势面只反映了原始数据中 40% 的变异性，还有 60% 的变化未能在趋势面中得到表现而成为剩余（残余）。

对于趋势面的代表性，或者说趋势面所反映的其原始数据的变异性是否显著的问题，从数学上考虑，可利用 F 分布进行检验。其检验统计量为：

$$F = \frac{SSR/b}{SSE/(n-b-1)} \tag{2-47}$$

式中，b 为趋势多项式的项数（不包括常数项 a_0）；n 为观测值的个数；F 服从（b, $n-b-1$）分布。当给定检验水平 α 后，可由 F 分布查出临界值 F_α，若计算值 $F > F_\alpha$，则认为趋势面所反映的变异性是显著的，否则就是不显著的。

然而，在实际工作中，既要求能显示出某些地质特征的区域性趋势变化规律，同时又要求得到剩余异常。因此，对判定系数 R^2 的要求不能过高，因为过高会漏掉异常；也不能过低，过低会出现假异常。一般来说，只要分析到 1~6 次趋势面，R^2 值为 40%~60%，即可能达到要求。至于此要求是否合适，还需结合实际情况进行检验。

3）剩余分析

趋势面分析的目的，一方面需要研究地质特征的区域性变化规律，所以需要画出趋势等值线图；另一方面还要圈出局部异常，发现低缓异常，即需求出剩余值 Δz_i。

$$\Delta z_i = z_i - \hat{z}_i \tag{2-48}$$

引进剩余值后，原始数据即被分解为趋势值和剩余值两部分，一般说来，趋势值代表控制大范围变化的因素，剩余值反映局部变化的特点，代表局部控制因素和随机因素。趋势面分析的关键，是把一组地质数据分解为代表不同因素的几个部分，以帮助进一步进行地质解释。

4. 趋势面分析中值得注意的几个问题

在实际应用趋势面分析时需注意以下问题：

（1）如果观测点是呈规则的方形网格状分布，其梯度和趋势变化更易被察觉。在观测点分布不均匀时，显然观测点分布密集的地区，其地质特征的面貌就反映得比较细致；观测点较稀的部位，就只能反映地质特征粗略的轮廓，这对趋势面分析有很大的影响。对于不均匀分布的观测点，可以采用数据网格化技术进行处理。

（2）简单的趋势面能表现大的异常区，随着趋势面复杂程度的增大，异常范围变小，但异常数增多。

（3）趋势面函数只限制于一种特殊的形式。对于给定次数的趋势面函数，其最大值和最小值的个数是一定的，即在趋势面的纵剖面图上其弯曲数是一定的。这些受到限制的函数不能反映地质上一些更复杂的形状，它们一般也不适用于异常分布不规则的情况。

（4）大面积的剩余区（异常区）可能是由于趋势面函数太简单，不能反映数据的最大极值，或者是由于趋势面太复杂而失去了控制；另外，如果最大的剩余极值接近零，这个趋势面可能缺少异常，此时建议采用一个简单的趋势面。

（5）判定拟合程度的 R^2 值随趋势面次数的增加而增高，在经过某一次数后，R^2 值的增长率会明显放慢，此时，选择该次或其后高一二次的趋势面效果最好。

2.5　回归分析

2.5.1　回归分析概述

地质人员无论是从事野外工作还是从事实验室工作，都会在分析整理数据过程中发现，一种因素有时与另一种因素或与多种因素有量上的变化关系。如在研究新生界瓣鳃类化石时，经过对大量化石的鉴定，发现瓣鳃类化石的壳长、壳高和壳嘴距之间有量的依赖关系。那么是否可以找到一个关系式，将壳高、壳长和壳嘴距的变化关系近似地表示出来呢？哪怕是不精确的，是在一定误差范围内给出的近似表示也好。这对研究瓣鳃类化石是会有帮助的。有了关系式，只要知道三个指标中的一个，就可预测其余两个指标。也可以将这种关系看作某个种的固有的特征，作为鉴定化石的依据。

又如，对煤成分的研究中，知道煤的体重与灰分有一定的依赖关系，灰分越高，一般来说体重也越大，二者有成正比的趋势。但是体重并不是由灰分一个因素决定的，它还与煤的变质程度、孔隙度及湿度等多种因素有关。我们能否找出体重对灰分、变质程度、孔隙度和湿度等各因素的依赖程度呢？

再如，储油量与含油砂岩厚度、砂岩孔隙度、油饱和率、油气压力等多种因素有关，但它们之间也是一种不确定的关系，研究油储量时必须找出这些因素之间互相影响的程度，从而更准确地预报油的储量。

一种岩石的化学成分之间往往存在着依赖关系，但彼此影响的程度不尽相同。假如我们对一块花岗岩标本做了 SiO_2、TiO_2、Al_2O_3、Fe_2O_3、FeO、MnO、MgO、CaO、Na_2O、K_2O、P_2O_5、F、Ta_2O_5、Nb_2O_5、LiO 等 15 项化学分析，那么 LiO 含量对其余 14 个项目的依赖关系如何？它们对 LiO 含量的影响的程度相同吗？哪几种因素对 LiO 含量的影响最大？

上面提到的一些问题，可以通过数理统计中的回归分析方法来解决。在回归分析中，我们把相互影响的因素叫作变量。需要确定的那个因素叫因变量，如煤的体重、油储量、LiO 含量等；其他的影响因素叫自变量，如影响油储量的砂岩厚度、孔隙度、油饱和率等。变量之间的相互依赖程度，用相关系数来描述；变量之间的联系形式，用回归方程来描述。

根据现有的信息(数据)来建立人们所关心的变量和其他有关变量的数学关系，这种关系称为数学模型。数学模型可以分为两类：确定性模型（deterministic model）和随机模型（random model）。在确定性模型中，变量间的关系是完全可以预测的，如果已知一个或一个以上的变量，就可以精确地计算另一个或其余几个变量。对研究对象建立数学模型之后，即可进行数值计算，改变各种条件，通过计算可以获得该研究对象在各种条件下的性能和行为，这种计算称为数学模拟实验。数值计算如果是在计算机上进行的，则称为计算机模拟。

在随机模型中，变量之间的关系无法完全预测，因为在确定性模型中附加有随机的成分。因此，随机模型不仅包括数学方程，还引入了用于描述随机误差及其变化性的概率分布的隐含假设。

1)过程模拟

把一个量(y)的总变化分解为确定性组分和随机组分的精确描述称为过程模拟

(process modeling)，每个过程模拟都包含三个主要部分：①因变量，一般用 y 表示；②代表确定性组分的数学函数，又称为回归方程(regression equation)，一般用 $f(x,\beta)$ 表示；③代表随机组分的随机误差(random error)，一般用 ε 表示。过程模拟的一般形式为：

$$y=f(x,\beta)+\varepsilon \qquad (2-49)$$

模型中所包含的随机误差使得因变量和自变量之间的关系成为统计关系而不是确定性关系，这是因为因变量与自变量之间的函数关系不是对每一个数据点都成立，而只是统计意义上的成立。

2）因变量和自变量

因变量又称为响应变量，是指模型中被预测或估值的变量。一般来说，在模拟过程之前因变量与一个或多个其他变量值的系统相关性就已经明确，检验这种相关性的存在及其性质属于模拟过程本身的一部分。

自变量是与因变量有关的变量，即提供预测(估值)基础的变量，在一些文献中又被称为预测变量(predictor variables)。

3）回归方程

模型中的数学函数由两部分组成，即自变量（x_1, x_2, $\cdots$, x_k，其中 k 为自变量个数）和参数（β_0, β_1, β_2, $\cdots$, β_k）。自变量随同因变量进行观测，它们是输入数学函数 $f(x,\beta)$ 的量。用 x 表示全部预测变量的集合。参数是模拟过程中待估计的量，其真值是未知的而且是不可知的。用 β 表示全部参数的集合。

参数和自变量以各种形式结合，目的是要建立用于描述因变量中确定性变化的函数。例如，对于一条截距和斜率未知的直线，利用两个参数和一个预测变量来描述：

$$f(x,\beta)=\beta_0+\beta_1 x \qquad (2-50)$$

对于斜率已知但截距未知的直线，则在方程中只有 1 个参数：

$$f(x,\beta)=\beta_0+x \qquad (2-51)$$

对于具有两个预测变量的二次方程，其完整的模型中有 6 个参数：

$$f(x,\beta)=\beta_0+\beta_1 x_1+\beta_2 x_2+\beta_{12} x_1 x_2+\beta_{11} x_1^2+\beta_{22} x_2^2 \qquad (2-52)$$

4）随机误差

与数学函数中的参数相似，随机误差也是未知的，它们只不过是数据和数学函数之间的差值。然而，随机误差假定服从某个特殊的概率分布，这种分布用于描述其总体的行为。描述误差的概率分布的平均值为 0，但其标准差未知，因而是模型中的另一个参数。

2.5.2 统计预测

预测(prediction)是对事物或现象将要发生的或目前不明确的情况进行预先的估计和推测。预测要有一定的科学依据，建立在对地质调查研究以及对有关主要因素分析的基础上。统计预测是指以样本数据为基础，以地质理论为指导，以随机模型为手段对地质现象的发展趋势或地质总体进行定量推断和预测。赵鹏大(2004)将地质预测问题归为两类：①地质体的矿产资源潜力评价或地质体远景区定量预测，其研究对象是地质体；②对二维或三维地质体不同特征的发展过程或相应的影响因素进行预测，这类预测包括了对地质体的产生、变化、发展过程的研究。

由于统计预测的对象、时间、范围、性质等不同，预测方法可以形成不同的分类，但可根据方法本身的性质特点将预测方法分为三类。

(1)定性预测方法：根据人们对系统过去和现在的经验、判断和直觉进行预测，其中以逻辑判断和经验知识为主，仅要求提供定性结果。该方法适用于缺乏历史统计数据的系统对象，利用诸如专家打分(德尔菲法)、主观评价等做出预测。

(2)时间序列分析：根据系统对象随时间变化的历史资料，只考虑系统变量随时间的变化规律，对系统未来的表现时间进行定量预测，主要包括时间序列分析、移动平均法、指数平滑法、趋势外推法等。该方法适于利用简单统计数据预测研究对象随时间变化的趋势，例如矿产品的价格走势、地区的降雨量等。

(3)因果关系预测：变量之间存在某种前因后果关系，找出影响某种结果的几个因素作为自变量，建立因与果之间的数学模型，根据自变量的变化预测因变量的变化。该方法主要包括线性回归分析方法、概率统计方法、神经网络技术等。

本节只介绍回归分析方法。利用回归分析方法进行的预测，是指利用已知的自变量值通过模型对未知的因变量进行估计，它并不涉及时间上的先后概念。

2.5.3　简单线性回归分析

1.简单线性回归分析的概念

建立表达变量之间关系的随机模型并根据自变量的值对因变量值进行估计的方法称为回归分析(regression analysis)。只有一个自变量的线性随机模型称为一次线性模型或简单线性模型，其表达式为：

$$y = \beta_0 + \beta_1 x + \varepsilon \tag{2-53}$$

式中，y 为因变量；x 为自变量；β_0 为 y 的截距；β_1 为直线斜率；ε 为误差变量。该模型所强调的问题是分析两个连续型变量(x 和 y)之间的关系；为了定义它们之间的关系，我们需要知道 β_0 和 β_1。然而，这些系数都是总体参数，为了估计这些参数，需要计算相应的样本统计量。由于 β_0 和 β_1 是代表直线的系数，因而需要借助通过样本数据绘制出的直线对它们进行估计，利用最小二乘法可以获得散点图上样本数据点的最佳拟合直线。

2.最小二乘法原理

最小二乘法(least squares method)是利用实际的 y 与预测的 $\hat{y}$ 值之间离差的平方和达到最小的原理建立回归方程的方法。

设样本的回归直线方程为 $\hat{y} = \beta_0 + \beta_1 x_1$。根据最小二乘法，确定的 β_0 和 β_1 必须使回归估计值 $\hat{y}_i$ 与实际观测值 y_i 的离差平方和最小(图 2-5)，即

$$Q = \sum (y - \hat{y})^2 = \sum (y - \beta_0 - \beta_1 x_1)^2 = 最小值 \tag{2-54}$$

根据极值原理，令 Q 对 β_0 和 β_1 的一阶偏导数等于 0，然后解正规方程组，得到 β_0 和 β_1 的计算式(推导过程略)：

$$\beta_1 = \frac{Cov(x, y)}{s_x^2} \tag{2-55}$$

$$\beta_0 = \bar{y} - \beta_1 \bar{x} \tag{2-56}$$

例如，根据表 2-1 的数据和式（2-55）、（2-56），可求得其回归方程为：

$$\hat{y} = -47.3 + 0.26x \tag{2-57}$$

该回归方程说明，Ag 品位与矿体厚度呈正消长关系。

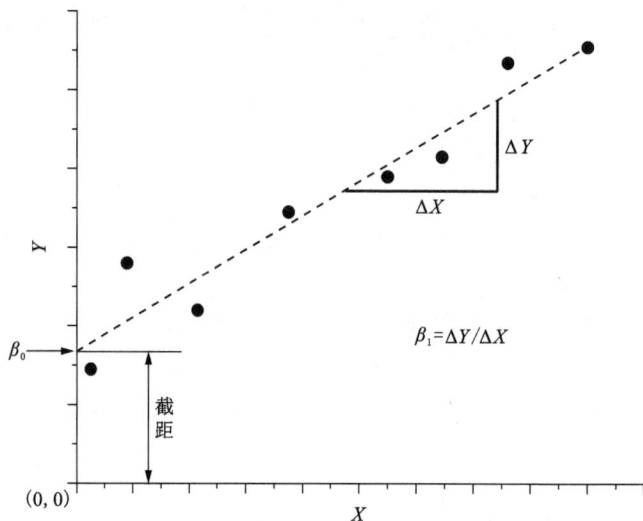

图 2-5　回归直线方程示意图（据阳正熙等，2008）

表 2-1　某银矿矿体厚度与 Ag 品位的数据表（据阳正熙等，2008）

变量	样品编号							
	1	2	3	4	5	6	7	8
矿体厚度 x/cm	580	510	529	475	405	418	552	443
Ag 品位 y/(g·t⁻¹)	211	178	183	169	129	156	207	144

3. 简单线性模型的评价

虽然利用最小二乘法能够建立最佳的拟合直线，然而，如果变量之间实际上可能不存在相关关系或者可能存在非线性相关关系，那么，线性模型可能就不适用了。因此，评价线性模型对数据的拟合程度就显得很重要，如果拟合程度很差，我们就得放弃该线性模型。评价线性模型的方法有多种，下面简要介绍估值标准差以及判别系数两种方法。

1）估值标准差

①误差平方和

最小二乘法的原理是求解回归方程的系数并使其满足数据点与拟合直线之间的离差平方和达到最小。因此，通过计算离差平方和可以度量回归直线与观测数据的拟合程度。观测值与回归直线之间的差称为残差（residual），即

$$第 i 点的残差 = y_i - \hat{y}_i \tag{2-58}$$

残差是误差变量的观测值，回归分析中的最小离差平方和称为误差平方和（SSE）：

$$SSE = \sum_{i=1}^{n} (y_i - \hat{y}_i)^2 \qquad (2-59)$$

② 估值标准差

误差变量 ε 服从平均值为 0、标准差为 σ_ε 的正态分布。显然，如果 σ_ε 的值很大，其中一些误差就会较大，这就意味着线性模型的拟合程度较低；如果 σ_ε 的值很小，误差趋向于接近平均值(平均值等于 0)，从而说明该模型拟合程度很高。由于 σ_ε 是总体参数，其值是未知的，需要借助样本观测值进行估计，具体的做法是利用 SSE 来进行估计。误差变量的方差 σ_ε^2 的无偏估计为

$$s_\varepsilon^2 = \frac{SSE}{n-2} \qquad (2-60)$$

s_ε^2 的开方称为估值标准误差，即

$$s_\varepsilon = \sqrt{\frac{SSE}{N-2}} \qquad (2-61)$$

分析式(2-61)可以看出，如果 SSE 为 0，s_ε 为 0，意味着所有观测值都落在回归直线上。如果 s_ε 很小，说明拟合程度很高，该线性模型可以作为有效的分析和预测工具；如果 s_ε 很大，说明拟合程度很低，应该对该模型进行改进或者放弃该模型。那么，如何判断 s_ε 的值究竟是大还是小呢？目前还没有一种很有效的判别方法，一般是将其与 $\bar{y}$ 值进行比较。虽然估值标准误差不能用于模型适用性的绝对度量，但是，它可以用于模型优劣的比较。例如，如果建立了多个模型，那么，一般说来，应该选择具有最小 s_ε 值的模型。

③ 判定系数

在回归分析中，与趋势面拟合度计算式(2-43)、(2-44)、(2-45)、(2-46)类似，观测值 y_i 与其平均值 $\bar{y}$ 的差称为离差，其离差平方和可以分解为两部分：

$$\sum (y - \bar{y})^2 = \sum (y - \hat{y})^2 + \sum (\hat{y} - \bar{y})^2 \qquad (2-62)$$

式(2-62)等号左侧的量为总离差平方和，用 SST 表示，是因变量变化性的度量；右侧第一项是误差平方和 SSE，第二项称为回归平方和，用 SSR 表示。该式可以重写为：

$$SST = SSE + SSR \qquad (2-63)$$

从式(2-63)中可以看出，y 的变异性可以分解为两部分：SSE 度量 y 中剩余未解释的变异性；SSR 度量 y 中解释为自变量的变异性引起的变化。

当总离差平方和一定时，回归平方和 $\sum (\hat{y} - \bar{y})^2$ 越大，误差平方和 $\sum (y - \bar{y})^2$ 就越小；反之，回归平方和越小，误差平方和就越大。把回归平方和占总离差平方和的比例定义为判定系数，用 R^2 表示，即

$$R^2 = \frac{\sum (\hat{y} - \bar{y})^2}{\sum (y - \bar{y})^2} = 1 - \frac{SSE}{SST} = \frac{SST - SSE}{SST} = \frac{SSR}{SST} \qquad (2-64)$$

判定系数的取值范围为 $0 \leqslant R^2 \leqslant 1$。由 R^2 的定义可以看出：当全部观测值都位于回归直线上，$SSE = 0$，而 $R^2 = 1$，说明总离差可以完全由所估计的样本直线来解释；如果观测值并不是全部位于回归直线上，$SSE > 0$，$SSE/SST > 0$，而 $R^2 < 1$；如果回归直线不能解释任何离差，即模型中自变量 x 与因变量 y 完全无关，y 的总离差全部归于残差，即 $SSE = SST$，而 $R^2 = 0$。

判定系数实际上是相关系数的平方，即

$$R^2 = \frac{[\text{Cov}(x,\ y)]^2}{s_x^2 s_y^2}$$

$(2\text{-}65)$

课后思考题

1. 地质信息的统计分析在地质工作中有哪些应用？

2. 主成分分析是如何实现数据降维的？

3. 简述因子分析的基本思想和数学原理。

4. 为什么要在地质研究中进行聚类分析？

5. 简述相似性统计量计算中距离系数的种类及计算方式。

6. 简述趋势面分析的原理。

7. 结合专业知识，列举一个线性回归分析的应用场景。

主要参考文献

[1] 赵鹏大. 定量地学方法及应用[M]. 北京：高等教育出版社，2004.

[2] 阳正熙，吴堑虹，彭直兴，等. 地学数据分析教程[M]. 北京：科学出版社，2008.

[3] 刘承祚，孙惠文. 数学地质基本方法及应用[M]. 北京：地质出版社，1981.

[4] 王保进. 多变量分析：统计软件与数据分析[M]. 北京：北京大学出版社，2007.

[5] 赵旭东. 石油数学地质概论[M]. 北京：石油工业出版社，1992.

[6] 陈正昌，程炳林，陈新丰，等. 多变量分析方法：统计软件应用[M]. 北京：中国商务出版社，2005.

[7]《地球科学大辞典》编委会. 地球科学大辞典(应用学科卷)[M]. 北京：地质出版社，2005.

[8] 米红，张文璋. 实用现代统计分析方法及SPSS应用[M]. 北京：当代中国出版社，2004.

[9] 韦玉春，陈锁忠，等. 地理建模原理与方法[M]. 北京：科学出版社，2005.

[10] Johnson D E. Applied multivariate methods for data analysts[M]. 北京：高等教育出版社，2005.

[11] Rice J A. 数理统计与数据分析[M]. 3版. 北京：机械工业出版社，2011.

[12] 王淑芬. 应用统计学[M]. 北京：北京大学出版社，2007.

[13] 尉雪波，李艺唯. 统计学原理[M]. 北京：经济科学出版社，2007.

第3章　地质信息的空间分析

地质信息与空间属性往往是相伴相随的，这是由于地质工作者接触的绝大部分信息都是空间信息。对地质信息开展空间分析，是挖掘地质数据的空间分布规律，进而揭示相关地质系统机制和解决实际地质问题的必要手段。地质信息的空间分析常借助地理信息系统（GIS）技术，因此本章的许多实例都来自 GIS，但可以很好地迁移应用到地质信息处理中来。

3.1　空间距离分析

3.1.1　邻近分析

邻近分析主要用于表达地理空间中目标地物之间距离的相近程度，可用于查找设定距离或行程范围内的邻近要素，描述为空间要素提供服务的范围或对周围环境产生影响的范围。例如，一条控矿构造对矿化空间分布的影响范围；公共设施如商场、邮局、银行、医院、学校等，需要根据其服务范围选址；对于一个有噪声污染的工厂，则需要根据其污染影响范围确定选址及防护措施。诸如此类的问题都需要度量地理要素与周围环境的距离关系，或者说都需要度量地理要素与其邻近地理要素之间的关系，都属于邻近分析。以距离关系为基础的邻近分析是 GIS 空间几何关系分析的一种重要方法。距离是空间几何关系中内容最丰富的一种关系。

1. 距离变换

距离是空间的一种尺度。对地理要素之间距离的量测是邻近分析的基础，也是描述空间几何关系的重要指标之一。两个地理要素之间的距离取决于其位置，也与两者之间的路径有关。仅考虑地理要素之间空间位置差异的距离是自然距离，包括曼哈顿距离、欧几里得距离、大地线距离等。若考虑路径结构、通行难度、环境因素，则还包括时间距离、成本距离、条件距离等，此类距离可统称为函数距离。

1）距离的类型

（1）欧几里得距离。

欧几里得距离也称欧氏距离，前文聚类分析中也提及了欧几里得距离，欧几里得距离在空间分析中能够保持坐标轴平移或旋转后不变性，其中二维空间的欧几里得距离可用式

(3-1)计算。

$$D_E = \left[(X_2 - X_1)^2 + (Y_2 - Y_1)^2 \right]^{1/2} \tag{3-1}$$

式中，D_E 为 (X_1, Y_1) 和 (X_2, Y_2) 两点间的欧几里得距离。

（2）曼哈顿距离。

曼哈顿距离也在前文中提及，在平面上是指两点 x 方向和 y 方向距离之和，如式（3-2）所示。曼哈顿距离也称为出租车距离，适用于描述类似城市中矩形街区的结构。

$$D_M = |X_2 - X_1| + |Y_2 - Y_1| \tag{3-2}$$

式中，D_M 为 (X_1, Y_1) 和 (X_2, Y_2) 两点间的曼哈顿距离。

（3）棋盘距离。

棋盘距离源自国际象棋中任一点的八方向均算作同样的一步。平面上两点间 x 方向距离与 y 方向距离较大者称为棋盘距离，如式（3-3）所示。

$$D_C = \max \{ |X_2 - X_1|, |Y_2 - Y_1| \} \tag{3-3}$$

式中，D_C 为 (X_1, Y_1) 和 (X_2, Y_2) 两点间的棋盘距离。

（4）时差距离。

时差距离是平面上两点 x 方向距离，当 x 为经度时，该距离代表时差，如式（3-4）所示。

$$D_T = |X_2 - X_1| \tag{3-4}$$

式中，D_T 为 (X_1, Y_1) 和 (X_2, Y_2) 两点间的时差距离。

（5）大地线距离。

大地线距离也称大圆距离，是指两个地理要素在旋转椭球面上的最短距离。大地线也称短程线或测地线，是椭球面上的一条三维曲线。曼哈顿距离、欧几里得距离等均为二维距离。显然，两点之间投影后的欧几里得距离与大地线距离存在一定的偏差。

（6）栅格距离。

栅格数据的距离是一个像元中心到另一个像元中心的距离，其测量精度受像元大小影响。栅格数据中距离的计算主要采用数学形态学和地图代数的方法。

2）距离变换的基本问题

对地理要素进行距离分析通常用于解决以下两种基本问题。

（1）邻近要素的查找问题。

计算任一空间点或者全部空间点到最近地理要素的距离问题，可以用于分析两组地理要素间的邻近关系。例如，通过商业网点的位置（如快餐店、电影院、服装店等）与市容卫生问题出现的位置（如打碎的窗玻璃、果皮纸屑等丢弃物、墙面随意涂鸦等）之间的距离关系的计算，并汇总统计数字，可以获得商业类型与市容卫生问题之间的相关特征，从而提出市容卫生问题的解决策略。再如，利用家庭住址和医疗机构之间的点距离计算，可以评估医疗服务的地理可达性。

邻近要素的查找问题可以通过距离计算实现，距离计算包括最近距离、范围内距离两种。最近距离是从源数据集中的点对象出发，根据设置的查询范围，计算查询范围内邻近对象与源对象之间的距离，并记录距离最近的一个或多个对象和距离值[图 3-1（a）]。在进行最近距离计算时，可以设置距离计算的最小或最大值，单位与数据集单位一致。设置最小、最大距离后，只有与源数据集点对象距离大于（或等于）最小距离、小于（或等于）最大距离的邻近对象参与计算。在进行计算时，如果邻近数据中含有多个对象到源数据集点对象的距离相等，则会输出所有距离相同的对象。最近距离计算可以不设置最大最小范围，这种情形下，将计算整个数据集地理范围内所有的对象。范围内距离是从源数据集中的每一个点对象出发，计算每个邻近对象与源对象之间的距离，并根据设置的查询范围，输出距离在最大最小范围内的所有对象和距离值［图 3-1（b）］。设定范围内距离计算需设置最小、最大值，单位与数据集单位一致。

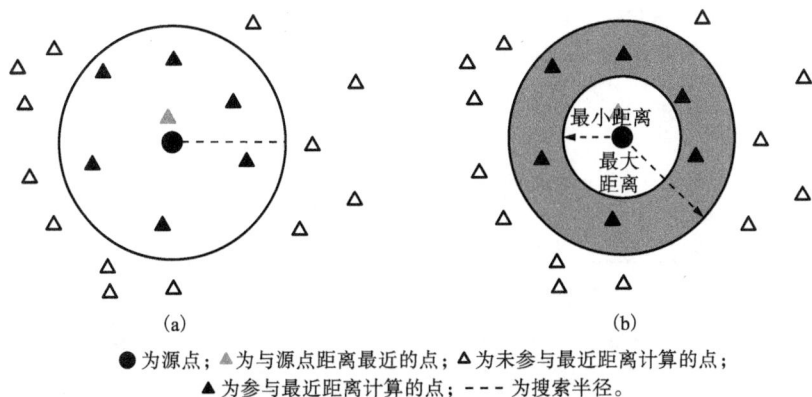

（a）　　　　　　　　　　　　（b）

● 为源点；▲ 为与源点距离最近的点；△ 为未参与最近距离计算的点；
▲ 为参与最近距离计算的点；--- 为搜索半径。

图 3-1　最近距离（a）与范围内距离（b）计算（据刘湘南等，2017）

将空间点要素扩展为线或面要素，邻近分析还可以用于查找与某一类地理要素最近的其他相关地理要素（点、线或面）。例如，分析区域线状构造周围矿化点的分布情况，或反过来查找距离一个矿化点最近的线状构造。

（2）等距点的轨迹问题。

等距点的轨迹问题在空间分析中广泛存在。缓冲区分析本质上就是等距点的轨迹问题。地理空间的点、线、面要素之间的等距点轨迹按照要素的影响范围划分了整个二维平面，这个影响范围就是 Voronoi 图。Voronoi 结构是空间要素集自身所具有的属性，是一种在自然界中普遍存在的描述空间要素间距离相互作用的结构，由俄国数学家 Voronoi 于 1908 年发现并命名。Voronoi 结构实现了对空间的无缝划分，给出了地理要素与空间之间的相互联系与作用。它既可以用于邻近关系的查询，也是障碍空间上的优良的广义内插方法。等距点轨迹也是地理要素的广义对称轴线，地理要素外部的等距点轨迹是地理要素间的对称轴，而地理要素内部的等距点轨迹则可以看作是内部构件的对称轴。

3.1.2　缓冲区分析

1.基本原理

缓冲区是指为了识别某一地理实体或空间物体对其周围地物的影响度，而在其周围建立的具有一定宽度的带状区域，是一个独立的数据层，可以参与叠置分析。缓冲区分析是对一组或一类地物，根据缓冲的距离条件建立缓冲多边形图层，然后将这一图层与需要进行缓冲区分析的图层进行叠置分析，从而得到所需结果的一种空间分析方法。用缓冲区分析操作生成的缓冲区多边形将构成新的数据层，该数据层的数据并不是在数据输入时生成的。根据地理实体的性质和属性，规定不同的缓冲区距离是十分重要的。缓冲区分析可以用于点、线或面对象，如点状的采样位置、线状的区域构造和面状的地层分布等，只要地质实体能对周围一定区域形成影响即可使用这种分析方法。

在数学的角度上，给定一个空间对象或集合，确定其邻域，邻域的大小由邻域半径 R 决定，因此对象 O_i 的缓冲区定义为 $B_i = \{x \mid d, (x, O_i) \leq R\}$，即对象 O_i 的半径 R 的缓冲区为与 O_i 的距离 d 小于 R 的全部点的集合。d 一般指最小欧几里得距离，当然也可以是其他定义的距离，如网络距离，即空间物体间的路径距离。对于对象集合 $O = \{O_i \mid i = 1, 2, \cdots, n\}$，其半径为 R 的缓冲区是各个对象缓冲区的并集，即

$$B = \bigcup_{i=1}^{n} B_i \tag{3-5}$$

邻域半径即缓冲距离（宽度），是缓冲区分析的主要数量指标，可以是常数或变量。点状要素根据应用要求的不同可以生成三角形、矩形和圆形等特殊形态的缓冲区；线状要素的缓冲区一般是两侧对称的，但是如果该线有拓扑关系，可以只在左侧或右侧建立缓冲区，或生成两侧不对称缓冲区；面状要素可以生成内侧和外侧缓冲区。因此线、面要素的缓冲区分析要比点要素的缓冲区分析复杂。值得注意的是，缓冲区是新生成的多边形，所在图层作为一个新图层，不包括原来的点、线和面要素。

根据研究对象影响力的特点，缓冲区可以分为均质与非均质两种。在均质缓冲区内，空间物体与邻近对象只呈现单一的距离关系，缓冲区内各点影响度相等，即不随距离空间物体的远近而有所改变（均质性）；而在非均质的缓冲区内，空间物体对邻近对象的影响度随距离变化而呈不同强度的扩展或衰减（非均质性）。根据均质与非均质的特性，缓冲区可分为静态缓冲区和动态缓冲区。根据所描述地理空间对象的实体对象的不同，缓冲区可以分为点缓冲区、线缓冲区和面缓冲区三种。根据 GIS 数据结构的不同，缓冲区分析可以分为矢量数据的缓冲区分析和栅格数据的缓冲区分析两类。

2. 缓冲区建立方法

地理信息系统中的数据结构主要为矢量数据和栅格数据，它们的缓冲区建立的方法有所不同。

1）矢量数据缓冲区的建立方法

（1）点要素的缓冲区。

建立点要素的缓冲区是以点要素为圆心，以缓冲距离 R 为半径作圆。其通常包括单点要素形成的缓冲区、多点要素形成的缓冲区和分级点要素形成的缓冲区等。

（2）线要素的缓冲区。

建立线要素的缓冲区时需要考虑线的左右方向配置。以线要素为轴线，由缓冲距离 R 向两侧作平行线，在轴线两端处作半圆，最后形成圆头缓冲区。针对一条线所建立的缓冲区有可能重叠，这时需把重叠的部分去除。基本思路是：对缓冲区边界求交，并判断每个交点是出点还是入点，以决定交点之间的线段保留还是删除，从而得到岛状的缓冲区。在对多条线建立缓冲区时，也可能会出现缓冲区之间的重叠。这时需把缓冲区内部的线段删除，并将多个缓冲区多边形合并成一个连通的缓冲区，如图 3-2 所示。

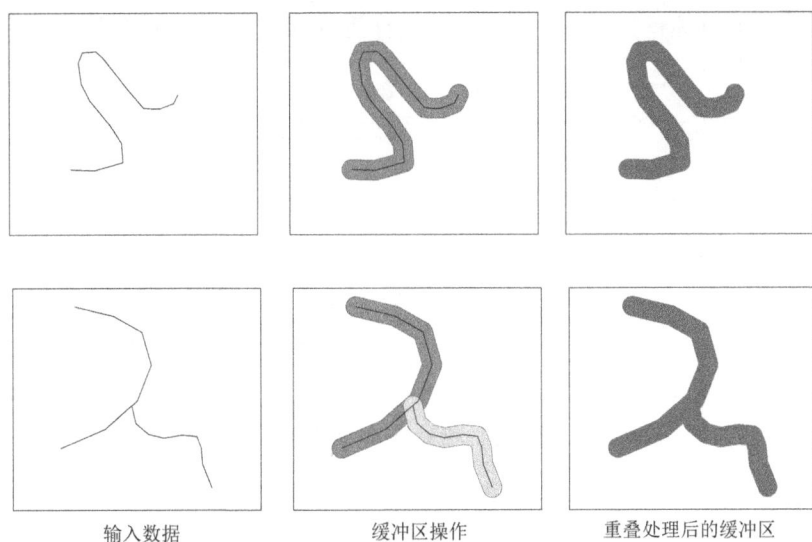

输入数据　　　　　缓冲区操作　　　重叠处理后的缓冲区

图 3-2　线要素的缓冲区（据刘湘南等，2017）

（3）面要素的缓冲区。

建立面要素的缓冲区要考虑内外方向配置，以面要素的边界线为轴线，以缓冲距离 R 向边界线的外侧或内侧作平行线并闭合，形成面要素的缓冲区多边形。

在建立缓冲区时，有时会根据空间对象的特征和研究目的的需要，对同一实体对象设定不同的缓冲区半径，生成的缓冲区多边形往往可以得到更多的隐含空间特征信息，该缓冲区称为多尺度缓冲区。

2）栅格数据缓冲区的建立方法

栅格数据的缓冲区分析通常称为推移或扩散（spread），实际上是栅格线要素生成缓冲区时模拟主体对邻近对象的作用过程，物体在主体的作用下沿着一定的阻力在表面移动或扩散，距离主体越远，所受到的作用力越弱。栅格数据结构的点、线和面缓冲区的建立方法主要是种子扩展算法，即将缓冲区看作是对网格单元(像元)向周围 8 个方向进行一定距离的扩展过程。

对单线的栅格线要素建立缓冲区时，先对每个网格单元建立缓冲区，再将重叠区域重新赋值，生成线要素的栅格结构缓冲区数据层；对复杂的栅格线要素建立缓冲区时，该线要素一般在每一行占用超过 2 个网格单元，可以将其视为多边形，只考虑位于边缘的网格单元的缓冲区。

3）动态缓冲区

现实世界中很多空间对象或过程对周围的影响并不是随着距离的变化而固定不变的，需要建立动态缓冲区，根据空间物体对周围空间影响度变化的性质，可以采用不同的分析模型：

（1）当缓冲区内各处随着距离变化，其影响度变化速度相等时，采用线性模型，如图 3-3(a)所示；

（2）当距离空间物体近的地方比距离空间物体远的地方影响度变化快时，采用二次模型，

如图 3-3(b)所示;

(3)当距离空间物体近的地方比距离空间物体远的地方影响度变化更快时,采用指数模型 $\exp(1-r_i)$,如图 3-3(c)所示。

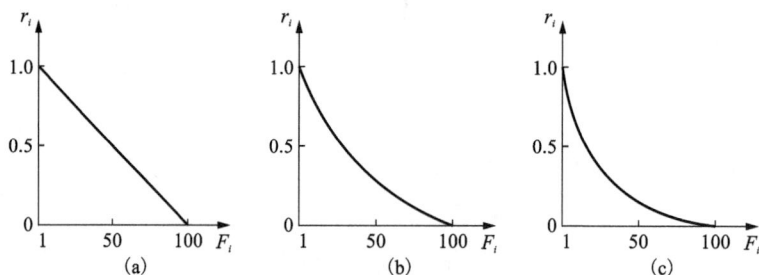

图3-3 缓冲区分析模型(据刘湘南等,2017)

图 3-3 中,F_i 表示参与缓冲区分析的一组空间实体的综合规模指数,一般需经最大值标准化后参与运算;$r_i=d_i/d_0$,d_0 表示该实体的最大影响距离,d_i 表示在该实体的最大影响距离之内的某点与该实体的实际距离,显然 $0 \leqslant r_i \leqslant 1$。在动态缓冲区生成模型中,影响度随距离的变化而连续变化,对每一个 d_i 都有一个不同的 F_i 与之对应,但这些值具有现实不可预测性,故按 d_i 建立缓冲区内的属性值能否满足用户的需求难以控制。因此,建议进行如下变换:

$$d_i = d_0 \left(1 - \frac{\ln F_i}{\ln f_0} \right) \tag{3-6}$$

式中,$F_i>0$ 且 $\ln f_0 \neq 0$,这样便可以根据需求来设定 F_i 的值,此时根据相应的 d_i 建立的缓冲区内的属性值便与事先设定的需求值相一致。

3. 缓冲区算法

缓冲区实现有两种基本算法:矢量方法和栅格方法。矢量方法使用较广,相对比较成熟。具体的几何算法是中心线扩张法,又称加宽线法或图形加粗法,通过以中心轴线为核心作平行曲线,生成缓冲区边线,再对生成边线求交或合并,最终生成缓冲区边界,主要有角分线法和凸角圆弧法。栅格方法基于数学形态学的扩张算子,采用由实体栅格和八方向位移 L 得到的 n 方向栅格像元与原图做布尔运算来完成,该方法原理上比较简单,容易实现,但由于栅格数据量很大,上述算法运算量级较大,所处理的数据量受到计算机硬件的限制,且距离精度也有待提高。

1)角分线法

角分线法即"简单平行线法",其基本思想是:①在轴线两端点处作轴线的垂线,并按两侧缓冲区半径 R 截去超出部分,获得左右边线的起点与终点;②在轴线的其他各转折点处,用偏移量为 R 的左右平行线的交点来确定该转折点处左右平行边线的对应顶点;③最终由端点、转折点和左右平行线形成的多边形就构成了所需要的缓冲区多边形,如图 3-4 所示。

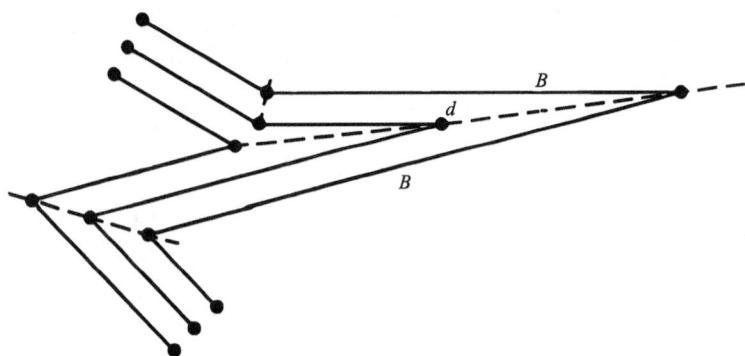

图 3-4　角分线法尖角缓冲区（据刘湘南等，2017）

2）凸角圆弧法

凸角圆弧法的算法思想是在轴线两端点处按缓冲区半径作圆弧进行拟合。在轴线的其他各转折点处，首先判断该点的凸凹性，在凸侧用圆弧拟合，在凹侧用与该转折点关联的偏移量为 R 的左右平行线的交点来确定对应顶点。

凸角圆弧法与角分线法都是对轴线两侧作距离为 R 的平行线段，对转折点凹侧都是把上述平行线段延长至该凹部的角平分线，差别在于对端点及转折点凸部的处理不同。角分线法对凸侧的处理仅将平行线段延长至角平分线，而凸角圆弧法则是对转折点凸侧作一定角度圆弧，角度视转折角大小而定，与平行线密切衔接，端点则一般作半圆弧，由平行线和圆弧线组成的封闭多边形，去掉中间的实体线或多边形的缓冲区。正是由于凸角圆弧法在凸侧用圆弧拟合，其能最大限度地保证左右平行曲线的等宽性，避免了角分线法所带来的多种异常情况。但是基于凸角圆弧的算法在轴线转角尖锐的转折点的平行线交点会随着缓冲区半径的增大迅速远离轴线，会出现尖角和凹陷的失真现象。

凸角圆弧法的算法实施包括以下五个步骤：

（1）直线性判断。

为简化计算过程，凸角圆弧法的第一步是进行相邻三点的直线性判断。当相邻三点处于近似共线状态时，用直线代替。常用的直线性判断方法是点到直线距离法，即直接利用解析几何中的距离公式判定。

（2）折点凸凹性的判断。

凸角圆弧法的关键在于对凸凹部分的不同处理，因此判断折线顶点处的凸凹特性是非常重要的步骤，这一步骤能够确定何处需要用圆弧连接而何处需要用直线求交。这个问题可转化为两个矢量的叉积，把相邻两个线段看成两个矢量，其方向按照坐标点的序列方向确定，若前一个矢量以最小的角度扫向第二个矢量时呈逆时针则为凸顶点，反之为凹顶点。

（3）凸顶点圆弧的嵌入。

圆弧上布点的多少，取决于计算步长（以角度计）。若把弦线与圆弧的逼近差用半径（偏移量 R）来表示，则可按表 3-1 所示参数表选取步长，进行圆弧嵌入。

表 3-1　凸顶点圆弧嵌入参数表(据刘湘南等，2017)

要求逼近精度(ε或R)	1/10	1/20	1/30	1/40	1/50	1/100	1/200
宜采用的步长α/(°)	51.7	36.4	29.7	25.7	23.0	16.2	11.4

(4)边线关系的判别和处理。

当轴线的弯曲空间不能容许左右平行曲线无压盖地通过时，就产生边线自相交问题，形成若干个自相交多边形。自相交多边形分为两种情况：岛屿多边形与重叠区多边形。矢量数据格式表示的曲线具有方向性，取曲线坐标串的方向为曲线前进的方向。当中心轴线方向确定后，其两侧的平行曲线也就自然地获得了左右属性，称左边线和右边线。对于左边线，岛屿多边形呈逆时针方向；对于右边线，岛屿多边形呈顺时针方向，如图3-5所示。对于重叠区多边形，左边线呈顺时针方向，右边线呈逆时针方向。值得注意的是，重叠区多边形不是缓冲区边线的有效组成部分，不参与缓冲区有效边线的最终重构。

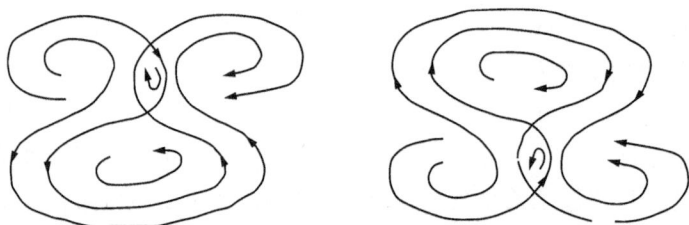

图 3-5　岛屿多边形(据刘湘南等，2017)

(5)缓冲区边界的最终形成。

当存在岛屿和重叠区自相交多边形时，最终计算的边线被分为外部边线和若干岛屿。对于缓冲区边线绘制，只要把外围边线和岛屿轮廓绘出即可。将重叠区进行合并绘制出最外围边线，同时绘出岛屿轮廓，就形成了最终的缓冲区边界。要注意的是，利用缓冲区进行检索的时候，按最外围边线所形成的圆头或方头缓冲检索之后，要去除按所有岛屿进行检索的结果。

3.1.3　距离分布分析

距离分布分析是一种基于空间缓冲技术的研究方法，用于定量评估目标点集与其他要素(可以是点集、线集或者面集)的空间相关性。以控矿因素分析为例，该方法首先要求选定一种地质要素，建立围绕该要素的缓冲区。而后在特定的缓冲区范围内，统计和比较以下两个参量：①缓冲区内矿点分布频数(即缓冲区内出现的矿点数/总矿点数)，标记为D_M；②缓冲区内非矿点分布频数(一般通过不含矿点区域的面积/研究区不含矿点的总面积来计算)，标记为D_N。D_N指示了在缓冲研究范围内常规空间要素的自然概率密度分布，这种概率分布由自然随机过程造就，与具"灾变"性质的成矿事件无关。D_M则反映了成矿过程造成的非随机的分布模式，往往呈丛聚分布。因此，D_M与D_N的差值(标记为D，$D=D_M-D_N$)，反映了在某种地质特征的缓冲范围内，矿点丛聚分布占主导的累计概率。如果D大于0，表明该地质要素的分布特征与矿点分布呈正相关,为有利的控矿要素; D 等于 0 说明该要素的分布呈随机自然分布,与成矿无关; D 小于 0 说明该要素的分布与矿点分布呈负相关。

为了验证 D_M 是否在统计意义上大于 D_N,需要构建 D_N 的置信曲线 uc,要达到显著性水平 $\alpha = 0.01$, uc 可通过下式获得:

$$uc = D_N + \sqrt{9.21(M+N)/4MN} \tag{3-7}$$

其中, M 为用于计算矿点比率的总矿点数; N 为计算非矿点比率的面积比值。在距离分布分析中, D_M 曲线在 uc 曲线上方指示了矿点与目标要素的空间相关关系,具有显著的统计意义。

3.2 空间插值算法

3.2.1 反距离加权法

反距离加权(inverse distance weighted, IDW)插值法基于相近相似的原理:两个物体离得越近,它们的性质就越相似;反之,离得越远则相似性越小。它以插值点与样本点间的距离为权重进行加权平均,离插值点越近的样本点,赋予的权重越大。

反距离加权法主要依赖于反距离的幂值,幂参数可基于与输出点的距离来控制已知点对插值的影响。幂参数是一个正实数,默认值为 2,一般 0.5~3 的值可获得较合理的结果。通过定义更高的幂值,可进一步强调最近点,因此,邻近数据将受到更大影响,表面会变得更加详细(更不平滑)。随着幂数的增大,插值将逐渐接近最近采样点的值。指定较小的幂值将对距离较远的周围点产生更大的影响,从而导致平面更加平滑。由于反距离加权公式与任何实际的物理过程都不关联,因此无法确定特定幂值是否过大。作为常规准则,认为值为 30 的幂是超大幂,如果距离或幂值较大,则可能生成错误结果,因此不建议使用。IDW 插值方法的应用条件为研究区域内的采样点分布均匀且采样点不聚集,其假设前提为各已知点对预测点的预测值都有局部性的影响,其影响随着距离的增加而减少。利用获取到的离散点子集计算插值的权重,通常计算步骤如下。

①计算未知点到所有点的距离 d_i。

②计算每个点的权重为:

$$w_i = \frac{d_i^{-p}}{\sum_{i=1}^{n} d_i^{-p}} \tag{3-8}$$

式中,权重是距离倒数的函数,且 $\sum_{i=1}^{n} w_i = 1$,即所有点的权重之和为 1。

③计算结果为:

$$\hat{Z}(x, y) = \sum_{i=1}^{n} w_i Z(x_i, y_i) \tag{3-9}$$

式中, $d_i = \sqrt{(x-x_i)^2 + (y-y_i)^2}$,是离散预测点 (x, y) 与各已知样点 (x_i, y_i) 之间的距离; p 为参数值,是一个任意正实数,通常 $p = 2$,可以通过求均方根预测误差的最小值确定其最佳值；n 为预测计算过程中要使用的预测点周围样点的总数；$\hat{Z}(x, y)$ 为点 (x, y) 处的预测值；w_i 为预测计算过程中使用的各样点的权重，该值随着样点与预测点之间距离的增加而减小；$Z(S_i)$ 是在 S_i 处获得的测量值。

根据相近相似的原则，随着已知采样点与预测点之间距离的增加，采样点的值与预测点的值之间的相关性也随之降低。为了加快计算的速度，可以将距离预测点较远且对预测点的影响很小的点的值视为0。所以，在利用已知采样点对一个未知点的值进行预测的过程中，通常要在预测点附近确定一个搜索的邻近区域，以限定使用的采样点的数量。对同一个预测点来说，在预测过程中，由于搜索邻近区域的形状不同，搜索区域内包含的参与预测的采样点的数量及位置也会不同。

邻近搜索区域的形状受输入的采样点数据的影响。如果各已知采样点对数据的权重没有方向性的影响，那么可以认为在各个方向上包含的点的数量相等，这种情况下可将相邻搜索区域的形状设为圆形。然而，如果数据受到方向性的影响，那么就要改变邻近搜索区域的形状，将圆形调整为一个椭圆。一旦确定了邻近区域的形状，就可以限定该区域内能用于预测点计算的采样点的位置，并确定采样点数量的最大值和最小值，还可以将这个邻近区域划分为多个扇区，同时限制使用点数量的最大值和最小值。使用反距离加权插值法不仅取决于参数 p 的选择，还取决于搜索相邻区域过程中所使用的方法。

反距离加权法是一种精确性插值法，被插值的表面内的最大值和最小值只会出现在采样点处，输出的表面容易受离群点(采样点值过大或过小的点)和采样点之间过分聚集的影响，适用于呈均匀分布且密集程度足以反映局部差异的样点数据集。这种方法概念简单，运算速度快，易于在计算机中实现，具有良好的可适应性，可根据具体问题的不同而改变和优化权重函数，在 GIS 数据内插中得到了广泛的应用。

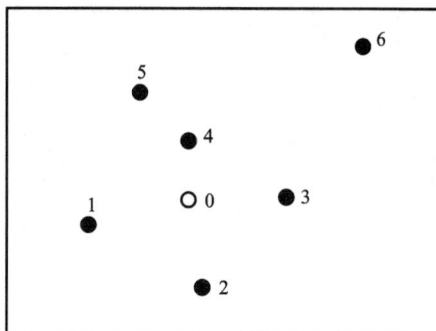

图3-6 待插值点(0)与其他已知
高程点位置示意图
[据杨慧(2013)修改]

以下为 IDW 插值的一个实例。假设已知6个采样点($P_1 \sim P_6$)的位置和高程以及某插值点 P_0 的位置(见图3-6)，计算可得预测插值点到各个已知样点的距离 d_i(见表3-2)，则根据已知样点利用 IDW 插值法预测该插值点 P_0 的高程值 Z_0 的过程如下。

取 $p=1$ 并计算 $\sum_{i=1}^{n} \frac{1}{d_i} = \frac{1}{41.23} + \frac{1}{35.35} + \frac{1}{40.00} + \frac{1}{20.00} + \frac{1}{44.72} + \frac{1}{92.19} = 0.16$，以样点 P_1 的权重计算为例：

$$w_1 = \frac{\dfrac{1}{41.23}}{0.16} = \frac{1}{41.23 \times 0.16} = 0.15 \qquad (3-10)$$

依次计算各个样点的权重，分别求得 $w_2 = 0.18$、$w_3 = 0.15$、$w_4 = 0.31$、$w_5 = 0.14$、$w_6 = 0.07$。根据 $\hat{Z}(x_0, y_0) = \sum_{i=1}^{n} w_i \hat{Z}(x_i, y_i)$ 且满足 $\sum_{i=1}^{n} w_i = 1$，则可求得 $\hat{Z}_0 = 0.15 \times 115.4 + 0.18 \times 123.1 +$

$0.15 \times 113.8 + 0.31 \times 110.5 + 0.14 \times 107.2 + 0.07 \times 131.8$。因此，利用 IDW 插值法可求得预测点的高程值为 $\hat{Z}_0 = 105.8$。

表 3-2　插值计算条件与参数[据杨慧(2013)修改]

点号	x_i	y_i	高程 z_i	点对	距离 d_i
0	110.0	150.0			
1	70.0	140.0	115.4	[0, 1]	41.23
2	115.0	115.0	123.1	[0, 2]	35.35
3	150.0	150.0	113.8	[0, 3]	40.00
4	110.0	170.0	110.5	[0, 4]	20.00
5	90.0	190.0	107.2	[0, 5]	44.72
6	180.0	210.0	131.8	[0, 6]	92.19

样点在预测点值的计算过程中所占权重的大小受参数 p 的影响，即随着采样点与预测值之间距离的增加，采样点对预测点影响的权重按指数规律减小。在预测过程中，各采样点值对预测点值作用的权重大小是成比例的，这些权重值的总和为 1。

IDW 插值方法的优点是计算简单和操作便利，缺点是需要多少样本点估计是未知的。当存在各向异性时，邻域的大小、方向和形状都会对估值产生影响，结果受点布局和离群值的影响。

3.2.2　克里金插值

空间插值算法是多种仿真、模拟的通用算法，而不仅仅局限于地质领域的模拟。但地质问题本身具有的一些特点，如地质体形态的高度复杂性、地质变量的相关性和随机性并存等，决定了许多通用的插值算法并不适用于地质领域。因此，针对地质模拟的独特性和难点，研究者们开发出了多种面向地质问题的空间插值算法，经过几十年的完善和创新，这些成熟的插值算法已经广泛应用于各种地质研究和生产实践中。克里金法(Kriging)，也有文献叫克里格法，是以南非矿业工程师 Krige 的名字命名的一种插值方法，是一种最优、线性、无偏的算法，充分考虑了样品的形状、大小及其与待估值点间的空间位置关系，并将特征变量的空间分布结构作为插值的依据。

1. 克里金法的理论基础

克里金法是基于地质统计学的一种插值算法，地质统计学是由法国数学家 Matheron 发展完善并广泛应用于地质领域的一门科学，它以区域化变量理论为基础，通过变异函数研究那些空间分布既有随机性又有结构性的自然现象。在矿床研究领域，地质统计学主要用于刻画矿化空间的结构和计算矿产资源储量。

地质统计学中最基本的概念就是区域化变量理论。区域化变量是一种在空间上具有数据的实函数，它在空间中的每一点都具有一个确定的值。区域化变量具有两个最重要的、看似矛盾的性质：结构性和随机性。结构性是指区域化变量（如金属品位）在相距为 h 的两点的值 $T(x)$ 和 $T(x+h)$ 具有某种程度的自相关，这种自相关的程度依赖于 h 和决定该区域化变量的地质过程（如矿化过程）；随机性则表示区域化变量在空间中具有不规则、随机性分布的特征。实际上，结构性和随机性并存是很多自然变量的共同特征。区域化变量一般用来反映某种地质现象的特征，比如以金属含量来表示矿化特征，则矿化现象就可以看成是金属元素含量这个区域化变量在三维空间的变化。在传统上许多统计方法并不考虑样品的空间分布，所有的结果都是出于单一总体在研究区服从一定的已知概率分布而考虑的。而地质统计学则充分考虑了样品间的空间相依性，故而能更为精准地刻画地质数据的分布特征。

凡是涉及样品空间位置的插值算法，样品间的距离都是需要考虑的首要问题。显然，离待估点近的已知点对其估计值的影响要比远离它的已知点大，因此，涉及空间位置的插值算法都将重心放在如何确定这个"影响权重"的大小上。应用广泛的反距离加权法就是充分体现这一思想的算法。但这些算法都是基于这样一种假设，即未知点与各已知点的关系仅与彼此的距离有关，而与这些点本身的值的大小（比如品位的高低）无关。显然，这样的考虑是不全面的，无法准确地反映样本数据空间的真实结构。

地质统计学用变异函数（或称半变异函数）来量化地描述区域化变量的空间结构。设区域化变量 T 在距离为 h 的两个点的值分别为 $T(x_i)$ 和 $T(x_i+h)$，变异函数 $\gamma(h)$ 的定义为：

$$\gamma(h) = \frac{1}{2N(h)} \sum_{i=1}^{N(h)} \left[T(x_i) - T(x_i + h) \right]^2 \qquad (3-11)$$

式中，$N(h)$ 表示距离为 h 的样品对个数。由定义可知，变异函数考虑了样品间的距离和样品值的差异，为了深入研究这两者之间的关系，分别以 h 和 $\gamma(h)$ 为坐标轴，将以不同的 h 值计算得到的结果投影到坐标系中，得到了变异函数图。变异函数图反映出这样一种样品值差异随样品间距变化的趋势：当 $h=0$，即两个样品在空间上重合时，由于统计学中一个空间位置只能有一个测量值，所以 $\gamma(h)$ 必然为零；随着 h 的增大，样品间的差异也随之增大；而当 h 增大到一定程度，样品值间将失去相关性，变得彼此独立，$\gamma(h)$ 变为常量。图 3-7 为一种典型的变异函数图，在地质统计学中这种变异函数模型被称为球状模型或 Matheron 模型。该模型的数学表达为：

$$\gamma(h) = \begin{cases} 0, & h=0 \\ C_0+C\left[1.5\frac{h}{a}-0.5\left(\frac{h}{a}\right)^3\right], & 0<h<a \\ C_0+C, & h \geqslant a \end{cases} \qquad (3-12)$$

式中各参量及对应变异函数图（图 3-7）中的意义为：块金值 C_0 反映了当 h 极小时两点测量值的变化情况，一般通过将曲线从第一个投影点（h 最小）延至 Y 轴获得，因此尽管理论上 $\gamma(h)$ 在 $h=0$ 处应为零，但在图中却是个正值，C_0 表征了区域化变量的随机性；变程 a 表示区域化变量在空间上具有相关性的范围，即超出这个范围，测量值将变得彼此独立；拱高 C 表示在数据具有相关性的有效尺度上，测量值变异性幅度的大小；C_0+C 为基台值，用来表征区域化变量的总体空间变异性。

其他的变异函数模型有线性模型、指数模型、高斯模型等，但实际应用最广泛的还是球状模型。

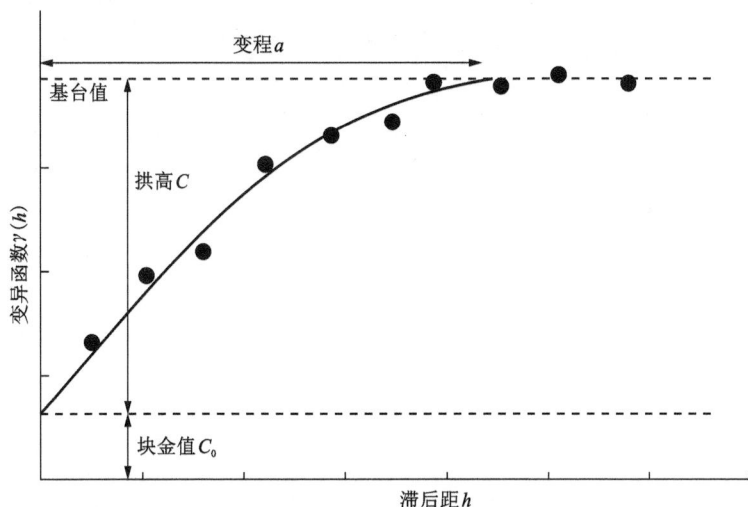

图 3-7　球状模型的变异函数图[据 Clark(1979)修改]

2.克里金法的数学表述

克里金法又分为简单克里金、普通克里金、泛克里金、对数克里金、指示克里金等，它们的估值思想都是类似的，只是前提假设和适用范围不同。本书以普通克里金为例对克里金法的数学表达作一简述：

样品空间内 n 个采样点 x_1，x_2，$\cdots$，x_n 的测量值分别为 $T(x_1)$，$T(x_2)$，$\cdots$，$T(x_n)$，则未知点 x_v 的估计值 $T(x_v)$ 可用相关范围内 n 个有效样品值的线性组合来计算：

$$T(x_v) = \sum_{i=1}^{n} \lambda_i T(x_i) \tag{3-13}$$

λ_i 是与 $T(x_i)$ 有关的加权系数。按照克里金法的要求，需要计算出 n 个加权系数 λ_i，以保证估值是无偏的，且估计方差最小，满足这个条件的 $T(x_v)$ 即被认为是最优估值。

要使估值是无偏的，即待估点的真实值 $T'(x_v)$ 与估计值间的偏差为零，在区域化变量 $T(x)$ 的期望存在的前提下（$E[T(x)]=m$），只要满足 $\sum_{i=1}^{n} \lambda_i = 1$，则有

$$E[T(x_v)] = m \sum_i \lambda_i = m = E[T'(x_v)] \tag{3-14}$$

从而使 $E[T'(x_v)-T(x_v)]$ 为零。

估计方差 σ^2 可用下式计算：

$$\sigma^2 = \overline{C}(V, V) - 2\sum_{i=1}^{n} \lambda_i \overline{C}(x_i, V) + \sum_{i=1}^{n}\sum_{j=1}^{n} \lambda_i \lambda_j C(x_i, x_j) \tag{3-15}$$

式中的 V 为待估域，$C(x)$ 为协方差函数。要使估计方差在无偏（$\sum_{i=1}^{n} \lambda_i = 1$）的条件下变为最小，最佳加权系数可用标准拉格朗日法求得，即令 n 个偏导数 $\partial(\sigma^2 - 2\mu\sum_i \lambda_i)/\partial\lambda_i$ 中的每一个都为零。于是得到了一组包括 $n+1$ 个未知数（n 个加权系数+拉格朗日参数 μ）的线性

方程组，称之为"克里金方程组"。

$$\begin{cases} \sum_{j=1}^{n} \lambda_j C(x_i, x_j) - \mu = \overline{C}(x_i, V) \,(i = 1, 2, \cdots, n) \\ \sum_{i=1}^{n} \lambda_i = 1 \end{cases} \tag{3-16}$$

式(3-16)也可以用变异函数 $\gamma(h)$ 来表示：

$$\begin{cases} \sum_{j=1}^{n} \lambda_j \overline{\gamma}(x_i, x_j) - \mu = \overline{\gamma}(x_i, V) \,(i = 1, 2, \cdots, n) \\ \sum_{i=1}^{n} \lambda_i = 1 \end{cases} \tag{3-17}$$

两种克里金方程组都可以用矩阵形式来表示，如式(3-17)可以表示为：

$$[K] \cdot [\lambda] = [M] \tag{3-18}$$

其中

$$[\lambda] = \begin{bmatrix} \lambda_1 \\ \lambda_2 \\ \vdots \\ \lambda_n \\ -\mu \end{bmatrix} \tag{3-19}$$

$$[M] = \begin{bmatrix} \overline{\gamma}(x_1, V) \\ \overline{\gamma}(x_2, V) \\ \vdots \\ \overline{\gamma}(x_n, V) \\ 1 \end{bmatrix} \tag{3-20}$$

$$[K] = \begin{bmatrix} \overline{\gamma}(x_1, x_1) & \overline{\gamma}(x_1, x_2) & \cdots & \overline{\gamma}(x_1, x_n) & 1 \\ \overline{\gamma}(x_2, x_1) & \overline{\gamma}(x_2, x_2) & \cdots & \overline{\gamma}(x_2, x_n) & 1 \\ \vdots & \vdots & \vdots & \vdots & \vdots \\ \overline{\gamma}(x_n, x_1) & \overline{\gamma}(x_n, x_2) & \cdots & \overline{\gamma}(x_n, x_n) & 1 \\ 1 & 1 & \cdots & 1 & 0 \end{bmatrix} \tag{3-21}$$

3.2.3 不规则三角网插值

面元模型是地质形态分析中最常用的模型，常见的面元模型包括规则格网(regular grid)、不规则三角网(triangulated irregular network，TIN)、边界表示(boundary representation，B-Rep)等模型。其中不规则三角网可以根据表面的复杂程度变化三角形面片的大小和数量，在表示复杂地质曲面方面具有很高的灵活度和表达精度，而且模型具有易于采集和构建，便于显示和更新的优点，适合复杂地质体的几何形态建模。

三角剖分是面剖分的一种，它用有限条互不相交的直线段连接面域内 n 个离散点，并且保证每一个子区域都是三角形。有多种方法可以实现面域内离散点集的三角剖分，而且提出了多种原则用于评价和提高剖分网格的质量，比如总边长最小原则、最大–最小距离原则、最大–最小高原则等。其中，Delaunay 三角网是由俄罗斯数学家 Delaunay 提出的一种剖分方案，它可以使剖分出的 TIN 的最小内角和最大，这就能最大程度上避免"瘦长"三角形，从而自动向等边三角形靠近。

Delaunay 三角网最重要的性质是空圆特性，即三角网中任意一个三角形的外接圆范围内必然不包含其他三角形的顶点(图 3-8)。这个特性成为构建 Delaunay 三角网的首要准则和自动剖分算法的基础。目前应用最广的 Delaunay 剖分算法是基于点插入的方法，空圆特性和插入点的位置共同决定了不同 Delaunay 三角网构建方案，图 3-9 显示的是只考虑单个三角形插入一点 P 时可能存在的剖分方式，当离散点和三角网增多时这种剖分会变得非常复杂。

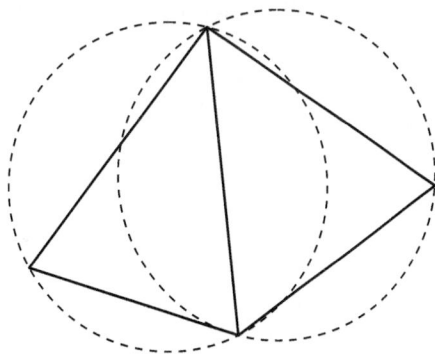

图 3-8　Delaunay-TIN 的空圆特性
[据武强和徐华(2011)修改]

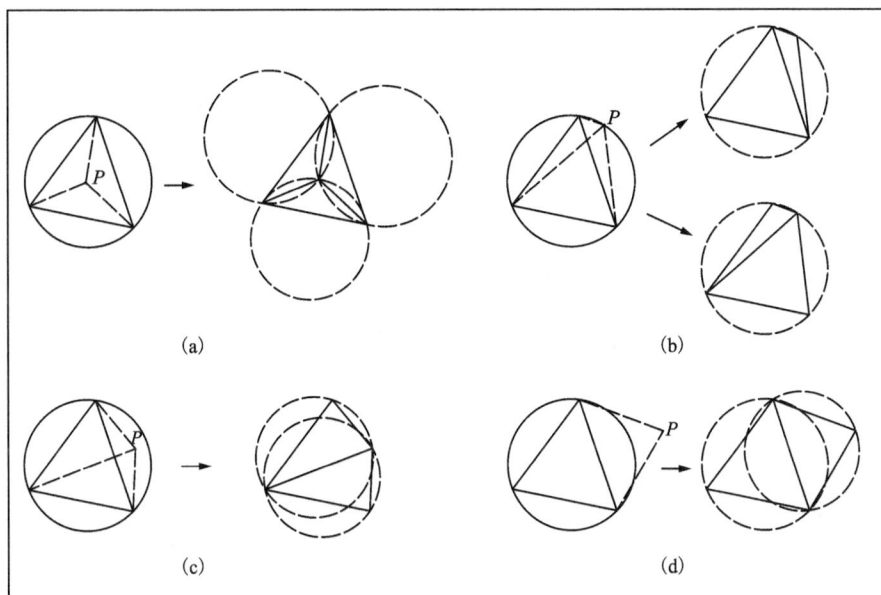

图 3-9　根据插入点 P 的位置生成不同的 Delaunay-TIN[据武强和徐华(2011)修改]

Lawson 算法和 Bowyer-Watson 算法是实现离散点集逐点插入的两种经典算法。

Lawson 算法的基本思想是：首先构建一个多边形，包含外围所有散点；插入一个新点 P，将 P 与连接包含该点的三角形的 3 个顶点相连[图 3-10(a)]；对新构建的三角形进行空圆检测，对不符合要求的三角形进行 LOP(local optimization procedure，局部优化过程)处理，LOP 是 Lawson 提出的一种优化方法，用不断交换凸多边形的对角线的方式达到"最小内角和最大"的效果，从而生成性能更好的三角网[图 3-10(b)]；重复以上步骤，直到离散点集内所有点都被插入。

    Bowyer-Watson 算法的基本思想是：首先生成一个只包含少数点的初始 Delaunay 三角网格；插入一个新点 P［图 3-11(a)］，找到外接圆包含 P 的三角形［图 3-11(b)］，这些三角形被称为 P 点的影响三角形；删除影响三角形的公共边［图 3-11(c)］，将 P 与影响三角形的各顶点连成新的三角网格［图 3-11(d)］；重复以上步骤，依次插入所有散点。

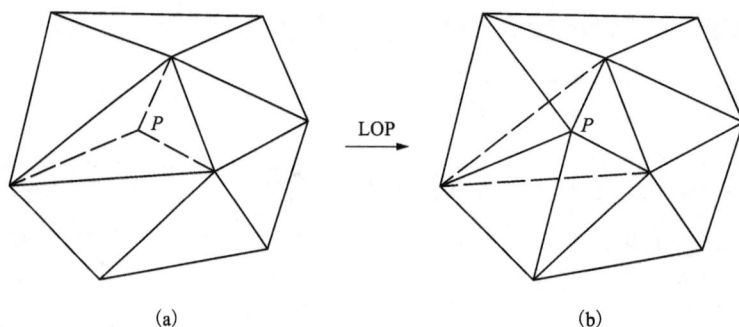

(a)   (b)

图 3-10　Lawson 算法的实现过程［据史文中等(2007)修改］

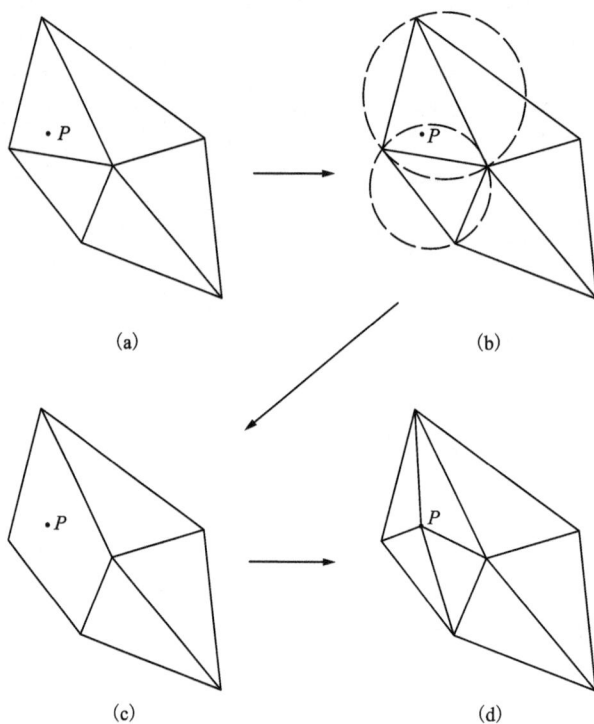

(a)   (b)

(c)   (d)

图 3-11　Bowyer-Watson 算法的实现过程［据史文中等(2007)修改］

3.3　空间相关性分析

3.3.1　Fry 分析

Fry 分析法由 Fry(1979)创立,最初用于变形岩石的应变测量,其后被广泛用于研究空间点系统的相对位置和空间联系。Fry 分析本质上是一种揭示点要素空间自相关特征模式的分析方法。Fry 分析通过构建一种自相关图解(Fry 图)来进行,构建过程描述如下:

(1)准备两块图板,其中一块图板按空间坐标记录所有原始数据点的空间位置,标记为原始数据图板[图 3-12(a)],另一块为范围比研究区大的空白图板,标记为 Fry 图板;

(2)在原始数据图板中选取一个原始点作为迁移点 O[图 3-12(b)],以该点为参照将原始数据图板的所有原始点拷贝到 Fry 图板,即迁移时将 O 点与 Fry 图板的原点 O' 重合,其他原始点根据与 O 的相对位置(等同于相对坐标)拷贝到 Fry 图板上[图 3-12(c)];

(3)选取另一个原始点作为迁移点 O,重复步骤(2),直至所有原始点都作为参照点拷贝过其他点[图 3-12(d)~3-12(f)];

(4)包含 n 个原始点的原始数据图板经过 n 次迁移拷贝,最后在 Fry 图板中记录了 n^2-n 个迁移点,这些点被称为 Fry 点,所有 Fry 点的集合即为 Fry 图[图 3-12(g)]。

Fry 图记录了每个原始点相对于其他任意一个点的距离和方向向量,因此增强了对目标点分布模式的识别能力。特别是在原始点比较稀少或者空间点分布模式异常复杂的情况下,Fry 图可以很好地识别出点集隐含的分布模式特征。在地质空间分析中,常对不同距离范围内的 Fry 点编制玫瑰花图,揭示目标点集在不同空间尺度上的分布机制。

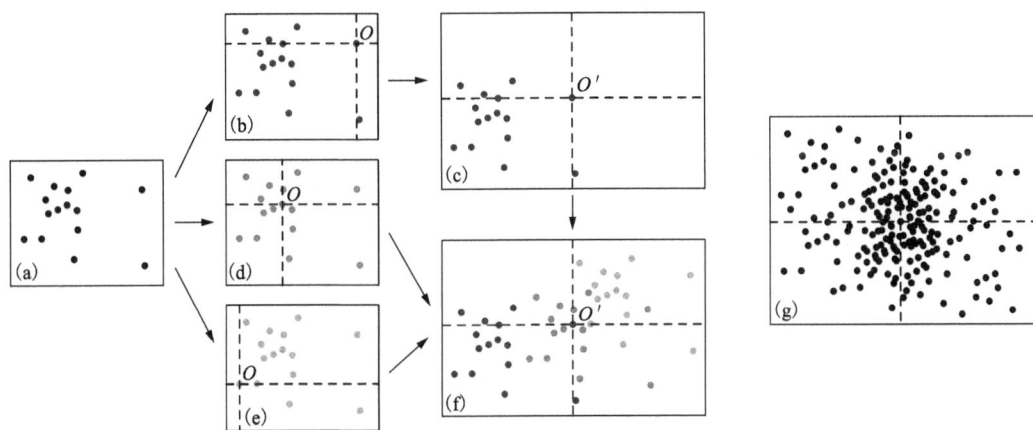

(a)原始数据图板;(b)(c)以某原始数据点为参照点将数据点迁移到 Fry 图板;
(d)(e)(f)以其他原始数据点为参照点将数据点迁移到 Fry 图板;(g)最终 Fry 图

图 3-12　Fry 图解构建流程

3.3.2 证据权重法

证据权模型是基于贝叶斯规则建立的，其实质是将矿床模式与可能指示矿床存在的地球空间数据的多个图层相关联。将每个证据图层用二值变量来表示，"1"表示证据出现，"2"表示证据未出现，如果证据图层是由不同级别的数据来表示的（如进行缓冲区分析后的线性体或以等值线表示的元素含量），可以先计算不同级别数据的权重，通过证据权重法来选择合理的阈值作为待分析的证据图层，然后再将多个证据图层叠加，最后输出后验概率图。

证据权重法的基本原理如下：对研究区域进行格网划分，设研究区面积为 T，每个网格单元的面积为 s，那么研究区单元总数为 $N\{T\}'=T/s$。同时假设矿床或矿点的数目为 D，如果划分的单元面积 s 足够小，保证每个单元内至多包含一个矿床或矿点，那么含有矿床或矿点的网格单元总数为 $N\{D\}$，且 $N\{D\}=D$，那么，矿床或矿点出现的先验概率为 $P\{D\}=N\{D\}/N\{T\}$。定义矿床出现的似然比（Odds）为 $O(d)=P(d)/1-P(d)$。

对于第 j 个地质证据图层，记 $N\{B_j\}$ 为第 j 证据图层出现的单元网格数，记 $N\{\bar{B_j}\}$ 为该证据图层未出现的单元网格数，那么，$N\{\bar{B_j}\}=N\{T\}-N\{B_j\}$。

根据贝叶斯法则，在证据图层 B_j 出现的条件下，发现一个矿床的条件概率为：

$$P\{D/B_j\}=\frac{P\{D\cap B_j\}}{P\{B_j\}} \tag{3-22}$$

式中，$P\{D/B_j\}$ 为在第 j 个证据出现的条件下矿床的条件概率。同理，在矿床出现的条件下，证据图层出现的条件概率为：

$$P\{B_j/D\}=\frac{P\{B_j\cap D\}}{P\{D\}} \tag{3-23}$$

因为 $P\{D\cap B_j\}=P\{B_j\cap D\}$，所以式（3-22）和式（3-23）联合可得：

$$P\{D/B_j\}=\frac{P\{B_j/D\}\times P\{D\}}{P\{B_j\}} \tag{3-24}$$

式（3-24）表示在证据图层出现的条件下，矿床出现的条件概率。

同样，证据图层不出现的条件下，矿床出现的条件概率为：

$$P\{D/\bar{B_j}\}=\frac{P\{\bar{B_j}/D\}\times P\{D\}}{P\{\bar{B_j}\}} \tag{3-25}$$

证据出现的条件下，矿床不出现的条件概率为：

$$P\{\bar{D}/B_j\}=\frac{P\{\bar{D}\cap B_j\}}{P\{B_j\}}=\frac{P\{B_j/\bar{D}\}\times P\{\bar{D}\}}{P\{B_j\}} \tag{3-26}$$

联合式（3-24）、式（3-26），证据出现的条件下，矿床出现的概率与矿床不出现的概率的比值为：

$$P\{D/B_j\}/P\{\bar{D}/B_j\}=\frac{P\{D\}\times P\{B_j/D\}}{P\{\bar{D}/B_j\}\times P\{B_j\}} \tag{3-27}$$

将式（3-26）代入式（3-27），得：

$$P\{D/B_j\}/P\{\bar{D}/B_j\}=\frac{P\{D\}}{P\{\bar{D}\}}\times\frac{P\{B_j\}}{P\{B_j\}}\times\frac{P\{B_j/D\}}{P\{B_j/\bar{D}\}} \tag{3-28}$$

由矿床的先验概率 $P\{D\}$，得到先验似然概率为：

$$O\{d\} = P\{D\}/[1-P\{D\}] = P\{D\}/P\{\overline{D}\} \tag{3-29}$$

式(3-28)用条件似然概率可以表示为：

$$O\{D/B_j\} = O\{D\} \times \frac{P\{B_j/D\}}{P\{B_j/\overline{D}\}} \tag{3-30}$$

对式(3-30)两边取自然对数，可用对数线性方程表示为：

$$\ln O\{D/B_j\} = \ln \frac{P\{B_j/D\}}{P\{B_j/\overline{D}\}} + \ln O\{D\} \tag{3-31}$$

同样，在证据图层不出现的条件下，矿床出现的概率与不出现的概率的比值的对数后验似然比可以表示为：

$$\ln O\{D/\overline{B}_j\} = \ln \frac{P\{\overline{B}_j/D\}}{P\{\overline{B}_j/\overline{D}\}} + \ln O\{D\} \tag{3-32}$$

其中，第 j 个证据图层的证据权正定义为：

$$W_j^+ = \ln \frac{P\{B_j/D\}}{P\{B_j/\overline{D}\}} \tag{3-33}$$

第 j 个证据图层的证据权负定义为：

$$W_j^- = \ln \frac{P\{\overline{B}_j/D\}}{P\{\overline{B}_j/\overline{D}\}} \tag{3-34}$$

第 j 个证据图层的后验概率的正方差可表示为：

$$s^2(W_j^+) = \frac{1}{N\{B_j \cap D\}} + \frac{1}{N\{B_j \cap \overline{D}\}} \tag{3-35}$$

第 j 个证据图层的后验概率的负方差可表示为：

$$s^2(W_j^-) = \frac{1}{N\{\overline{B}_j \cap D\}} + \frac{1}{N\{\overline{B}_j \cap \overline{D}\}} \tag{3-36}$$

控矿地质因素与矿床产出状态之间的关联性强弱可以通过第 j 个证据图层的正权和第 j 个证据图层的负权之间的对比度（C_j）大小来度量，即

$$C_j = W_j^+ - W_j^- \tag{3-37}$$

C_j 表示第 j 个证据图层的正权和第 j 个证据图层的负权之间的对比度。C_j 既可以取正值也可以取负值，$C_j > 0$ 表示证据图层和矿产图层之间具有正的关联性；$C_j < 0$ 表示证据图层和矿产图层之间具有负的关联性；$C_j = 0$ 表示证据图层和矿产图层之间缺少关联性。对于大区域，且有较多数量的矿点的情况下，最大的对比度 C_j 可以说明矿床与证据图层之间具有最大的相关性。在矿点数据较少的情况下，采用对比度 C 作为证据图层选取的依据，将会增大结果的不确定性（Bonham-Carter，1994；Carranza，2004），因此，可以参考 C 的显著性统计量 $Stud(C)$ 优选阈值。统计量 $Stud(C) = C/s(C)$，其中

$$s(C) = 1/\sqrt{s^2(W^+) + s^2(W^-)} \tag{3-38}$$

当有 n 个证据图层合成时，对数后验似然比表示为：

$$\ln O\{D/[B_1^k \cap B_2^k \cap \cdots \cap B_n^k]\} = \ln O\{D\} + \sum_{j=1}^n W_j^k \qquad (3\text{-}39)$$

式中，k 为第 j 个证据在某单元中的状态；$k>0$，表示该证据出现；$k<0$，表示该证据未出现；$k=0$，表示该证据状况不明。

将后验似然比转换为后验概率的形式：

$$P\{D/[B_1^k \cap B_2^k \cap \cdots \cap B_n^k]\} = \frac{O\{D/[B_1^k \cap B_2^k \cap \cdots \cap B_n^k]\}}{1+O\{D/[B_1^k \cap B_2^k \cap \cdots \cap B_n^k]\}} \qquad (3\text{-}40)$$

一个合理评价结果应该达到尽可能地缩小研究区面积，减少找矿的不确定性因素。但是从分析不同的地质特征与矿床之间的空间关系，到最终确定合理的输出图层，是一个重要但又十分复杂和烦琐的过程。在这个过程中，能否合理有效地选择变量、正确地设置每个变量的空间模式参数（如阈值、缓冲区半径、独立性假设的检验等）以及正确地建立评价图层集合是关系到评价结果是否成功最为关键的环节。使用证据权模型进行矿产资源预测评价时，需要选取合理的对矿床的产出和定位具有重要指示意义的证据图层，这些证据图层有的是二值的，有些是多级的，如对断裂构造、侵入岩接触带等采用缓冲区分析后得到的多级图层，需要通过一个统计量选择最佳的缓冲区半径，通常是参考对比度 C，然而对比度 C 有时不具有明显的最大值，无显著的统计意义。在显著性水平 $\alpha=0.05$ 的情况下，当 $Stud(C)>1.96$ 时，表明该结果具有统计显著性，此时，参考统计量 $Stud(C)$ 更具科学性和统计意义。

课后思考题

1. 简述缓冲区分析的基本原理。
2. 缓冲区分析在资源勘查中有哪些应用？
3. 在距离分布分析中，什么指标能量化表征空间变量的相关程度？其背后的原理是什么？
4. 总结影响反距离加权法估值精度的因素。
5. 在理解地质统计学基本原理的基础上，阐述变异函数在克里金插值中的作用。
6. 简述滞后距、块金值、变程、基台值的地质意义。
7. 简述 Delaunay 三角网的性质，解释 Delaunay 三角剖分在地质 TIN 建模中表现优越的原因。
8. 简述 Fry 图的生成过程。
9. 阐述证据权重法用于衡量地质变量空间关联度的原理。

主要参考文献

[1] 刘湘南，王平，关丽，等.GIS 空间分析[M].3 版.北京：科学出版社，2017.
[2] 杨慧.空间分析与建模[M].北京：清华大学出版社，2013.
[3] 孙涛，杨慧娟，胡紫娟，等.地学空间预测的定量分析方法与应用[M].长沙：中南大学出版社，2019.
[4] 孙涛，李慧，达朝元，等.矿床三维地质模拟方法与应用[M].长沙：中南大学出版社，2020.

［5］何彬彬, 陈翠华, 陈建华, 等. 多源地质空间信息智能处理与区域矿产资源预测［M］. 北京: 科学出版社, 2014.

［6］黄杏元, 马劲松, 汤勤. 地理信息系统概论(修订版)［M］. 北京: 高等教育出版社, 2001.

［7］Berman M. Distance distributions associated with poisson processes of geometric figures［J］. Journal of Applied Probability, 1977, 14(1): 195-199.

［8］Carranza E J M. Controls on mineral deposit occurrence inferred from analysis of their spatial pattern and spatial association with geological features［J］. Ore Geology Reviews, 2009, 35(3-4): 383-400.

［9］Berman M. Testing for spatial association between a point process and another stochastic process［J］. Journal of the Royal Statistical Society Series C: Applied Statistics, 1986, 35(1): 54-62.

［10］Fry N. Random point distributions and strain measurement in rocks［J］. Tectonophysics, 1979, 60(1): 89-105.

［11］Cheng Q M, Agterberg F P. Fuzzy weights of evidence method and its application in mineral potential mapping ［J］. Natural Resources Research, 1999, 8(1): 27-35.

［12］孙洪泉. 地质统计学及其应用［M］. 徐州: 中国矿业大学出版社, 1990.

［13］侯景儒, 尹镇南, 李维明, 等. 实用地质统计学(空间信息统计学)［M］. 北京: 地质出版社, 1998.

［14］Clark I. Practical geostatistics［M］. London: Applied Science Publishers, 1979.

［15］Matheron G. Principles of geostatistics［J］. Economic Geology, 1963, 58(8): 1246-1266.

［16］Matheron G. The theory of regionalised variables and its applications［M］. France: École Nationale Supérieure Des Mines, 1971.

［17］Journel A G, Huijbregts C J. Mining geostatistics［M］. New York: Academic Press, 1976.

［18］侯景儒, 黄竞先. 地质统计学的理论与方法［M］. 北京: 地质出版社, 1990.

［19］史文中, 吴立新, 李清泉, 等. 三维空间信息系统模型与算法［M］. 北京: 电子工业出版社, 2007.

［20］武强, 徐华. 虚拟地质建模与可视化［M］. 北京: 科学出版社, 2011.

［21］Lawson C L. Software for C1 surface interpolation［C］//Rice J. Mathematical software III. Pasadena, California: California Institute of Technology, 1977: 161-194.

［22］Agterberg F P, Bonham-Carter G F, Wright D F. Statistical pattern integration for mineral exploration［M］// Gaal G, Merriam D F. Computer applications in resource estimation prediction and assessment of metals and petroleum. Oxford: Pergamon Press, 1990.

［23］Agterberg F P, Bonham-Carter G F, Cheng Q M, et al. Weights of evidence modeling and weighted logistic regression for mineral potential mapping［C］//Computers in geology——25 years of progrss. Oxford University Press, Inc. 1993: 13-32.

［24］Bonham-Carter G F, Agterberg F P, Wright D F. Weights of evidence modeling: a new approach to mapping mineral potential［J］. Statistical Applications in the Earth Scienences, 1989, 89(9): 171-183.

第4章 地质信息的分形分析

分形几何学由 Mandelbrot(1977)创立，是研究自然要素的复杂非线性分布模式及其内在动力学机制的有力工具。非线性是地质信息的一个重要属性，分形是研究非线性地质信息的重要工具。很多前人的研究成果都证明了地壳范围内的成矿过程会引起矿床和相关地质要素在不同的空间尺度以不同的方式呈现出分形特征，如矿床的丛聚分布、断裂网络的空间分布、成矿元素的浓度分布。因此，分形分析被广泛应用于定量描述成矿系统的复杂空间分布，并通过分析不同分形模式间的关联来揭示地质要素与矿床的空间联系。

4.1 分形的定义

虽然分形几何学诞生不过几十年，但人们对于分形现象的注意由来已久。众所周知，维数是用来确定几何对象中一个点的空间位置所需的独立坐标的个数，线段是一维的，面是二维的，立方体是三维的，实际上，所有欧式几何的研究对象的维数都是自然数，这种维数被称为拓扑维数。从另一个角度来说，维数也可以通过"用尺度 ε 进行量度"这样的思想来定义，线段只能用比它小的一维线段来量度，平面图形也只能用二维的封闭图形来量度。但人们渐渐发现，有很多图形无法用欧式几何对象来量度，比如著名的 Koch 曲线。Koch 曲线的生成非常简单：将单位长度的直线段 K_0 分为三等分，去掉中间的部分，代之以两条边长都为 1/3、夹角 60° 的线段，于是得到 4 条等长的线段 K_1，再将每条线段做同样的处理得到 K_2，经过无穷次迭代最后得到 Koch 曲线 K(图4-1)。K 是一条处处连续但又处处不可求微商的具有无限长度的不光滑曲线，用线段来量度它的话，结果是无穷大，用二维闭合图形来量度它，结果为零。显然，

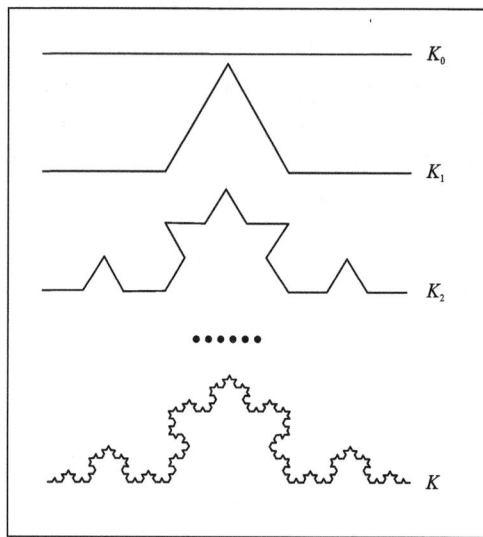

图4-1 Koch 曲线的生成过程
(据陈颙和陈凌，2018)

用欧式几何对象无法有效地描述这种图形。因此，一些学者提出空间的维数是连续的，不仅可以是像拓扑维数那样的整数，也可以是分数。

从欧氏几何维度出发进行推广，对于长度为 L 的线段，用尺度为 ε 的"量尺"进行量度得到的结果为 N，N 显然和尺度 ε 相关，两者的关系可以用下式表达：

$$N(\varepsilon) = L/\varepsilon \sim \varepsilon^{-1} \tag{4-1}$$

同样地，对于面积为 S 的封闭对象，用尺度为 ε 的正方形进行量度得到的结果为 N，则 N 与尺度 ε 的关系为：

$$N(\varepsilon) = S/\varepsilon^2 \sim \varepsilon^{-2} \tag{4-2}$$

一般的，在 D 维上测值 N 与尺度 ε 的关系为：

$$N(\varepsilon) \propto \varepsilon^{-D} \tag{4-3}$$

从而

$$D = \ln N(\varepsilon)/\ln\varepsilon \tag{4-4}$$

式(4-4)求得的 D 就是 Hausdorff 维数，通常记作 D_H。分形的英文名称 fractal 来自拉丁文 fractus，原意是"不规则的、分数的、支离破碎的"。分形几何学的创始人 Mandelbort 首次使用了这个词。然而迄今为止，学术界对于分形尚无一个确切的定义。Mandelbrot 曾试图给分形进行定义：如果在欧氏空间中存在一个集合，它的 Hausdorff 维数严格大于其拓扑维数，则把这种集合称为分形集，简称分形。后来，他又提出一个更加简易的定义：分形是部分以某种方式与整体相似的图形。第二个定义其实是强调分形的一个重要性质：自相似性。然而之后的研究发现这两个定义并不能概括所有的分形图形，而 Mandelbrot 本人对这两个定义也不满意。分形理论经过几十年的发展和完善，时至今日，人们还是无法给出一个具有严密数学表述的并能概括所有分形的定义，这也从一个侧面说明了这门被称为"描述大自然的言语"的分形几何学的包罗万象。

Falconer(1990)提出可以效仿生物学界对"生命"这一定义的做法——无法给出明确的定义，就列出一系列生命体的特性来加以说明。为此他提出了 6 个特性来描述分形：①分形的分形维数大于其拓扑维数；②分形具有某种自相似性；③在很多情况下分形可通过迭代的方法获得；④分形具有极度不规则性，以致无法用欧式几何语言或微积分来描述；⑤分形具有精细的结构，不管在多小的尺度下观察，都会发现有更微小的细节；⑥分形往往具有"自然"的外貌。如果集合具有以上所有或大部分的特性，就可以被称作是分形集(分形)。

从分形的定义和特性中我们可以解读出分形的最大价值在于，看起来非常复杂的现象，实际上可以用仅含极少参数的简单形式来描述；相较于欧式几何对于大自然中规则性的精确描述，分形几何学则是在极端有序和真正混沌之间提供了一种中间可能性。

4.2　分形维数计算方法

在地质分形分析中，目标体往往是点要素(如矿点、地球物理/化学异常点、滑坡点等)和线要素(如各种线状构造和各类地质界线)，最常用的分形分析方法为数盒子法(box-counting method)。取边长为 r 的小盒子(可以理解为拓扑维数为 d 的小盒子)，把分形覆盖起来。由于分形内部有各种层次的空洞和缝隙，所以，有些小盒子是空的，有些小盒子覆盖了分形的一部分。数数多少小盒子不是空的,所得的非空(non-empty)盒子数记为 $N(r)$。然后缩小盒子的尺寸 r,所得 $N(r)$ 自然要增大。当 $r \to 0$ 时,得到数盒子法定义的分维:

$$D_0 = -\lim_{r \to 0} \frac{\lg N(r)}{\lg r} \qquad (4-5)$$

在实际应用中只能取有限的 r。通常做法是求一系列的 r 和 $N(r)$,然后由双对数坐标中 $\lg N$-$\lg r$ 的直线的斜率求 D_0。这里要强调的是,式(4-5)必须要求存在标度关系:

$$N(r) \sim r^{-D_0} \qquad (4-6)$$

如果不存在这种标度关系,就根本不能使用分维的概念。这样求出的 D_0 叫作容量维。数盒子方法的主要缺点是没有反映几何对象的不均匀性,含有一个点和许多点的盒子在式(4-5)中具有同样的权重。因此,需要修改数盒子方法。具体做法是把小盒子编号,如果第 i 个盒子落入 $N_i(r)$ 个点,则分形中的点落入第 i 个盒子的概率为:

$$P_i(r) = N_i(r)/N(r) \qquad (4-7)$$

这里 $N(r)$ 是总的点数。然后利用信息量的公式

$$I(r) = -\sum_{i=1}^{N(r)} P_i(r) \log_2 P_i(r) \qquad (4-8)$$

定义信息维:

$$D_1 = -\lim_{r \to 0} \frac{I(r)}{\log_2 r} \qquad (4-9)$$

不难看出,当各个盒子具有同等权重,即 $P_i(r) = 1/N(r)$ 时,信息量 $I(r) = \log_2 N(r)$,这时信息维 D_1 等于容量 D_0。

数盒子方法概念清楚,但实用有限,只有当分维小于二维或在二维附近时,计算才是可行的。当空间维数增高时,计算量迅速增加。目前实践中使用最多的是简便易算的关联维。

若在空间中某一集合由 N 个点组成,每个点的空间坐标是 $x_i (i = 1, 2, \cdots, N)$。凡空间距离小于 r 的点对,称为有关联的点对。数一下有多少对关联点对,它在一切可能的 N^2 配对中所占的比例称为关联积分:

$$C(r) = \frac{1}{N^2} \sum_{i \neq j}^{N} \theta(r - |x_i - y_i|) \qquad (4-10)$$

式中,台阶函数为:

$$\theta(r) = \begin{cases} 1 & \text{当 } r > 0 \text{ 时,} \\ 0 & \text{当 } r \leq 0 \text{ 时。} \end{cases} \qquad (4-11)$$

当 r 太大时,任何两点都发生关联,$C(r) = 1$,取对数后为 0。如果 r 取得合适,而原始数据客观地反映出

$$C(r) \sim r^D \qquad (4-12)$$

那么可以定义关联维 D_2:

$$D_2 = \lim_{r \to 0} \frac{\lg C(r)}{\lg r} \qquad (4-13)$$

实际上,上面引入的容量维 D_0、信息维 D_1 和关联维 D_2 都是更普遍的广义分形维数 D_q ($q = -\infty, \cdots, 0, \cdots, +\infty$) 的特例,广义分形维将在下节提及。

下面举例说明数盒子方法的应用(陈颙和陈凌,2018)。用数盒子方法求英国海岸线的分

维 D，即将包含整个英国的大正方形盒子的边长取作单位 1，然后分别用边长 1/24 和 1/32 的盒子去覆盖其海岸线，结果包含了海岸线的盒子数分别是 194 和 283，于是，海岸线的分维 D 为：

$$D = \frac{\lg 283 - \lg 194}{\lg 32 - \lg 24} \approx 1.31 \tag{4-14}$$

图 4-2 给出了几个不同的分形图形及其测量得到的分维。从图中可以看出，图形越平滑、越规则，其对应的分维就越小。而在日常生活中，人们判断一个图形是否平滑与规则都是凭直觉进行的，如图 4-2 中的 4 个图形，任何人都可以看出左上角图案比左下角的要平滑、规则，而分维测量的结果也正好表明了这一点。在这里，人们的直觉观测的分维测量的结果是很相近的，越不光滑、不规则的图形具有越大的分维。直觉判断和分维测量两者吻合得很好，这间接地表明，从人类的直觉来看，分形与分维是描述自然界许多现象物理性质的一种有效工具。

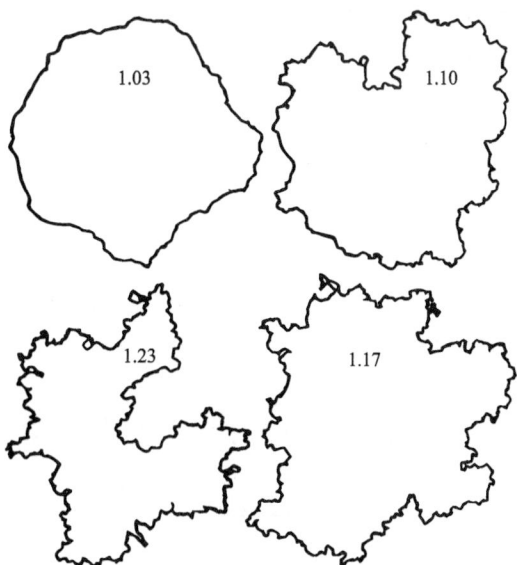

图 4-2　几种光滑及规则程度不同的几何图形及分维
（据陈颙和陈凌，2018）

数盒子方法的实质是改变粗视化程度（successive coarsening），对图形进行测量，通常是先从数大盒子开始，依次减小盒子的尺度，只计算那些"非空"盒子数。但对于一些特殊情况，如工程断裂表面，似乎无法进行直接覆盖(谢和平，1996)。因此，长期以来，人们不断寻求新的可行方法来对类似于断裂表面的复杂形体进行分形测量，于是多种基于不同分形原理的测量方法就应运而生，其中以"周长-面积"关系和"截面约定"为基础的方法应用最广。

对于一个规则的图形，例如一个半径为 r 的圆，其面积 A 为：

$$A = \pi r^2 \tag{4-15}$$

其周长 P 为：

$$P = 2\pi r \tag{4-16}$$

于是，

$$P = (4\pi A)^{1/2} \tag{4-17}$$

对于传统的欧氏几何，图形的周长 P 与面积 A 之间的关系为：

$$P \sim A^{1/2} \tag{4-18}$$

人们很早就认识到许多图形是不规则的。前人对岛的形态进行了观察，认为岛的面积和岛的周长都不能像圆那样简单地得到。经验总结表明，对于给定面积 A 的图形，它的周长 P 的最小值不能小于 $(4\pi A)^{1/2}$，即要求

$$\frac{P}{(4\pi A)^{1/2}} \geq 1 \tag{4-19}$$

而周长 P 是没有上限的。这时 P 与 A 是什么关系呢？Hentschel 和 Procaccia（1983）证明，对于具有分形海岸线的岛屿，其面积 A 与周长 P 的关系为：

$$P \sim A^{D/2} \tag{4-20}$$

式中，D 是海岸线的分维数。对比式（4-18）和式（4-20），在相同面积条件下，英国的海岸线比圆形岛屿的周长要大许多，就在于海岸线的分维 $D \approx 1.31$。

4.3 多重分形

随着测度的增加，分形几何体的不均匀性越来越明显，为了定量地描述这种不均匀性，我们把研究对象（取其线度为1）分成 N 等份，每一等份的"盒子"线度记为 ε，定义第 i 个盒子的密度分布函数 P_i 为：

$$P_i(\varepsilon) \sim \varepsilon^{\alpha} \tag{4-21}$$

其中，ε 是一个远远小于研究对象线度的测量单位。对于完全均匀的分布，显然有 $P_i(\varepsilon) \sim \varepsilon^d$（$d$ 是研究对象所占据的拓扑维数）。对于一个简单的分形体 $P_i(\varepsilon) \sim \varepsilon^D$，式（4-21）给出了对于一般的分形的分布特征。非整数 α 一般称为奇异指数，它们的取值和盒子的位置有关。

现在我们把在分形上具有相同 α 值的小盒子的数目记为 $N_\alpha(\varepsilon)$，它是与 ε 大小有关的，并可写成

$$N_\alpha(\varepsilon) \sim \varepsilon^{-f(\alpha)} \tag{4-22}$$

将式（4-21）与 $N(\varepsilon) \sim \varepsilon^{-D}$ 的简单分形公式相比，立即可以看出 $f(\alpha)$ 的物理意义是表示具有相同 α 的值的子集的分形维数。一个复杂的分形体，它的内部可分为一系列不同 α 值（P_i 值）所表示的子集。这样 $f(\alpha)$ 就给出了这一系列子集的分形特性。

为了了解这一系列子集的分布特性，借助统计物理中的矩表示方法。为此，定义函数 $X_q(\alpha)$，它是对各个小盒子的概率加权求和，

$$X_q(\varepsilon) = \sum_{i=1}^{N} P_i^q = \varepsilon^{\tau(q)} \quad q \in (-\infty, \infty) \tag{4-23}$$

并定义广义分形维数 D_q 为：

$$D_q = \frac{1}{q-1} \lim_{\varepsilon \to 0} \frac{\ln X_q(\varepsilon)}{\ln \varepsilon} = \frac{1}{q-1} \lim_{\tau \to 0} \frac{\ln\left(\sum_{i=1}^{N} P_i^q\right)}{\ln \varepsilon} \tag{4-24}$$

定义 $X_q(\varepsilon)$ 的目的是显示各种大小的 P_i 的作用。从式（4-23）中可以看出，若有两个小区域 m 和 j 的概率分别是 P_m 和 P_j，且 $P_m \gg P_j$。当 $q \gg 1$ 时，在 $\sum P_i^q$ 求和中，显然是 P_m^q 起主要作用，这时的 x_q 和 D_q 反映的是概率高的（或稠密的）区域的性质。如果在 $q \to \infty$ 极限条件下，可以只考虑 P_{max} 而忽略其他的小概率，这样就大大简化了 x_q 的计算。反之，当 $q \ll 1$ 时，x_q 反映的是分布中概率比较小的（或稀疏的）区域的性质。所以，通过加权的处理，就把一个分形分成许多具有不同奇异程度的区域来研究。多重分形正是这样的一个由有限几种或大量

具有不同分形行为的子集合叠加而组成的非均匀分维分布的奇异集合。因此，多重分形概念是原始分形概念对于非均匀分形的自然推广。利用多重分形这个概念，我们能分层次地来了解分形内部的精细结构。下面证明式(4-24)定义的 D_q 在 $q=0$，1，2 时分别给出以前介绍过的容量维 D_0、信息维 D_1 和关联维 D_2。

首先看 $q=0$ 的情况。对于 $P_i \neq 0$ 的盒子，$P_i^0=1$，对于"空盒子"，$P_i^0=0$，因此 $P_i^0=0^0=0$。所以按照式(4-23)，$x_q(\varepsilon)=N(\varepsilon)$，这里 $N(\varepsilon)$ 表示密度不为零的盒子总数(非空盒子数)，这时式(4-24)变为：

$$D_0 = -\lim_{\tau \to 0} \frac{\lg N(\varepsilon)}{\lg \varepsilon} \tag{4-25}$$

这与定义容量维 D_0 的公式(4-5)是完全一致的。这表明：$q=0$ 时，x_0 反映的是研究对象的空间几何特性，与待测物理量的不均匀分布无关。

再看 $q=1$ 的情况，这时 $x_q(\varepsilon)=\sum_{i=1}^{N} P_i =1$。在 D_q 的公式(4-24)中，分子和分母都出现了零。这时的 D_1 必须经数学变换后才能得出。令

$$D_q = \frac{1}{q-1} \lim_{\varepsilon \to 0} \frac{\ln\left(\sum_{i=1}^{N} P_i^q\right)}{\ln \varepsilon} = \lim_{\varepsilon \to 0} \frac{\ln\left(\sum_{i=1}^{N} e^{q\ln p_i}\right)}{(q-1)\ln \varepsilon} \tag{4-26}$$

对 $q=1$，利用洛必达法则，对上式分子、分母同时对 q 求微商，有：

$$D_q = \lim_{\varepsilon \to 0} \frac{\sum_{i=1}^{N} P_i \ln P_i}{\ln \varepsilon \left(\sum_{i=1}^{N} P_i\right)} = \lim_{\varepsilon \to 0} \frac{\sum_{i=1}^{N} P_i \ln P_i}{\ln \varepsilon} \tag{4-27}$$

这与以前式(4-9)定义的信息维完全是一致的。

现在讨论 $q=2$ 的情况。把空间分成 m 个小盒子，每个盒子的大小是 ε。假定有 N 个质点 X_1，X_2，…，X_n。含有 X_i 点的盒子 b(b 是盒子的序号)中落入的质点数 $N_b(i)$ 为：

$$N_b(i) = \sum_j \theta[\varepsilon - (X_i - X_j)] \tag{4-28}$$

其中，

$$\theta(x) = \begin{cases} 1 & x>0 \\ 0 & x \leq 0 \end{cases} \tag{4-29}$$

则与 X_i 点距离小于 ε 的点对数目的比例 $C_i(\varepsilon)$ 为：

$$C_i(\varepsilon) = \frac{N_b(i)}{N} = P_b(i) \tag{4-30}$$

对 $C_i(\varepsilon)$ 求平均，可得所有点对中距离小于 ε 的点对数目占总点对数目的比例 $C(\varepsilon)$：

$$C(\varepsilon) = \frac{1}{N} \sum_i C_i(\varepsilon) = \frac{1}{N} \sum_i P_b(i) \tag{4-31}$$

上式的求和，是先固定 i 点，计算 $P_b(i)$，然后令 $i=1$，2，…，N 计算求和。我们也可以采取另一种等价的求和办法。先固定盒子 b，计算 P_b 和盒子中的点数 $N_b(i)$，$N_b P_b$ 就是 b 盒子对整个求和的贡献，然后令 $b=1$，2，…，m，对所有的盒子求和。这样，上式变为：

$$C(\varepsilon) = \frac{1}{N} \sum P_b(i) = \frac{1}{N} \sum_b \sum_{i \in b} P_b = \frac{1}{N_b} N_b P_b = \sum_b P_b^2 \tag{4-32}$$

只要我们对盒子重新编号，上式可写成

$$C(\varepsilon) = \sum_i P_i^2 \tag{4-33}$$

由式(4-11)给出

$$D_2 = \lim_{\varepsilon \to 0} \frac{\ln C(\varepsilon)}{\ln \varepsilon} = \lim_{\varepsilon \to 0} \frac{\ln(\sum_i P_i^2)}{\ln \varepsilon} \tag{4-34}$$

这与式(4-24)是完全一样的。所以当 $q = 2$ 时，式(4-24)给出的是关联维 D_2。由此可见，容量维 D_0、信息维 D_1 和关联维 D_2 都是广义分维 D_q 的一些特例。

将式(4-21)和式(4-22)代入式(4-23)得：

$$x_q = \sum_\alpha \varepsilon^{\alpha q - f(a)} \tag{4-35}$$

由于 ε 很小，则在求和时，矩 x_q 仅当 $\alpha q - f(\alpha)$ 取极小值时贡献最大，由于 α 随 q 不同而变化，故极小值条件为：

$$\frac{\mathrm{d}}{\mathrm{d}\alpha}[\alpha q - f(\alpha)]\Big|_{\alpha = \alpha^*(q)} = 0 \tag{4-36}$$

$$\frac{\mathrm{d}^2}{\mathrm{d}\alpha^2}[\alpha q - f(\alpha)]\Big|_{\alpha = \alpha^*(q)} > 0 \tag{4-37}$$

由上面两式可以求出当 $\alpha q - f(\alpha)$ 取极小值时 α 的值 $\alpha^*(q)$。则 x_q 可以写成：

$$x_q \sim \varepsilon^{\alpha^*(q)q - f(\alpha^*(q))} \tag{4-38}$$

代入式(4-23)和式(4-24)，得到：

$$P(q) = q\alpha^*(q) - f(\alpha^*(q)) \tag{4-39}$$

$$D_q = \frac{1}{q-1}[q\alpha^*(q) - f(\alpha^*(q))] \tag{4-40}$$

式(4-40)表明，若知道 α 和它的谱 $f(\alpha)$，就可以求出 D_q 来。反过来，若知道了 D_q，我们也可以求出 α 来。将式(4-40)对 q 求微商，可得：

$$\alpha^*(q) = \frac{\mathrm{d}}{\mathrm{d}q}[(q-1)D_q] \tag{4-41}$$

上述关系式(4-21)～(4-41)构成了多重分形的理论核心，不论用 α，$f(\alpha)$ 还是 q，D_q 作为独立参数，都可以描述多重分形内部结构，可根据实际情况决定用哪一组参数。

4.4　R/S 分析法

R/S 分析法是一种针对时间记录的分析方法，全称为"重标极差分析法"（rescaled range analysis），最初是英国水文学家 Hurst 为了研究尼罗河水位涨落趋势规律提出的一种方法。R/S 分析法与分形有着紧密的联系，因此也被认为是一种重要的分形分析方法，而且虽然 R/S 是时间序列的分析方法，但在经过一些变换后也可以用于空间数据的分析。

1. R/S 分析过程

对于一个时间序列 $\{t_i\}$，$i=1,2,\cdots,N$，将之分为 b 个尺度为 n 的子序列。在每一个子序列中求取平均值：

$$\bar{t}=\frac{1}{n}\sum_{i=1}^{n}t_i \tag{4-42}$$

计算子序列第 i 个累积离差：

$$Z(i,n)=\sum_{j=1}^{i}(t_i-\bar{t}),\ 1\leq i\leq n \tag{4-43}$$

计算极差 R：

$$R(n)=\max Z(i,n)-\min Z(i,n),\ 1\leq i\leq n \tag{4-44}$$

计算子序列的标准差 S：

$$S(n)=\sqrt{\frac{1}{n}\sum_{i=1}^{n}(t_i-\bar{t})^2} \tag{4-45}$$

依次求取各子序列的 R/S，取其平均值 $(R/S)_n$。变换时间尺度 n，重复以上计算步骤。Hurst 发现 $(R/S)_n$ 与 n 之间存在幂律关系：

$$(R/S)_n\propto n^H \tag{4-46}$$

式中，H 被称为 Hurst 指数，其取值范围在 0 和 1 之间。

由 R/S 分析过程可知其基本思想在于变换 n 从而研究不同时间尺度下时间变量的统计特征，最后获得具有幂律关系的经验公式，进而可以将从小时间尺度中获得的规律用于大时间尺度，反之亦然。这种思想正是分形理论的核心思想。

2. Hurst 指数与自仿射分形

标度不变形和自相似性是分形的重要特征，自相似性可以看作部分图形经过均匀放大后与整体图形相似的性质，而如果这种变换的标度在各个方向是不均匀的，这种变换叫作仿射变换，如果仿射变换后的图形仍然与整体图形相似，这种图形就叫作自仿射分形，数学表述为：

$$f(c\varepsilon)=c^H f(\varepsilon) \tag{4-47}$$

显然，自相似分形是自仿射分形的特例，此时 $H=1$。自仿射分形求局部分维数的公式为：

$$D=2-H \tag{4-48}$$

式(4-47)和(4-48)中的 H 就是 Hurst 指数。为什么 R/S 分析法求得的 Hurst 指数会与自仿射分形有着如此紧密的联系呢？

在这里引入分数布朗运动，它是由 Mandelbrot 在布朗运动的基础上进行的推广。分布在区间 $[0,T]$ 上的时间函数 $B_H(t)$，如果具有以下特征，就可以称之为分数布朗运动：(1) $B_H(t)$ 的数学期望为 0；(2) $B_H(t)$ 的方差与 T^H 成正比；(3) $B_H(t)$ 的标准差与 T^H 成正比。由第(3)条性质很容易得到：

$$f(t)=\sigma(B_H(t))\propto T^H \tag{4-49}$$

$$f(ct)=\sigma(B_H(ct))\propto c^H T^H \tag{4-50}$$

$$f(ct) \propto c^H f(t) \tag{4-51}$$

显然，分数布朗运动是一个自仿射分形。

Mandelbrot 证明了，在分数布朗运动中，$R(T) \propto T^H$；而且，对于归一化的布朗函数，$S(T) \propto 1$。于是

$$\frac{R(T)}{S(T)} \propto T^H \tag{4-52}$$

因此，分数布朗运动中的 H 就是 Hurst 指数。

分数布朗运动的最大特点就是它具有长程相关性，即该函数过去的变化与未来的变化在统计上相关。考虑 $-t$，0，t 时刻的分数布朗函数 $B_H(-t)$，$B_H(0)$，$B_H(t)$，则 0 时刻过去变化量和未来变化量的相关函数 $C(t)$ 为：

$$C(t) = \frac{E\{[B_H(0) - B_H(-t)][B_H(t) - B_H(0)]\}}{E[B_H(t) - B_H(0)]^2} = 2^{2H-1} - 1 \tag{4-53}$$

从式(4-53)中可以看出，Hurst 指数的取值决定了时间函数的变化趋势：

(1)当 $0.5 < H < 1$ 时，$C(t) > 0$，这时未来的变化与过去的变化是正相关的，即过去增加的趋势意味着在未来从平均意义上说也会有一个增量，反之亦然。这种过程被称为具有持久性。

(2)当 $H = 0.5$ 时，$C(t) = 0$，这种情况下过去和未来不相关，这种情况实际上就是推广之前的正常布朗运动，是一个完全随机的过程。

(3)当 $0 < H < 0.5$ 时，$C(t) < 0$，此时时间函数具有反持久性，即过去平均意义上的一个增加的趋势会在将来变为减小的趋势。

Hurst 用 V 统计量来检验时序分析的稳定性，同时 V 统计量可以用来表征时序过程的循环长度：

$$V_n = \frac{(R/S)_n}{\sqrt{n}} \tag{4-54}$$

将 V 统计量和 n 投到双对数坐标系中，寻找折线的断点，即突然呈现反折线上升/下降趋势的点，这个点对应的 n 值就是时序的循环长度。

4.5 分形信息的地质解译

研究表明，许许多多的自然现象的统计分布特征指标都服从式(4-3)所示的统计分形关系。我们首先对每个事件给出表征该事件大小的特征量 r，例如研究火山时，我们规定每次火山喷发时喷出的火山灰总体积的立方根，就是衡量这次火山喷发事件大小的定量指标；又如研究活断层(或岩石样品中的裂纹)时，规定其长度 r 作为描述断层大小的一种度量；等等。然后，统计在事件集中大于或等于 r 的事件数 $N(\geq r)$。表 4-1 给出了许多学者研究各种自然现象得到的分形结果。

表 4-1　统计分形实例（据陈颙和陈凌，2018）

例子	r（事件大小）	N（大于或等于 r 的事件数）	D（分维）
日本活断层系的分形结构（Hirata，1989）	断层长度	断层数目	1.60
中国东南活动线性构造（孔凡臣和丁国瑜，1991）	线性构造长度	构造数目	1.85
大理岩石的微破裂（Zhao et al.，1993）	破裂长度	破裂数目	1.40~1.75
内华达基岩露头上的破裂	破裂长度	破裂数目	1.7
全球火山喷发统计	喷出火山灰的等效半径	火山喷发的数目	2.14
圣安德烈斯断层（Okubo and Aki，1987）	断层长度	断层数目	1.12~1.43
矿产储量和矿石品位（Turcotte，1997）	矿石储量	矿产数目	1.16~2.01
地震频度和震级	震级	地震频度	1.6~2.4

这里，我们举例来说明统计分形中存在着的特殊问题。所举的例子是岩石的破碎。破碎岩石是矿产开采作业中最基本的过程，尤其是对于破碎后岩石块度分布规律的研究，一直是评价破碎方法、研究破碎机理、决定开采方案以及选矿等至关重要的课题。岩石发生破碎后形成了许多大大小小的碎块，这些碎块的集合叫作碎形（fragmentation）。碎形中关于碎块大小与频度的一种经验关系是 Weibull 分布：

$$\frac{M(<r)}{M_0} = 1 - \exp\left[-\left(\frac{r}{r_0}\right)^\gamma\right] \tag{4-55}$$

式中，$M(<r)$ 是所有尺寸小于 r 的碎块和质量之和（可以通过筛选方法很容易地求出）；M_0 是整个碎形集合的质量；r_0 是碎块的平均尺寸；γ 是个常数，可以由实验方法求出。

当 $r \ll r_0$ 时（注意，这是以下结论的前提条件），将指数函数进行 Taylor 级数展开，并略去二次项后，得：

$$\frac{M(<r)}{M_0} = \left(\frac{r}{r_0}\right)^\gamma \tag{4-56}$$

式（4-3）与式（4-56）的联系，可以通过取增量的办法加以显示，取式（4-56）的微分：

$$dM(<r) \sim r^{\gamma-1}dr \tag{4-57}$$

即

$$d(M_0 - M(\geq r)) = -dM(\geq r) \sim r^{\gamma-1}dr \tag{4-58}$$

所以

$$dM(\geq r) \sim -r^{\gamma-1}dr \tag{4-59}$$

取式（4-3）的微分

$$dN(\geq r) \sim r^{-D-1}dr \tag{4-60}$$

而频度 N 增量与质量 M 增量又有以下关系：

$$dN = r^{-3}dM \tag{4-61}$$

于是可得：

$$D = 3 - \gamma \qquad (4-62)$$

图 4-3 给出了关于矿物颗粒分布分形的实际计算结果。这些结果都与式（4-3）非常一致。对 1.04~52300 μm 的矿物颗粒进行测量，结果表明它们在这一范围内表现出显著的分形标度不变性。这种不变性不仅在微观尺度下显现，还贯穿了更大尺度的矿物样本，表明不同尺度下的矿物颗粒形态特征具有一致的规律性。分形维数的数值约为 1.66，这些矿物颗粒在不同尺度下的几何形态遵循相同的幂律关系，形态保持高度一致。通过这种分形分析方法，研究人员能够深入理解矿物颗粒的形态复杂性，并揭示出其形成过程中的地质背景。这种研究不仅对地质学和矿物学具有重要意义，还为材料科学等领域提供了新的分析手段，展示了现代科技在自然科学研究中的广泛应用潜力。分形标度不变性为我们提供了从微观到宏观尺度深入理解物体结构的途径。例如，岩石破裂后形成的碎块可以通过分形维数加以量化，揭示其内在几何特性。无论是由于矿物的沉积过程、岩石破裂，还是地质构造运动，分形几何都为研究者提供了可靠的数学工具，帮助研究人员从多个尺度上分析和解释复杂自然现象的内在规律。

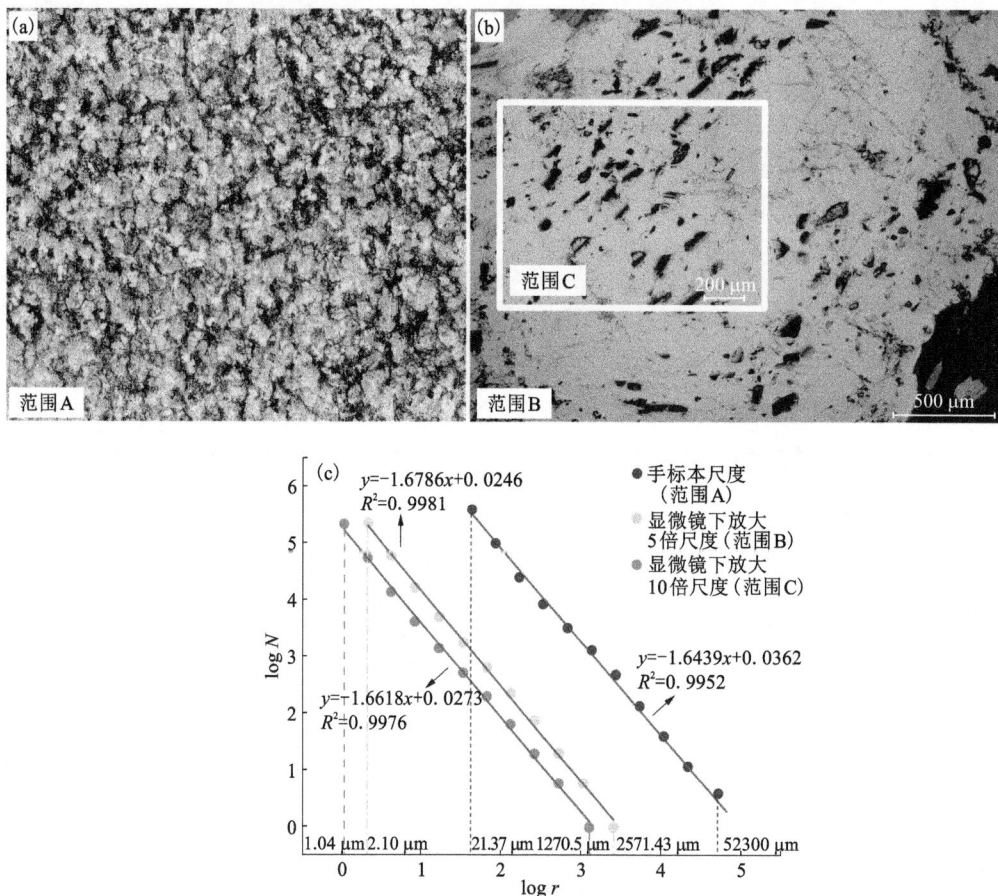

（a）手标本尺度拍摄图像（范围 A）；（b）钠长石在 5 倍放大倍率（范围 B）和 10 倍放大视域下的图像；（c）分维值计算图

图 4-3 钠长石颗粒形态的无标度区（据 Liu et al. , 2024）

课后思考题

1. 分形几何体具有哪些典型特征？
2. 描述并练习数盒子法计算分维值的步骤。
3. 多重分形分析中有哪些关键的变量？分别描述它们的计算方法。
4. Hurst 指数不同的取值范围有何指示意义？
5. 分维值的大小有何地质意义？可应用于哪些地质任务中？

主要参考文献

[1] 陈颙, 陈凌. 分形几何学[M]. 2 版. 北京：地震出版社, 2018.

[2] 孙涛, 杨慧娟, 胡紫娟, 等. 地学空间预测的定量分析方法与应用[M]. 长沙：中南大学出版社, 2019.

[3] Mandelbrot B B. Fractals: form, chances and dimension[M]. New York: W. H. Freeman & Company, 1977.

[4] Falconer K. Fractal geometry—mathematical foundations and applications[M]. England: John Wiley & Sons, Inc., 1990.

[5] 谢和平. 分形理论在采矿科学中的应用与展望[J]. 科学中国人, 1996(12): 4-8.

[6] Grassberger P. Generalized dimensions of strange attractors[J]. Physics Letters A, 1983, 97(6): 227-230.

[7] Hentschel H G E, Procaccia I. The infinite number of generalized dimensions of fractals and strange attractors[J]. Physica D: Nonlinear Phenomena, 1983, 8(3): 435-444.

[8] Mandelbrot B B. Multifractal measures, especially for the geophysicist[J]. Pure and Applied Geophysics, 1989, 131(1-2): 5-42.

[9] Hirata T. A correlation between the b value and the fractal dimension of earthquakes[J]. Journal of Geophysical Research: Solid Earth, 1989, 94(B6): 7507-7514.

[10] 孔凡臣, 丁国瑜. 线性构造分数维值的含义[J]. 地震, 1991(5): 33-37.

[11] Zhao Y, Huang J, Wang R. The fractal characteristics of mesofracture in compresses rock specimens revealed by SEM investigation[C]//Proc. 34th US Symp. Rock Mech. 1993.

[12] Scholz C H. Earthquakes and faulting: self-organized critical phenomena with a characteristic dimension[M]// Spontaneous formation of space-time structures and criticality. Dordrecht: Springer Netherlands, 1991: 41-56.

[13] Okubo P G, Aki K. Fractal geometry in the San Andreas fault system[J]. Journal of Geophysical Research: Solid Earth, 1987, 92(B1): 345-355.

[14] Turcotte D L. Fractals and chaos in geology and geophysics[M]. Cambridge: Cambridge university press, 1997.

[15] Liu Y, Sun T, Wu K, et al. Fractal-based pattern quantification of mineral grains: a case study of yichun rare-metal granite[J]. Fractal and Fractional, 2024, 8(1): 49.

第5章　地球物理信息处理

　　地球物理勘探(简称物探)是地质学与物理学相结合的一门交叉科学,广泛应用于矿产资源勘查、水文地质、农田水利、岩土工程勘察等方面的地质调查任务。物探能够快速地完成勘测任务、提供地质资料,有效勘测深部矿体、水源地、堤坝渗漏、桥梁、港口、厂房、建筑地基等。物探主要通过观测和研究各种地球物理场的变化来解决地质问题,根据地质体的物理性质差异,借助一定装置和专门的仪器来探测其物理量分布规律(水平、垂直)。因此,决不能把物探与勘查地质、水文地质、工程地质分割开来。如电法中探测到某深度有低阻体,可能有多种解释:水、铁矿体、含矿岩体等。物探的优点是具有透视性、效率高、成本低等,同时也存在一定的限制性、多解性等缺点。

5.1　岩矿石的地球物理信息特征

1.地球物理勘探的实施条件

　　物探不同于钻探,使用时需要正确理解其含义。因此,在利用物探方法解决各种地质问题时,必须具备一定的地球物理条件才能取得满意的效果,这些条件主要包括如下三点。

　　(1)地质目标体与围岩物理性质的差异程度。

　　充分了解有关未知地质目标(如构造、各种岩石的接触带、构造破碎带、金属矿体等)和周围岩石(围岩、上覆和卜伏岩层)的物埋性质(密度、磁化率、电阻率、极化率、热导率等)的信息,对于评价任何一种地球物理方法的适用性都有特别重要的意义。这类信息适用于地质勘探过程的所有阶段。

　　不同的地球物理方法对目标体与围岩物理性质的差异程度的要求是不同的。例如在寻找大多数金属矿时,为了有效地应用重力勘探,要求矿石和围岩的密度差异为 $0.3\sim0.4\ \mathrm{g/cm^3}$;对于解决构造问题,甚至有 $0.1\ \mathrm{g/cm^3}$ 的差异就够了;而对磁法和电法勘探来说,矿石和围岩的磁化率和电阻率必须相差几倍到几十倍。例如,对感应法电法勘探来说,岩石和矿石的电阻率比值应当为 100 左右。

　　岩石的物理性质除了取决于矿物成分与结构外,还与岩石形成的条件以及内力和外力对岩石的后期改造作用有关。如在普查金属矿床时,研究热液交代作用对岩石物理性质的影响具有特别重要的意义。这些作用经常使围岩的物理性质产生很大的变化,因而可作为金属矿区内的一种找矿标志。例如，完全蛇纹石化的超基性岩的密度大约降低了 0.8 g/cm³。

在对测区的目标体与围岩的物理性质的差异程度进行分析前，需收集测区岩矿石的物性参数。收集测区岩矿石物性参数有三种途径：收集该地区已有的物性数据(途径一)；当缺乏已知资料时，还可以采用下述两种途径——采集标本进行实验室物性测量(途径二)，或是在测区选择露头好的地区进行实地测量(途径三)。由于岩石物理性质取决于多种地质因素(时代、埋藏深度、变质作用等)，即使是相同的岩性组合，其物理性质在不同地区也有很大差别，所以在使用区域岩石物性资料时应当十分慎重，必须对测区的地质情况加以充分考虑。

(2)引起异常的目标体的几何参数。

待查目标体的异常不仅取决于目标体与围岩的物性差异，也取决于目标体的几何参数(规模、形状、产状及其空间的相互位置)。

当几个目标体靠得很近时，目标体相对距离决定着异常特征。当几个目标体形成只有一个极值整体异常时，那么应用这一地球物理方法无法将几个异常体区分开来。当同样大小、强度一致的相距为 $2L$ 的两个水平圆柱处在同一深度 H 时，对于磁场垂直分量，区分开两个圆柱的条件是 $2L>0.82H$；对于垂向微商，条件为 $2L>0.64H$。对两个相距为 L 的垂直极化球体，沿着通过球心剖面的自然电位异常表明，随着两个球体之间距离靠近，自然电位异常由两个极值组成的异常合并为只有一个极值的异常。

(3)能正确区分干扰场带来的异常。

地球物理测量仪器在接收目标体的信号的同时也接收到与目标体无关的干扰。引起干扰的原因有三类：一是地质成因，二是非地质成因，三是测量误差。只有当来自目标体的测量信号大于干扰时，才能保证成功应用地球物理解决地质问题。

2. 岩矿石的密度

地壳内不同地质体之间存在的密度差异是进行重力勘探的前提条件，有关的密度信息是对重力异常做出合理解释的极为重要的参数。研究结果表明，决定岩石、矿石密度的主要因素为：组成岩石的各种矿物成分及其含量，岩石中孔隙大小及孔隙中的充填物成分，岩石所承受的压力等。

(1)火成岩的密度。

其取决于矿物成分及其含量的数值大小，由酸性→中性→基性→超基性岩，随着密度大的铁镁质暗色矿物含量的增多，密度逐渐增大。此外，成岩过程中的冷凝、结晶分异作用也会造成不同岩相带岩石的密度差异；不同成岩环境(如侵入与喷发)也会造成同一岩类的密度有较大差异。

(2)沉积岩的密度。

沉积岩一般具有较大的孔隙度，如灰岩、页岩、砂岩等，孔隙度可高达30%~40%。这类岩石密度值取决于孔隙度大小，干燥的岩石，随着孔隙度的减小，其密度呈线性增大；孔隙中如有充填物，则充填物的成分(如水、油、气等)及充填孔隙占全部孔隙的比例也明显地影响着密度值。此外，随着成岩时代的久远及埋深的加大，上覆岩层对下伏岩层的压力加大，这种压实作用也会使密度值变大。

(3)变质岩的密度。

变质岩的密度与矿物成分、矿物含量和孔隙度均有关，这主要由变质的性质和变质程度来决定。通常区域变质作用的结果是使变质岩比原岩密度值加大，如变质程度较深的片麻岩、麻粒岩等要比变质程度较浅的千枚岩、片岩等密度值大一些。经过变质的沉积岩，如大理岩、板岩和石英岩，比其原岩石灰岩、页岩和砂岩更致密些。如果是受动力变质作用，则会因原岩结构遭受破坏，矿物被压碎而使密度值下降；但若同时使原岩硅化、碳酸盐化以及重结晶等，又会使密度值比原岩大。由于变质作用的复杂性，这类岩石的密度变化显得很不稳定，要具体情况具体分析。

3. 岩矿石的磁性

位于地壳中的岩石和矿体处在地球磁场中，从它们形成时起，就受地球磁场磁化作用而具有不同程度的磁性，其磁性差异在地表引起磁异常。研究岩石磁性，其目的在于掌握岩石和矿物受磁化的原理，了解矿物与岩石的磁性特征及影响因素。有关岩石磁性的研究成果，也可以直接用来解决某些基础地质问题，如区域地层对比、构造划分等。

（1）沉积岩的磁性。

一般说来，沉积岩的磁性较弱，沉积岩的磁化率主要取决于某些副矿物的含量和成分，它们是磁铁矿、磁赤铁矿、赤铁矿，以及铁的氢氧化物。造岩矿物如石英、长石、方解石等，对磁化率无贡献。沉积岩的天然剩余磁性，与从母岩剥蚀下来的磁性颗粒有关，其数值不大。

（2）火成岩的磁性。

依据产出状态，火成岩又可分为侵入岩和喷出岩。

①不同类型的侵入岩（花岗岩、花岗闪长岩、闪长岩、超基性岩等），其磁化率值随着岩石基性的增强而增大。

②超基性岩是火成岩中磁性最强的。超基性岩体系在经受蛇纹石化时，辉石被蚀变分解形成蛇纹石和磁铁矿，使磁化率急剧增大。

③基性岩、中性岩，一般来说其磁性较超基性岩要低。

④花岗岩建造的侵入岩，普遍是铁磁–顺磁性的，磁化率不高。

⑤喷出岩在化学和矿物成分上与同类侵入岩相近，其磁化率的一般特征相同。由于喷出岩迅速且不均匀地冷却，结晶速度快，因而其磁化率离散性大。

⑥火成岩具有明显的天然剩余磁性。

（3）变质岩的磁性。

变质岩的磁化率和天然剩余磁化强度的变化范围很大。根据磁性特征，变质岩可分为铁磁–顺磁性和铁磁性两类，这些磁性特征不仅与原来的基质（母岩）有关，还与其形成条件有关。由沉积岩变质而成的称副变质岩，通常具有铁磁–顺磁性特征；由岩浆岩变质生成的岩石称正变质岩，其磁性可能表现为铁磁–顺磁性与铁磁性两种。这种差异与原岩的矿物成分，以及变质作用的外来性或原生性有关。

具有层状结构的变质岩，表现有磁各向异性，磁化率（κ）各向异性可用下式来评价：

$$\lambda_\kappa = \frac{\kappa_{最大} - \kappa_{最小}}{\kappa_{平均}} \tag{5-1}$$

式中：λ 是磁化率各向异性系数，在强变质沉积岩石中，值最大可达 1.0~1.5。

4.岩矿石的电性

到目前为止，电法勘探利用的电学性质有导电性、电化学活动性、介电性和导磁性。一般情况下，研究目标(或介质)与其周围介质的电性差异愈大，在其周围空间产生的电(磁)场的变化愈明显。当人们利用专门的电测仪器观测地壳周围电(磁)场的变化并研究电(磁)场分布规律时，便可以推断引起电(磁)场变化的地下目标体(地质构造或有用矿产或其他目标物)的电性特征和赋存状态。

1)岩石和矿石的导电性

表征物质导电性的参数是电阻率 ρ。在国际单位制中，物质的电阻率被定义为电流垂直通过边长为 1 m 的立方体均匀物质时所遇到的电阻值。电阻率的单位为欧·米，西文符号为 $\Omega\cdot m$。显然，物质的导电性愈好，其电阻率值愈小；反之，物质的电阻率愈大，则该物质的导电性愈差。

我们知道，自然状态下的岩石或矿石是由各种固体矿物组成的，并且或多或少都含有一定数量的孔隙水。因此，研究岩石和矿石的导电性，必须分别考察它的组成成分——固体矿物和孔隙水的导电性。

(1)岩石、矿石的导电机制。

按照导电机制可将固体矿物分为三种类型：金属导体、半导体和固体电解质。在金属导体和半导体中，导电作用都是通过其中的某些电子在外电场作用下定向运动来实现的，它们都是电子导体。

各种天然金属属于金属导体。这类矿物在地壳中并不经常出现，但当其出现时便具有一定的经济价值。比较重要的天然金属有自然铜、自然金。石墨是具有某些特殊性质的一种电子导体。

在金属导体中，对传导电流起贡献的粒子(载流子)是基本上脱离了金属离子束缚、能在晶体中比较自由地运动的价电子。在不存在外电场的情况下，金属内部的自由电子不规则地运动，沿各个方向运动的概率相同，故总的来看不显出电荷的定向运动，即没有电流。当存在外电场时，自由电子趋于反电场方向运动，因而在导体内出现电流。金属导体的导电性十分好，其电阻率 ρ 值很低，一般 $\rho\leqslant10^{-6}\ \Omega\cdot m$。

大多数金属矿物属于半导体，其电阻率高于金属导体，通常 ρ 在 $10^{-6}\sim10^{6}\ \Omega\cdot m$。这是因为半导体中能参与导电的电子数目较少。自然界中矿物半导体的性质多半同其所含杂质的种类和含量有关，有时微量(例如含量为 10^{-5})的杂质便可使半导体导电性提高几个级次。由于这些原因，半导体矿物的电阻率值都有较大的变化范围。

绝大多数造岩矿物(如辉石、长石、云母、方解石、角闪石、石榴子石等)在导电机制上属于固体电解质。固体电解质是由正、负离子靠静电力(离子键)结合的离子晶体。通常，固体电解质的电阻率很高，一般电阻率大于 $10^{6}\ \Omega\cdot m$。

(2)孔隙水的导电机制。

几乎所有的天然岩石或多或少含有水分。这些存在于岩石裂隙或孔隙中的水分(统称为孔隙水)通常对岩石、矿石的导电性质有影响。纯的蒸馏水的导电性极差，几乎可以看成是绝缘体。但是，天然岩石中的孔隙水总是在不同程度上含有某些盐分(电解质)。当电解质溶于水形成电解液时，其中一部分电解质的正、负离子会彼此分开，并可在溶液中互不依赖地自由运动，即所谓电离或离解。电解液正是借助其中处于电离状态的正、负离子而导电，故为离子导体。孔隙水的电阻率一般都远小于造岩矿物。大量实测资料证明，岩石孔隙水的电阻率值很少超过 $100\ \Omega\cdot m$，通常在 $1\sim10\ \Omega\cdot m$。

2）岩矿石的电阻率

由于影响岩石、矿石电阻率的因素众多，自然状态下某种岩石、矿石的电阻率并非某一特定值，而多是在一定范围内变化。在岩石、矿石的所有物理性质中，电阻率的变化范围最大。在利用电法勘探所研究的深度范围内，岩石的导电作用几乎全是靠充填于孔隙中的水溶液来实现的。仅在少数情况下，如当岩石中含有相当数量并且彼此相连的磁铁矿、石墨或黄铁矿等导电矿物，或是相当深处岩石的孔隙结构被上覆地层的压力所封闭时，岩石、矿石中矿物颗粒的作用才占主导地位。前一种情况下的矿石可能具有很低的电阻率（$<10\ \Omega\cdot m$），而后一种情况下的岩石电阻率往往高达 $10^4\ \Omega\cdot m$ 甚至在其以上。

含水岩石的电阻率与其岩石学特征、地质年代有某些间接关系，因为这两者对岩石的孔隙度或储水能力以及水分的盐量都有影响，如海相碎屑岩其孔隙度高达 40%，其电阻率相应较低；化学沉积岩实际上可认为不含水分，其电阻率最高。显然，愈老的岩石，胶结程度和致密程度愈高，因而孔隙度和储水能力愈低，电阻率愈高。

5.2　重力勘探信息处理：重力异常校正与异常图

野外观测结束以后，可计算出各测点相对于总基点（或正常重力）的重力差值，但这些差值还不能算作重力异常，因为其中包括了干扰因素的影响。为此，必须对实测数据进行整理，消除干扰，提取有用信息。地面上任一点的重力值都由四个因素决定，它们是该点所在纬度、周围地形、固体潮及岩（矿）石的密度变化。其中固体潮的影响很小，只有在高精度重力测量时才不能忽略；纬度变化的影响较大，可达 $500000\ g.u.$，约为重力平均值 $\bar{g}$（$9800000\ g.u.$）的 0.5%；地形高差影响次之，可达 $1000\ g.u.$。相对于这两种干扰而言，重力异常是十分微弱的。例如，储油构造的重力异常不超过 $100\ g.u.$，仅为 $\bar{g}$ 的 0.001%；金属矿的重力异常更小，不超过 $10\ g.u.$。可见，要从强干扰中提取如此微弱的异常，高精度地进行各项校正具有十分重要的意义。

消除自然地形引起的重力变化需要进行三项校正，即地形、中间层和高度校正。消除正常重力对测量结果的影响还须进行正常场校正。

1. 地形校正

地形起伏往往使得测点周围的物质不能处于同一水准面内，对实测重力异常造成了严重的干扰，因此必须通过地形校正予以消除。其办法是：除去测点所在水准面（图 5-1 中 MN）以上的多余物质，并将水准面以下空缺的部分用物质填补起来。

由图 5-1 可见，测点 O 所在水准面以上的正地形部分，多余物质产生的引力的垂直分量是向上的，引起仪器读数减小；负地形部分相对于该水准面缺少一部分物质，空缺物质产生的引力可以认为是负值，其垂直分量也是向上的，使仪器读数减小。可见地形影响恒为负，故其校正值恒为正。

实际工作中，地形校正按以下步骤进行：首先，在详细的地形图上，用量板将测点周围的地形划分成许多扇形小块；然后分别计算这些小块在该点产生的重力值并相加就获得了该点的重力校正值。现在已经在计算机上实现了按测网进行的地形校正，从而使校正精度大为提高。

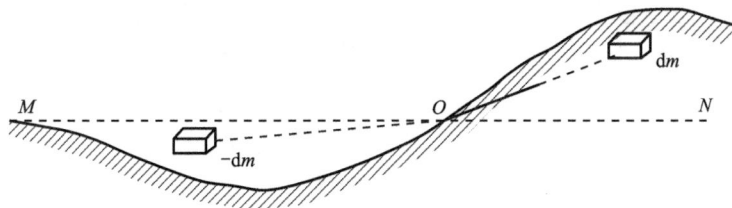

图 5-1   地形校正原理示意图（据刘天佑，2017）

2. 中间层校正

经地形校正以后，测点周围的地形变成水准面，但测点所在水准面与大地水准面或基准面（总基点所在的水准面）间还存在着一个水平物质层（图 5-2）。消除这一物质层的影响就是中间层校正。

中间层可当作厚度为 Δh（单位为 m）、密度为 σ 的无限大水平均匀物质面。由于地壳内物质每增厚 1 m，重力增加约 0.419σ（8 g.u.），故中间层校正值 $\delta g_{中}$ 为：

$$\{\delta g_{中}\}_{g.u.} = -0.419\{\sigma\}_{g \cdot cm^{-3}}\{\Delta h\}_{m} \tag{5-2}$$

当测点高于大地水准面或基准面时，Δh 取正，反之取负。

中国和世界上大多数国家都取中间层密度值为 2.67 g/cm^3。实践中发现在某些地区这个值偏大，因此工作中除按全国统一的中间层密度值作异常图外，还可作一些适合本地区实际中间层密度值的异常图，以便使地质解释更趋合理。

经过上述两项校正后，测点与大地水准面或基准面间还存在一高度差 Δh（图 5-3），为消除这个高度差对实测值的影响，必须进行高度校正。

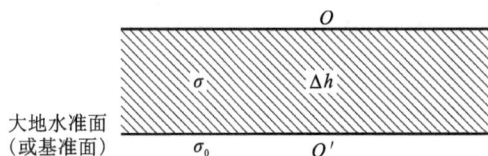

图 5-2   中间层校正原理（据刘天佑，2017）

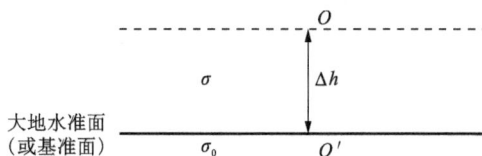

图 5-3   高度校正原理（据刘天佑，2017）

3. 高度校正

将地球当作密度呈均匀同心层分布的旋转椭球体时，地面每升高 1 m，重力减小约 3.086 g.u.，所以高度校正值 $\delta g_{高}$ 为：

$$\{\delta g_{高}\}_{g.u.} = 3.086\{\Delta h\}_{m} \tag{5-3}$$

测点高于大地水准面或基准面时，Δh 取正，反之取负。

高度校正和中间层校正都与测点高程 Δh 有关，因此常把这两项合并起来，统称为布格校正，以 $\delta g_布$ 表示，则

$$\{\delta g_布\}_{g.u.} = [3.086 - 0.419\{\sigma\}_{g \cdot cm^{-3}}]\{\Delta h\}_m \tag{5-4}$$

应当指出，上述三项校正都是在将地球作为密度均匀体的条件下推导出的。实际上，地表实测重力值总是受密度均匀体和造成局部范围密度不均匀的地质体(简称密度不均体，如地质构造、岩石、矿体等)的综合影响。上述校正仅消除了起伏地形上各测点与大地水准面或基准面间密度均匀体对实测重力值的影响，并没有消除密度不均匀体的影响。因此，对校正后仅由密度不均匀体引起的异常而言，各测点仍在起伏的自然表面上。

4. 正常场校正

在大面积测量中，各测点的正常场校正值可直接由正常重力公式计算。小面积重力测量不用上述绝对校正方法，而只做正常场的相对校正(纬度校正)。当测点与总基点不在同一纬度时，测点重力值包括了总基点和测点间的正常重力差值。这时正常场校正值 $\delta g_正$ 按下式计算：

$$\{\delta g_正\}_{g.u.} = -8.14\sin 2\varphi \cdot \{D\}_{km} \tag{5-5}$$

式中，φ 为测区的平均纬度，D 为测点与总基点的纬向(南北向)距离。在北半球，当测点位于总基点以北时，D 为正，反之为负。

5. 重力异常图

重力异常等值线平面图与地形等高线的绘制方法类似。图件反映了测区内重力异常的位置、特征、走向及分布范围。若等值线圈闭中心处重力异常值比周围的大(图5-4中标有"+"号的圈闭)，则这种异常分布称为重力高；反之，若等值线圈闭中心处重力异常值比周围的小(图5-4中标有"-"号的圈闭)，则这种异常分布称为重力低。由一组彼此大致平行，且沿一定方向延伸的密集等值线所表示的异常分布，称为重力梯级带(图5-4中 A、B 之间的等值线)。

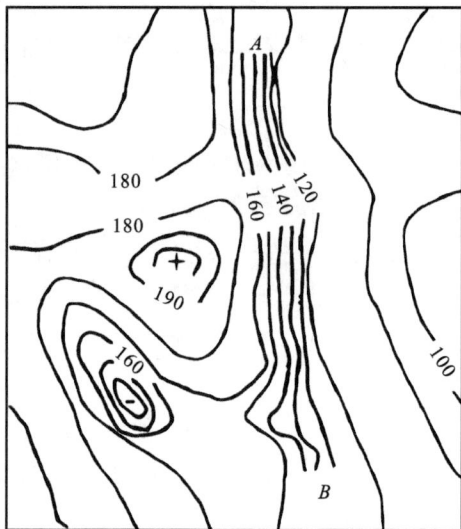

图5-4　重力异常等值线平面图

5.3　磁异常信息处理：磁异常校正与异常图

磁测工作根据一定的测网进行，所获得的数据要经过一系列整理计算，消除各种干扰因素，才能得到所需的各测点上的磁异常值。整理计算分以下几个步骤。

1. 日变改正

日变改正是从日变曲线上直接查得的，而日变曲线是由实际观测得来的。在磁测工作中，一般在野外测线上观测的同时，还需要用另一台灵敏度较高的磁力仪在一个事先已选好的较平静、阴凉、无磁性干扰的地方进行连续的日变观测，作日变曲线(见图5-5)。如果在附近数十千米至 100 km 范围内有地磁观测台，也可以向地磁台直接索取日变曲线。进行日变改正时，以上午磁力仪在基点读数(称为早基读数)时刻的日变值为零值，并通过该点作平行于横坐标的直线(图5-5中的虚线)作为改正的零值线，然后即可按野外观测点工作时间逐点从曲线上查得相应的改正值。

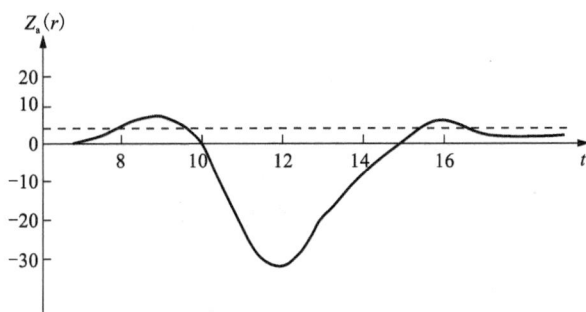

图 5-5　日变改正曲线(据周俊杰和杜振川，2018)

2. 温度改正

为了消除温度变化对磁力仪(磁秤)读数的影响，可按以下公式进行温度改正：

$$\Delta B = \pm T_C(t-t_0) \tag{5-6}$$

式中，T_C 为磁力仪的温度系数(nT/℃)；t 为测点观测时的仪器温度；t_0 为早基观测时的仪器温度。当 T_C 为正时，上式取负号；反之，为正号。

3. 零点改正

仪器的零点漂移一般可看作呈线性变化，即漂移的格数和使用时间的长短成正比。零点改正值可从仪器的零点漂移曲线上查得。而零点漂移曲线是由基点控制得来的，即两次到基点去重复读数之差，经过日变改正和温度改正后，得到最大零点漂移，然后再以时间为横轴绘出一条线性变化曲线，按时间比例将这个最大漂移值分配到该段时间内所测的各个测点上，作为各测点上的零点改正值。

一般在实际工作中，为了工作方便，常将上述三项改正综合在一起做，这种改正称为"混合改正"。

4. 纬度改正

当测区沿南北方向分布范围较大时，地磁场的正常变化就会对磁异常值产生影响。因此需要进行正常梯度改正，方法是以总基点为标准，量取各测点相对于总基点沿磁南北方向的

距离 $\Delta x(\mathrm{km})$，乘上纬度改正系数 $\beta(\mathrm{nT/km})$，就得到纬度改正值，即 $\Delta B_{\text{纬}} = -\beta\Delta x$。在取 Δx 值时，向北为正，向南为负。

5. 磁测数据的图示

为了直观地反映测区磁异常的特点和规律，将上述整理计算所得的各测点的磁异常数据按一定比例绘制成各种磁异常图。这些图件便作为对磁测结果进行最后推断解释的依据。磁异常图的种类很多，最常用的基本图件有磁异常剖面图、磁异常平面剖面图和磁异常平面等值线图等。

（1）磁异常剖面图。

以测线为横坐标，在纵坐标上标出各测点的磁异常值，将这些磁异常连成曲线，即为磁异常剖面图。图 5-6 为某铁矿的一条垂直磁异常综合剖面图。另外，在磁异常曲线下面，一般还绘有地形、地质剖面、磁参数资料和剖面方位等，便于对比分析。

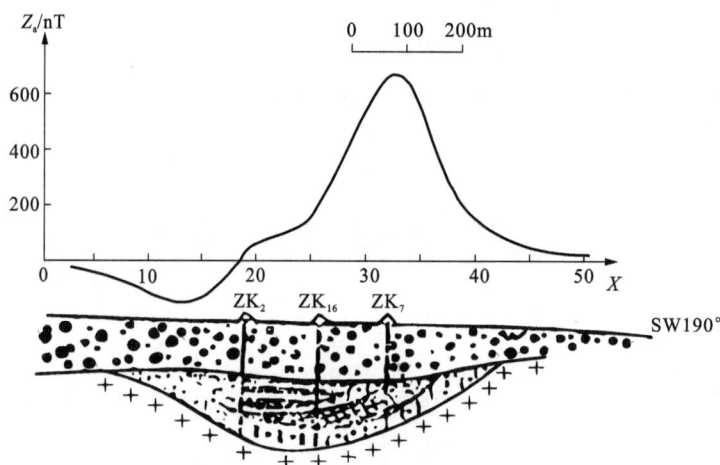

图 5-6　磁异常综合剖面图（据周俊杰和杜振川，2018）

（2）磁异常平面剖面图。

磁异常平面剖面图是由各条测线的磁异常剖面图按一定的线距拼在一起而构成的，如图 5-7 所示。磁异常平面剖面图不仅能反映磁场沿测线方向的变化特点，也能反映磁性地质体的走向变化等特点，是面积性解释的基本资料。

（3）磁异常平面等值线图。

在测区平面图上将具有相同磁异常值的测点用曲线连接起来就构成了磁异常平面等值线图，如图 5-8 所示。磁异常平面等值线图能较好地反映磁异常平面展布的

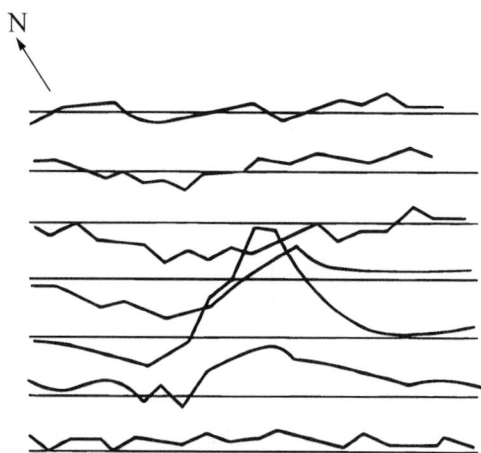

图 5-7　垂直磁异常平面剖面图
（据周俊杰和杜振川，2018）

总体特征，即适合表现大而简单的异常形态，但往往对小的磁异常或叠加场反映不明显，小的变化易在勾绘等值线时被圆滑掉，受主观因素影响较大。为此，在描绘平面等值线时常参照磁异常平面剖面图和相应的地质图。

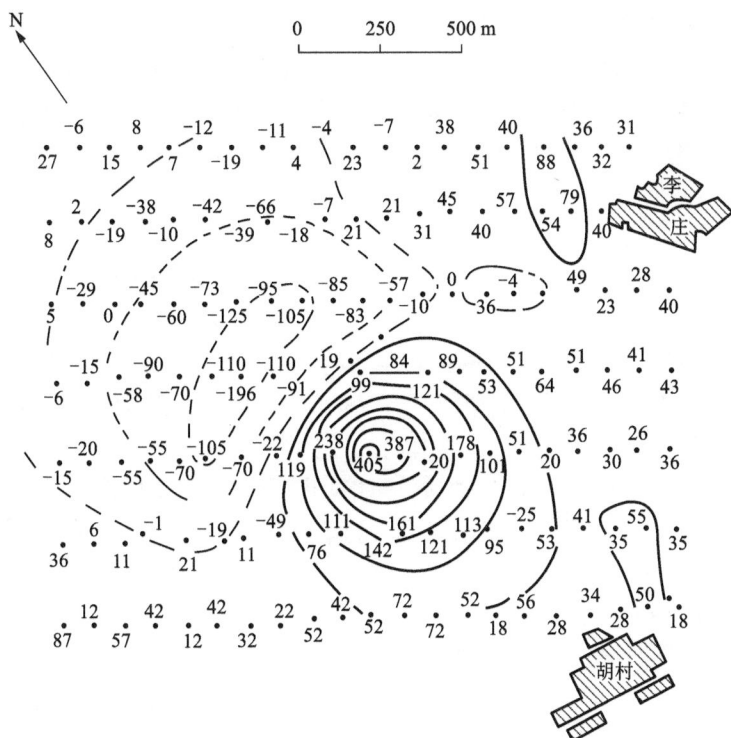

图 5-8　磁异常平面等值线图（据周俊杰和杜振川，2018）

5.4　磁异常的转换处理

磁异常的转换处理是磁法勘探解释理论的一个重要组成部分，目前磁异常的转换处理主要有圆滑、划分异常（如区域场和局部场的分离，深源场与浅源场的分离等）、磁异常的空间转换（由实测异常换算其他无源空间部分的磁场，也称解析延拓）、分量换算（由实测异常进行 ΔT、Z_a、H_a 及 T_a 之间的分量换算）、导数换算（由实测异常计算垂向导数、水平方向导数等）、不同磁化方向之间的换算（如化磁极等）以及曲面上磁异常转换等。磁异常转换处理的方法包括空间域和频率域两类。频率域方法由于速度快、方法简单等优点，已成为磁异常转换处理的主要方法。

早在 20 世纪 50 年代，诸如导数异常的计算、磁场解析延拓、化磁极等方法就已相继被提出。但一直到 20 世纪 60、70 年代以后，由于电子计算机的广泛应用，磁异常的转换处理才变得容易实现，其理论和方法也得到了迅速的发展和完善。

把原观测平面的磁异常换算到某一高度（上下延拓），把实测的磁异常 ΔT 换算为 X_a，

Y_a，Z_a 三个分量，或求其水平方向和垂直方向的导数，把斜磁化情况下的磁异常化到地磁极等，这些磁异常转换的方法在解释中得到广泛的应用。对实测的磁异常进行转换处理在频率域上实现最为方便、快捷。所谓频率域位场转换，是把空间域实测的磁异常通过傅里叶变换得到频谱，再乘以换算因子，反复换算来实现。人们习惯把空间域的磁异常通过傅里叶变换实现的各种换算称为频率域或波数域换算。

在频率域进行磁异常的转换，其最大优点是空间域的褶积关系变为频率域的乘积关系；同时还可以把各种换算统一到一个通用表达式中，从而使磁异常的换算变得简单。另一个优点则是可以从频谱特性出发，形象地讨论各种换算的滤波作用。

1.延拓

延拓是把原观测面的磁异常通过一定的数学方法换算到高于或低于原观测面的平面上，分为向上延拓与向下延拓。向上延拓是一种常用的处理方法，它的主要用途是削弱局部干扰异常，反映深部异常。我们知道，重磁场随距离的衰减速度与具剩余密度和磁性的地质体体积有关。体积大，重磁场衰减慢；体积小，重磁场衰减快。对于同样大小的地质体，重磁场随距离衰减的速度与地质体埋深有关。埋深大，重磁场衰减慢；埋深小，重磁场衰减快。因此小而浅的地质体重磁场比大而深的地质体重磁场随距离衰减要快得多。这样就可以通过向上延拓来压制局部异常的干扰，反映出深部大的地质体。图 5-9 是内蒙古某地用磁法勘探普查超基性岩的实例。该地区浅部盖有一层不厚的玄武岩，使磁场表现为强烈的跳动。为压制玄武岩的干扰，将磁场向上延拓了 500 m。由图可知，向上延拓的磁场压制了玄武岩的干扰，同时右侧部分反映了深部的超基性岩磁场。

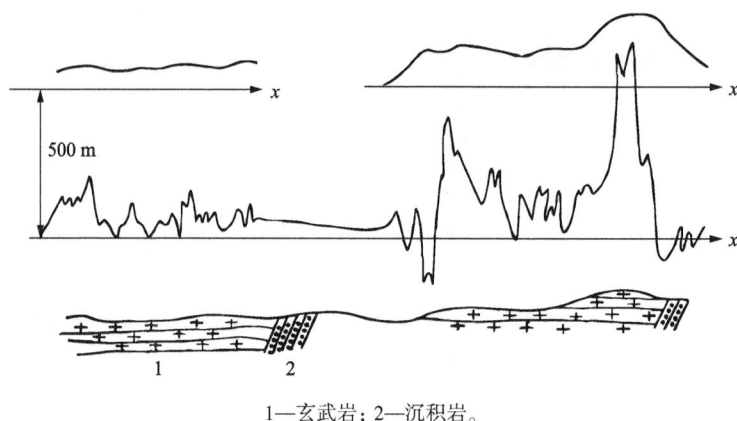

1—玄武岩；2—沉积岩。

图 5-9 用向上延拓压制浅部玄武岩异常的影响(据刘天佑, 2017)

与向上延拓相反，向下延拓时随着延拓深度的加大，一些浅的局部干扰或误差也迅速增大，使延拓曲线发生剧烈跳动，甚至出现振荡而无法利用。为了克服这种影响，往往将圆滑和延拓配合使用，在向下延拓之前要对异常进行圆滑。利用向下延拓可以分离水平叠加异常。我们知道，磁性体埋深越大，异常显得越宽缓。剖面越接近磁性体，磁异常的范围越接近磁性体边界。例如，对两个相邻的板状体而言，当它接近地表时，实测磁异常可能明显地显示两个峰值。但当埋深大于两个板体的距离时，则其叠加异常将显示为两个宽而平的异常。因此,将叠加的磁异常向下延拓到接近磁性体界面时就可能把各个磁性体的异常分离开,增强分辨能力。

利用向下延拓还可以评价低缓异常,低缓异常是指强度和梯度都比较小的异常,显然这是磁性体埋藏较深的标志。低缓异常的某些异常特征是不明显的,用它来进行解释推断有一定困难。解决这一困难的办法就是向下延拓。向下延拓一方面可以突出叠加在区域背景上的局部异常,使之尽量少受区域场的影响;另一方面可以"放大"某些在低缓异常中不够明显的异常特征(如拐点、极值点、零值点等),有利于进一步解释推断。

2. 导数换算

重磁异常的导数可以突出浅而小的地质体的异常特征而压制区域性深部地质因素的影响,在一定程度上可以划分不同深度和大小异常源产生的叠加异常,且导数的阶次越高,这种分辨能力就越强。

重磁高阶导数可以将几个互相靠近、埋深相差不大的相邻地质因素引起的叠加异常划分开来,如图5-10所示。

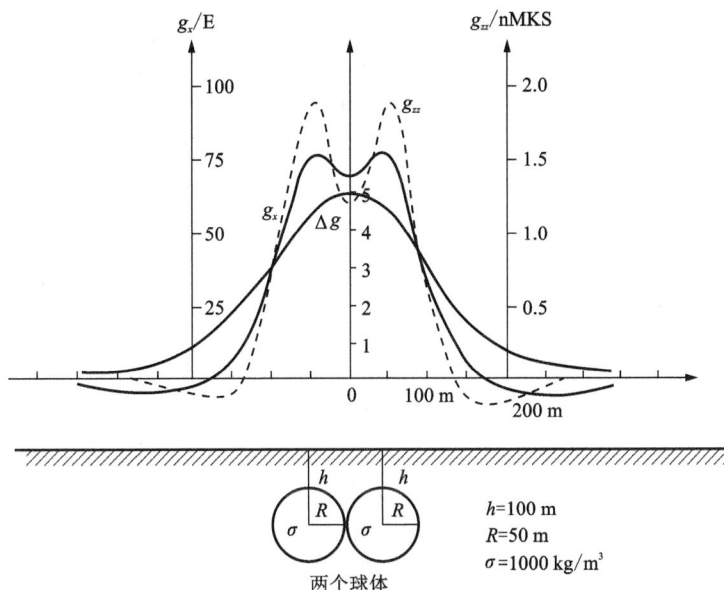

图5-10 两个相邻球体异常的叠加(据刘天佑,2017)

这些功能主要是因为导数阶次越高,则异常随中心埋深的加大而衰减越快。从水平方向来看,基于同样道理,阶次越高的异常范围越小,因而无论是从垂向看还是从水平方向看,高阶导数异常的分辨能力提高了。

3. 化向地磁极

在垂直磁化条件下,磁异常的形态以及磁异常与磁体的关系都比较简单,便于进行地质解释。但我国处于中纬度地区,磁体受斜磁化影响,一般都有正、负两个部分,异常与磁体的关系也比较复杂，解释的难度比较大。解决这个问题的办法之一是用数学换算将"斜磁化"转变为"垂直磁化"，由于这一过程相当于人为地将磁体从所在测区移到了地磁极处，故又称为"化向地磁极"。

化极计算涉及磁化方向转换与测量方向转换，当进行化极计算时，由于常规测量的是总场磁异常 ΔT，其对应的测量方向就是地磁场方向；假设磁化强度方向与地磁场方向一致，且不考虑剩磁，则化极因子可简化为：

$$H(u, v) = \frac{u^2 + v^2}{[i(ul_0 + vm_0) + n_0\sqrt{u^2 + v^2}]^2} \tag{5-7}$$

式中：$i = \sqrt{-1}$；u，v 为 x，y 方向的圆频率；$l_0 = \cos I \cos D$，$m_0 = \cos I \sin D$，$n_0 = \sin I$ 为方向余弦，此处 I，D 分别为磁化方向的倾角和偏角。将 $u = r\cos\theta$，$v = r\sin\theta$ 代入式(5-7)，即得极坐标系下的转换因子：

$$H(r, \theta) = \frac{1}{[i\cos I\cos(\theta - D) + \sin I]^2} \tag{5-8}$$

其中 $r = \sqrt{u^2 + v^2}$，$\theta = \arctan\dfrac{v}{u}$。

5.5 大地电磁异常信息处理

大地电磁测深(MT)资料的解释是大地电磁测深方法的重要组成部分。按照预处理、定性、半定量、一维反演和二维反演等阶段，由浅入深，逐步进行。它的目的就是将所观测的大地电磁测深资料转换成地电模型，解决所提出的地质任务。从野外采集的资料，一般来说还不能直接用于解释，必须进行再处理。

1.资料的预处理

(1)曲线的圆滑。野外采集的原始视电阻率和相位资料，由于干扰和观测误差的存在，相邻两频点的数据有时会出现非正常的跳跃。因此，必须根据最小方差原理和大地电磁测深曲线的固有特征进行圆滑。曲线圆滑是一项很重要的工作，必须由有经验的解释人员承担。圆滑时必须充分考虑所获的所有信息，反复进行。

(2)ρ_{TE} 和 ρ_{TM} 的识别。在野外资料采集过程中，MT 采集软件自动将采集结果转化为电性主轴方向，给出实测的 ρ_{xy} 和 ρ_{yx}。由于张量阻抗主轴方向有 90° 的不确定性，经资料处理后的张量阻抗旋转方向可能是构造走向，也可能是倾向。因此，要确定 ρ_{xy} 和 ρ_{yx}，谁代表 TE 极化，谁代表 TM 极化。

(3)静校正。浅层不均匀体的存在或地形不平，会使得视电阻率 ρ_{TE} 和 ρ_{TM} 发生平行移动，而相应的相位曲线 Φ_{TE} 和 Φ_{TM} 却保持一致，这就是所谓的静位移。对移动了的曲线进行反演解释，会得出错误的结论。因此，对大地电磁做静校正十分必要。

2.定性解释

定性解释的目的是在资料分析的基础上，通过制作各种必要图件，概括地了解测线(或测区)地电断面沿水平方向和垂直方向的变化情况,从而对测线(区)的地质构造轮廓有一个初步的了解,以指导定量解释。制作的定性图件主要包括:

(1)曲线类型分布图。将测线(或测区)各测点大地电磁测深曲线类型按一定比例尺缩小绘在相应的图件上就得到曲线类型分布图。从曲线类型分布图中可以了解电性层沿水平方向和垂直方向的变化情况。

(2)视电阻率断面图。若以测线为横坐标,以频率为纵坐标,将各测点相应频率的视电阻率 ρ_{TE}(或 ρ_{TM})标在相应的频率轴上,沿测线构成等值线,就得到视电阻率 ρ_{TE}(或 ρ_{TM})的断面图。

视电阻率断面图定性地反映了电性在断面上的分布。从纵向上看,随着频率的降低、勘探深度的加大,视电阻率的变化反映了电性随深度的变化,由此可大致确定电性层。从横向上来看,随着点位的不同,视电阻率的变化反映了电性层的起伏,由此可大致确定构造和断层的存在。因此,视电阻率断面图是一个重要的图件。应该注意,由于 ρ_{TE} 和 ρ_{TM} 反映的地电断面的特征不同,两种视电阻率断面图也不会完全一样,必须综合分析两种图件才能得出正确的结论。断层在视电阻率断面图的反映,主要表现为视电阻率等值线急剧的变化和扭曲。电性界面的确定主要依据等值线的梯度变化或密集化。

(3)总纵向电导剖面图或平面图。总纵向电导的计算公式为:

$$S = \frac{H}{\rho_s} \tag{5-9}$$

式中:H 是基底的埋深;ρ_s 是基底以上岩层的平均纵向电阻率。

在 ρ_s 变化不大的情况下,S 的值可以定性地反映基底起伏。

另外,还可以根据实际工作需要,制作其他的定性图件,如相位断面图、各向异性断面图、等周期的视电阻率平面图等。

3. 半定量解释

半定量解释是将视电阻率与频率的关系转变为近似真电阻率与深度的关系,提供一种比定性解释更为明确的关于地电断面的概念。常使用的方法是 Bostick 法。Bostick 反演是一种一维近似反演法,由它求得的模型虽不能完全拟合观测数据,但能较好地反映待求的模型的基本特征,因而获得广泛的应用。这种方法是基于大地电磁测深曲线低频渐近线的性质,将视电阻率随周期变化的曲线变换成视电阻率随深度变化的曲线。

4. 定量解释

定量解释是在定性和半定量解释的基础上进行的,任务是给出实测曲线所对应的地电断面参数,提出工区的地球物理模型。较成熟的反演方法有一维、二维反演。

课后思考题

1. 实施地球物理勘探的必要前提条件有哪些?
2. 总结三大岩类的物性特征(密度、磁性、电性)。
3. 简述重力异常校正的种类和计算方式。

4.简述磁异常图示的种类及其应用场景。

5.结合实例,说明向上延拓和向下延拓的作用。

6.谈谈地球物理勘探信息在矿产资源勘查中的作用。

主要参考文献

[1] 周俊杰,杜振川.资源与工程地球物理勘探[M].2版.北京:化学工业出版社,2018.

[2] 刘天佑.地球物理勘探概论[M].修订本.武汉:中国地质大学出版社,2017.

[3] 于汇津,邓一谦.勘查地球物理概论[M].北京:地质出版社,1993.

[4] 袁桂琴,熊盛青,孟庆敏,等.地球物理勘查技术与应用研究[J].地质学报,2011,85(11):1744-1805.

[5] 赵国泽,陈小斌,汤吉.中国地球电磁法新进展和发展趋势[J].地球物理学进展,2007(4):1171-1180.

[6] 严加永,滕吉文,吕庆田.深部金属矿产资源地球物理勘查与应用[J].地球物理学进展,2008(3):871-891.

第6章　地球化学信息处理

近一个世纪以来，地质工作者基于积累的大量岩石化学和地球化学数据建立了各种经验性岩石化学图解和地球化学图解，这些图解充分利用主要元素、微量元素以及同位素的地球化学行为，从不同的方面揭示和诠释了岩石特征及其成因联系、岩石分类及其组合、成岩成矿过程等，为岩石学、构造地质学、地球化学、矿床学等领域的研究提供了重要的途径和手段。本章将要介绍的 Harker 图解、AFM 图解以及一些微量元素、同位素的比值等图解，均是岩石地球化学研究中常用的图解方法，它们分别反映了岩石常量元素演化规律、岩石系列、微量及稀土元素丰度和富集亏损信息、岩石源区性质等。这些信息是我们对岩石进行成因分析所需的最基本信息。此外，地球化学异常信息的识别与提取是勘查地球化学的主要内容，长期以来该项工作极大地推动了区域尺度找矿勘查工作的进展，本章也将介绍常见的地球化学异常信息的处理方法。

6.1　主元素地球化学信息处理

习惯上把研究体系(矿物岩石等)中含量大于 0.1% 的元素称为主要元素(major element)，计量单位采用其氧化物的质量分数(wt%)表示；而把含量小于 0.1% 的元素称为微量元素(trace element)，计量单位采用 10^{-6}(国内有时采用 μg/g 表示，国外许多文献中用 ppm 表示)或 10^{-9}(国际上用 ppb)表示；也有把含量在 0.1%~1% 的称为次要元素(minor element 或 subordinate element)。

在实际应用过程中，考察主要元素数据一般只限于习惯列出作为主要元素化学分析的 10 个氧化物元素，即硅(Si)、铝(Al)、铁(Fe)、镁(Mg)、锰(Mn)、钙(Ca)、钠(Na)、钾(K)、磷(P)。利用主要元素数据进行有关岩石化学计算以及采用图解方式对岩石进行分类和命名的各种方法在岩石学相关教材中都有详尽的阐述，本书仅从信息处理的角度着重介绍成分变异图解的内容，即利用二元或三元成分图解展示岩石化学数据集中元素间的相互关系。

6.1.1　二元成分变异图解

1.概述

二元成分变异图解(variation diagrams)选用两个相关岩石化学或地球化学变量进行投影，

实质上是相关分析和回归分析原理在地质中的应用。

　　二元成分变异图解能够定性地说明主要元素之间的相关性，其主要目的是揭示样品之间的变化特征和识别变化趋势，并利用图中展示出的变化趋势阐明某种可能导致这种主要元素之间关联性的地质过程。因此，作为横坐标轴的元素应该选择能够反映样品之间最大协变性的元素或者能够说明某个特殊地球化学过程的元素。对于岩石化学数据，一般选择数据集中变化范围最大的氧化物作为横坐标，最常见的是选择 SiO_2；如果是镁铁质–超镁铁质系列，也可以选择 MgO；如果是黏土岩系列，则可以选择 Al_2O_3。

2. 横坐标为 SiO_2 的二元成分变异图解

　　以 SiO_2 含量作为横坐标，其他相关氧化物含量为纵坐标进行投图构成的二元成分变异图解是展示岩石系列中主要元素变化特征的最常用的手段。多数火成岩系列以及含石英的沉积岩系列的二元成分变异图解都选用 SiO_2 含量作为横坐标，这是因为 SiO_2 是岩石中最主要的组分，其变化范围大于其他氧化物的变化范围。英国地质学家 Harker(1909)最早应用了这种图解，故其又称为 Harker 图解。图 6-1 展示了如何利用 Harker 图细分火山岩类型。

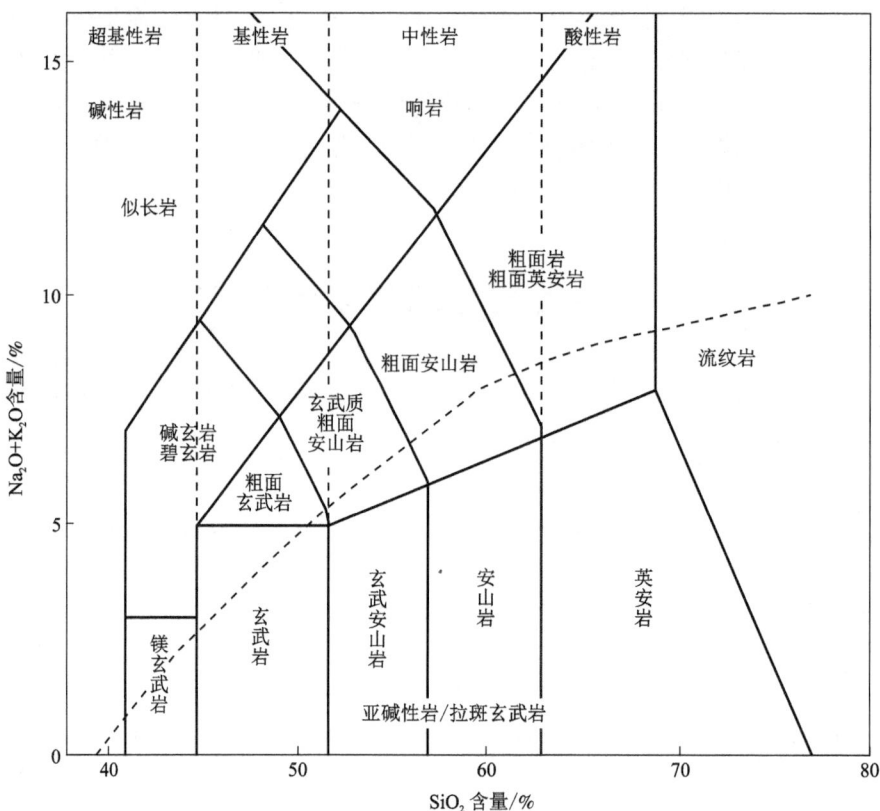

图 6-1　利用 Harker 图进行火山岩分类(据阳正熙等, 2008)

　　结晶分异作用是岩浆演化的一个重要过程，在 Harker 图上，各种氧化物相对于 SiO_2 进行投图，SiO_2 作为分异指数(岩浆演化的度量)，这是因为随着岩浆结晶分异作用的进行，残余

岩浆中 SiO_2 含量逐渐增大，因此，利用 Harker 图常常能够反映出岩浆杂岩体的岩浆演化趋势。

需要指出的是，对于玄武质岩浆，如果早期结晶作用阶段主要结晶矿物是辉石和钙长石，由于这两种矿物中的 SiO_2 含量与岩浆的 SiO_2 含量相近，因而此阶段残余岩浆中 SiO_2 含量可能保持稳定。只有在诸如磁铁矿之类的矿物析出后才会引起残余岩浆中 SiO_2 含量富集，而且只要出现这种局面，斜长石和辉石的持续析出势必会增强 SiO_2 在残余岩浆中的富集趋势。因此，Harker 图可能更适用于中性至酸性的岩石系列。

Peacock（1931）根据 Harker 图确立了岩石学界熟知的皮科克钙碱指数（表 6-1），其原理是利用一组成因上明显相关的岩浆岩的 Na_2O+K_2O 和 CaO 含量相对于 SiO_2 含量点绘构成 Harker 图；然后根据图中 Na_2O+K_2O 含量趋势回归直线和 CaO 含量趋势回归直线交点处的 SiO_2 含量确定皮科克钙碱指数。因此，这种 Harker 图又称为皮科克钙碱指数图，利用这种图可进行钙碱性火成岩的分类。

表 6-1　皮科克钙碱指数（据 Peacock，1931）

岩石类型	钙质	钙碱性	碱钙性	碱性
SiO_2 含量/%	>61	56~61	51~56	<51

3. 横坐标为 MgO 的二元成分变异图解

在玄武质岩浆结晶分异作用（或地幔岩石的部分熔融）过程中，MgO 是与岩浆熔体处于平衡状态的镁铁质矿物相的重要组分，在镁铁-超镁铁岩系列中呈现很大的变化范围，而 SiO_2 含量的变化范围相对较小。

在岩浆岩成因研究中，二元成分变异图解的变化趋势除了反映结晶分异作用外，还有可能是两种岩浆的混合作用过程或者是同化混染或结晶分异作用造成的，还有可能是部分熔融作用过程中熔体不断增加的结果。

沉积岩的二元成分变异图解中呈现出的变化趋势可能反映了化学组分不同的物质混合形成的沉积岩系列。借助变质岩的二元成分变异图解的变化趋势也可以解释变质作用、变形作用以及元素的活化迁移过程。

6.1.2　三元系图解

1. 三元系图的结构原理

三元系图解（triangular diagrams）在地质中尤其是在岩石学中应用较广，其原理是：取一等边三角形，三个顶点表示三个纯组元，三条边各定为 100%，表示三个二元系 A-B-B-C-C-A 的成分。利用这种成分三角形可以表现由三个组分组成的任何一种成分，例如，可以表示由三种矿物构成的岩石，也可以表示某种岩浆熔体的三个组分等。这类图能够告诉我们某个样品点每种组分占总成分的百分比；把多个样品投影在同一三元系图中，便于我们对它们进行相互对比。

三元系图的缺点是不能表现三个参数的绝对值,然而,它们能够阐明一定的特征。例如,在氧化物–氧化物二元图上难以展示元素间比值的变化,而在三元系图上可以清晰地表现出来。

2. 常用的三元系图

1) AFM 图

AFM 图又称为镁–铁–碱图,其中的 $A = Na_2O + K_2O$。F 有两种表达形式:① $F = FeO + 0.8998Fe_2O_3$,即把全部 Fe_2O_3 转化为 FeO;② $F = FeO + Fe_2O_3$。$M = MgO$。可以利用它们的分子数或者质量分数进行绘图。这种图主要适用于镁铁质岩石,尤其适合区分拉斑玄武岩套和钙碱性岩套(图6-2),其原理在于拉斑玄武岩套中,随着岩石中碱质含量的增加,Fe 的含量相对于 Mg 含量显著增大;而在钙碱性岩套中,这种趋势变化不明显。亚碱性岩浆系列可划分为拉斑玄武岩和钙碱性玄武岩,每个亚类还可进行细分。

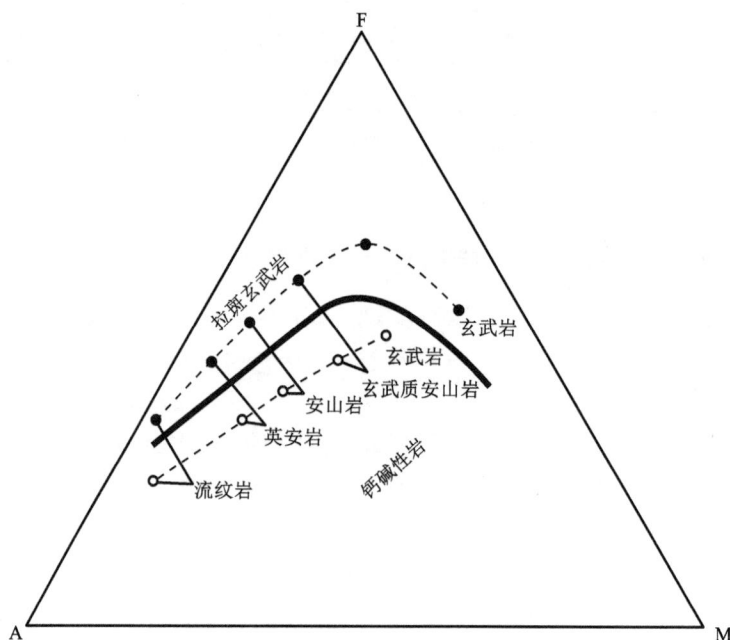

图6-2 AFM 图(据阳正熙等,2008)

2) $Na_2O–K_2O–CaO$ 图

利用样品中这三种化学成分分子数或质量分数绘图,主要适用于长英质岩石。

3. 三元系图的判读

三元系图是用于展示成分数据的一种传统方式。把成分数据绘于三元系图中的主要目的是定义一个包括大多数数据的区域,用于与其他数据集的相似图形进行比较。例如,在沉积学研究中,一些研究者把砂岩成分投在三元系图中,以便比较两个不同的地层单元,或者与其他研究者建立起来的具有物源区边界的某个特殊地层单元进行比较。

独立考察每个组分，可以解读其相对百分比。例如，研究岩石或岩浆熔体的组成 A，从图 6-3(a)中三角形 A 点相对的底边至顶点 A，组分含量在 0~100% 范围变化，每条与底边平行的线代表 10% 含量的刻度；同理，组分 B 和组分 C 的成分刻度也以相同的方式标示[图 6-3(b)和图 6-3(c)]。需要指出的是，三组分的总和必须等于 100%。

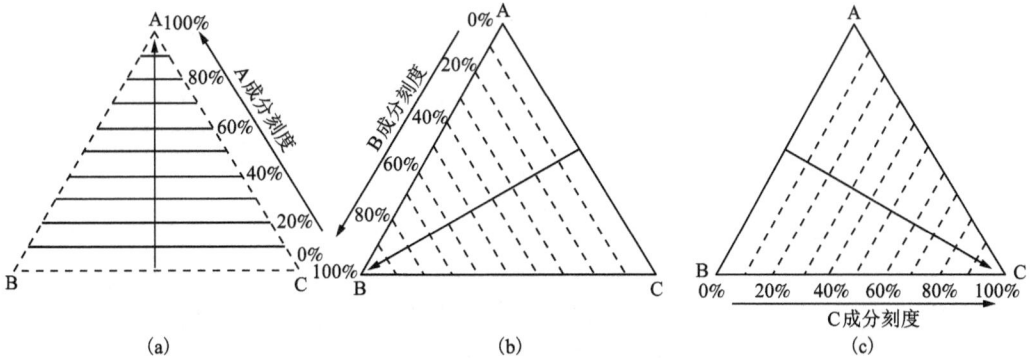

图 6-3　三元系图解中各组分的含量刻度的表示方法(据阳正熙等，2008)

图 6-4 说明三元系图中样品投影点的成分解读，其组成为 40% 的 A、50% 的 B 以及 10% 的 C。

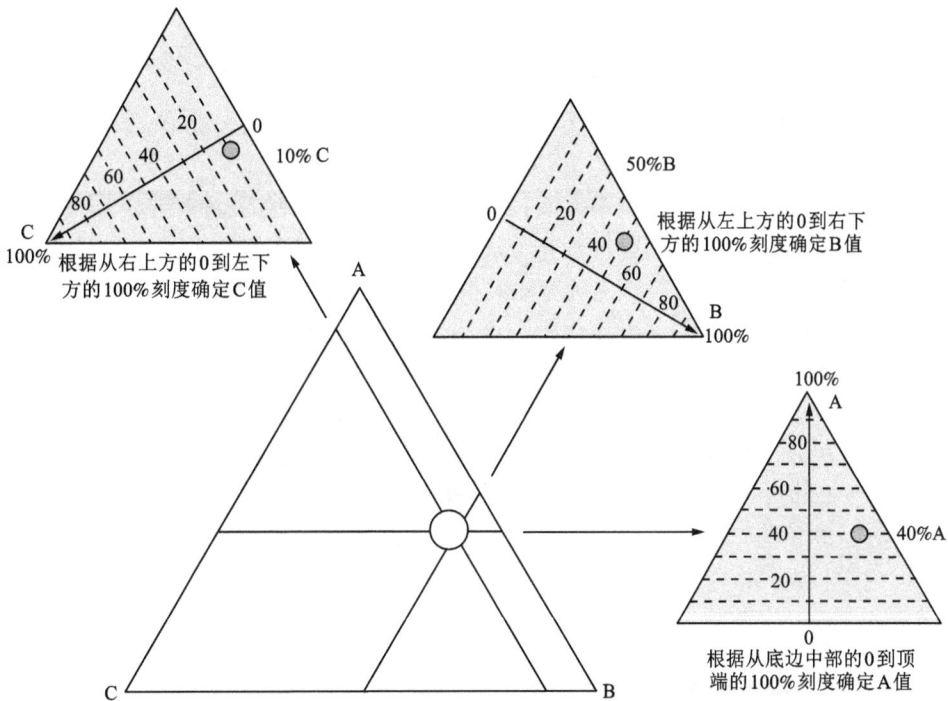

图 6-4　三元系图中投影点成分的确定方法(据阳正熙等，2008)

图 6-5 中的 5、6、7、8 分别代表 4 个样品的投影点，作为练习，各点的成分构成留给读者自己确定。显然，由该图可以看出，5 号样品 A 组分含量最高，8 号样品 C 组分含量最高，而 6 号样品不含 C 组分。

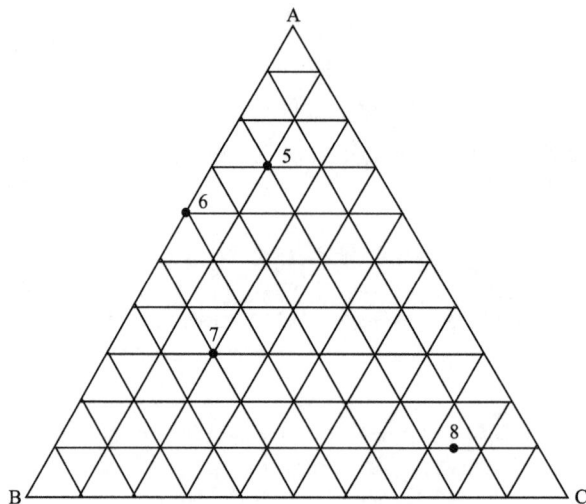

图 6-5　三元系图解示例（据阳正熙等，2008）

6.2　微量元素地球化学信息处理

微量元素又称痕量元素，它们在有利的地质环境中能够形成独立的矿物相，但是大多数微量元素都是通过置换造岩矿物中的主要元素并呈分散状态存在。

一定的元素组合具有相似的化学性质，从而表现出相似的地球化学行为，然而，元素之间的细微差异在地质过程中也能够得到充分的反映，具体表现在组内元素的相互分馏。利用这一原理，地质人员一般是针对微量元素地球化学组合确定研究思路，根据元素组合的整体行为或该组合内部元素行为的系统变化识别地质过程或探讨岩石和矿床的成因。本章主要从数据处理的角度介绍稀土元素和过渡金属元素的地球化学图解及其应用。

按照周期表中元素的化学性质，微量元素可以分为稀碱金属（Li、Rb、Cs 等）、稀有元素（Be、Nb、Ta、Zr、Hf 等）、稀土元素（La、Ce、Nd 等）、过渡族元素（Fe、Co、Ni、Cu、Zn 等）。根据微量元素的行为，在固相（结晶相）和液相（熔体相、流体相）共存时的地球化学作用过程中，倾向于进入固相的微量元素，称为相容元素（compatible element），倾向于进入液相的微量元素，称为不相容元素（incompatible element），相容元素的总分配系数大于 1，而不相容元素的总分配系数小于 1。

6.2.1　稀土元素地球化学图解

1. 稀土元素概述

稀土元素（rare earth element，REE）是最重要的微量元素，在岩石学和矿床学研究中具有重大意义。稀土元素是指原子序数从 57 号到 71 号的 15 个镧系元素，在周期表中属ⅢB 族。同族中 39 号元素钇(Y)的离子半径与钬(Ho)相似，有时也看作稀土元素，顺序上置于 Lu 之后。根据稀土元素原子序数的大小可以将其进一步分为轻稀土元素(LREE)，包括从镧(La)至铕(Eu)的元素，以及重稀土元素(HREE)，包括从钆(Gd)至镥(Lu)的元素；也可细分为轻稀土(La~Nd)、中稀土(MREE,Sm~Ho)和重稀土元素(Er~Lu)。

REE 的化学性质十分相似，然而，由于 REE 具有镧系收缩特征以及电子构型的规则变化，它们在地球化学行为上产生细微差异，从而在许多成岩成矿系统中发生轻重稀土元素的分馏作用。利用 REE 的分馏特征有可能解译岩石或矿床的成因。

通常认为 REE 是最不活泼的微量元素，即使所赋存的主岩遭受了低级变质作用、风化作用和热液作用，REE 在这些地质过程中仍能保持相对的稳定性。

2. REE 数据的处理

为了消除元素的奇偶效应，通常采用球粒陨石的 REE 丰度作为参照标准，对岩石或矿物样品相应的 REE 分析数据进行标准化(即以样品的 REE 含量除以球粒陨石相应的 REE 丰度值)。选择球粒陨石作为参照标准是因为一般认为它可以代表太阳系的相对未分异的样品。

球粒陨石标准化的意义在于消除原子序数为奇数和偶数的 REE 间的丰度变化，从而平滑 REE 含量曲线，同时还可以了解所研究对象中的 REE 含量相对于球粒陨石中的 REE 的分馏情况。标准化后的 REE 数据及其比值通常采用下标 N 标示，例如 Ce_N 和 $(La/Yb)_N$ 等。

由于球粒陨石的成分变化较大，其 REE 含量同样存在明显的变化，不同的作者提出了不同的用于标准化的球粒陨石 REE 丰度值，但是目前尚没有一个完全公认的球粒陨石 REE 数据标准，如表 6-2 所示是 Boynton(1984)推荐的球粒陨石 REE 丰度值，无论采用哪一组数据进行标准化，都需要注明数据来源，以便于对比。

表 6-2　用于稀土元素标准化的球粒陨石 REE 丰度(据 Boynton,1984)　　单位：10^{-6}

La	Ce	Pr	Nd	Sm	Eu	Gd	Tb	Dy	Ho	Er	Tm	Yb	Lu
0.3100	0.8080	0.1220	0.6000	0.1950	0.0735	0.2590	0.0474	0.3220	0.0718	0.2100	0.0324	0.2090	0.0322

在稀土元素地球化学研究工作中，除了用稀土总量和各单个稀土含量直接列表来表示所研究对象的稀土元素含量丰度外，更常用的方法是利用球粒陨石标准化图解展示稀土元素配分型式(图 6-6)，这种图解是以样品 REE 含量的球粒陨石标准化数据取对数值作为纵坐标，以 REE 的原子序数排列作为横坐标进行投图。由于这种图解最早是由增田(Masuda,1962)和科里尔(Coryell et al.,1963)提出的，故又称为 Masuda-Coryell 图解。大量研究表明，岩石或矿物的 REE 配分型式具有重要的地球化学意义，可以根据样品的 REE 配分型式探寻岩石或矿床成因及其演化过程的信息。

对于沉积岩 REE 数据的标准化处理，除了采用球粒陨石外，一些研究者或采用北美页岩，或采用欧洲页岩，或采用澳大利亚太古宙后平均沉积岩的 REE 成分作为参照标准(Rollinson,1993)，这是因为全球范围内大陆地台区细粒沉积岩许多元素丰度十分相似，因而作为"平均沉积岩"用于对沉积岩的 REE 含量数据进行标准化。

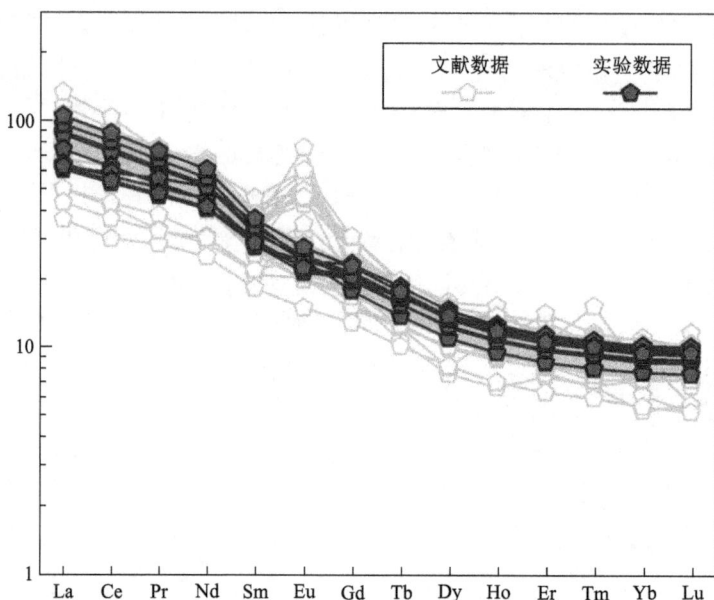

图 6-6　岩石球粒陨石标准化稀土元素配分型式图(据 Guo et al., 2023)

实际工作中，也可灵活利用岩套中某类岩石样品的 REE 数据作为参照标准，对其他岩石类型样品的 REE 含量进行标准化处理，以期了解它们之间 REE 成分的相对变化。如果测得岩石中某种矿物的 REE 含量，可以利用这些数据对全岩的 REE 成分进行标准化，这种处理方式有时候是非常有用的。例如，利用火山岩中斑晶矿物的 REE 成分对基质 REE 的相应数据进行标准化，有可能获得矿物/熔体的分配系数信息。如果研究地幔岩石，可采用原始地幔的 REE 成分数据进行标准化处理。在研究成矿作用时，则以未矿化或未蚀变的岩石中的 REE 含量作为标准等。

稀土元素的各种标准化图解，能便于揭示其地球化学性质差异，了解样品中稀土元素的分馏作用以及进行各种地球化学参数。此外，由于样品中稀土元素球粒陨石或其他标准化值与稀土元素的原子序数有近于线性的函数关系，因此可以根据这种图解，用内插法求得一些没有实际测定的稀土含量。稀土元素配分图可以很方便地利用 excel 软件绘制。

3. 稀土元素标准化图解的解释

稀土元素标准化图解主要提供了三个方面的比较信息：

(1)稀土元素的总量。

同一图解中，总量较高的岩石或矿物稀土元素配分曲线位于图的上部，表明在同一演化过程中形成时间晚于其下部配分曲线的岩石或矿物(图 6-6)。

(2)稀土元素的配分型式。

对于同类岩石而言，具有相似的 REE 配分型式暗示着相似的生成环境。火成岩的 REE 配分型式与母岩浆源的 REE 含量以及岩浆演化过程有关，其稀土元素配分型式大致可以归为如下四种。

①轻稀土富集型：轻稀土比重稀土富集，稀土配分曲线向右倾斜。HREE 相对于 LREE 极度亏损，可能是因为源岩中存在石榴子石或锆石，例如，在镁铁质岩浆与石榴子石平衡的环境中，Lu 在石榴子石中的分配系数比 La 高 1000 倍；在长英质岩浆中普通角闪石也能够造成 LREE 相对于 HREE 显著富集。中酸性岩、碳酸盐以及碱性岩等岩类的 REE 一般具有这种配分型式。

②轻稀土亏损型：轻稀土比重稀土亏损，表现为稀土配分曲线向左倾斜。LREE 相对于 HREE 分馏可能是由橄榄石、斜方辉石和单斜辉石的存在所引起的，因为这些矿物的分配系数从 La 至 Lu 增大了一个数量级。然而，在镁铁质和安山质熔体中，REE 对这些矿物都是不相容的，因而只是出现轻度的 LREE 亏损。独居石和褐帘石也是导致 LREE 亏损的重要原因。具有 LREE 亏损型的岩石类型包括洋中脊玄武岩、橄榄岩等。

③平坦型(或球粒陨石型)：REE 配分曲线近乎水平，既不显示重稀土富集，也不显示轻稀土富集，反映演化分异程度很低的幔源型岩石。

④Eu 和 Ce 的亏损富集型：Eu 和 Ce 元素由于价态的变化而可能出现异常，稀土元素配分曲线表现为 Eu 亏损型、Eu 富集型、Ce 亏损型和 Ce 富集型等几种类型。铕异常主要受控于长石，尤其在长英质岩浆中，因为 Eu^{2+} 对于斜长石和钾长石来说都是相容元素，而其余三价的 REE 却是不相容元素，因此，岩浆中长石的晶出或者部分熔融中源区长石的残留，都会导致岩浆中 Eu 的负异常；普通角闪石、榍石、单斜辉石、斜方辉石、石榴子石等在一定程度上会引起长英质岩浆中 Eu 的正异常。海水和河水的 REE 成分可能出现 Ce 异常特征，其原因是 Ce^{3+} 氧化成 Ce^{4+} 并以 CeO_2 的形式沉淀下来。

6.2.2　不相容元素图解

不相容元素图解又称为蛛网图解(spider diagram)，这种图解实际上是上文介绍的 REE 图解的扩充，即在稀土元素的基础上补充其他不相容元素，适合对火成岩和部分沉积岩的地球化学特征进行描述。

由于蛛网图包括了比 REE 配分型式更多的微量元素，常常会呈现更多的波峰和波谷，反映出不同微量元素行为的差异。例如，低场强元素(包括 Cs、Rb、K、Ba、Sr、Eu 等)相对比较活泼，其丰度可能与流体相行为有关，而且，这些元素主要富集于大陆壳中，可用于指示地壳岩石对岩浆的混染；而高场强元素(包括 Y、Hf、Zr、Ti、Nb、Ta 等)的丰度受控于源区的地球化学特征以及岩浆演化过程中晶体-熔体平衡。此外，这些元素还会受到某些矿物的制约，例如，Zr 的丰度受锆石的支配，P 受磷灰石的约束，Sr 受斜长石的约束，Ti、Nb、Ta 则可能受到钛铁矿、金红石和榍石的约束。

1. 火成岩的不相容元素图解

1)原始地幔标准化的不相容元素图解

原始地幔是指地壳成形之前的地幔。原始地幔标准化蛛网图的作图方法是以原始地幔相应元素的丰度值作为参照标准，对样品数据进行标准化处理，即以 20 个不相容元素作为横坐标，并按照其在地幔低程度部分熔融产生的熔体中相容性增大的顺序从左向右排列：Cs(0.023)，Rb(0.635)，Ba(6.990)，Th(0.084)，U(0.021)，K(240.0)，T(0.041)，Nb(0.713)，La(0.708)，Ce(1.833)，Sr(21.100)，Nd(1.366)，P，Hf(0.309)，Zr(11.200)，

Sm(0.444)、Ti(1280)、Tb(0.108)、Y(4.550)、Pb(0.071)。括号中的数字为原始地幔标准化的数值，单位为 g/t，数据引自 McDonough 等(1992)；其中元素 P 的数据缺失，如有该元素的作图需要，可利用其他作者的数据。

球粒陨石标准化不相容元素图解在元素排列顺序上与原始地幔标准化图解略有不同，感兴趣的读者可参考 Rollinson(1993)的著作。

2)洋中脊玄武岩(MORB)标准化不相容元素图解

洋中脊玄武岩标准化不相容元素蛛网图解最适用于研究母岩浆可能是 MORB 的分异的玄武岩、安山岩等。这种形式的蛛网图是利用低场强元素按其不相容性增大的顺序(即以 Sr、K、Rb、Ba 的顺序)从横坐标左端向右排列，利用高场强元素按其不相容性增大的顺序(即以 Yb、Y、Ti、Sm、Hf、Zr、P、Ce、Nb、Ta、Th 的顺序)从横坐标右端向左排列(图 6-7)。这些元素的 MORB 标准化数值可利用 Pearce 获得的数据，读者可以从 Rollinson(1993)的著作中查阅得到，也可以从其他地球化学或岩石化学文献(郑海飞和郝瑞霞，2007；陈骏和王鹤年，2004)中检索。

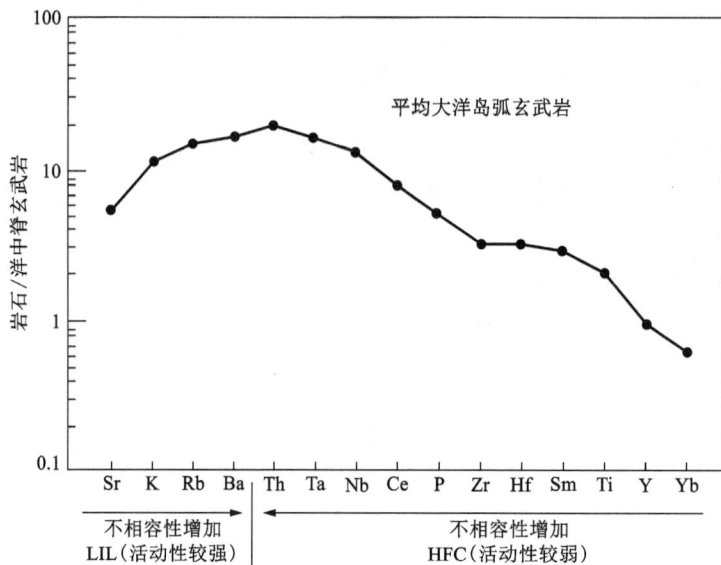

图 6-7　洋中脊玄武岩标准化的蛛网图(据阳正熙等，2008)

2.沉积岩的不相容元素图解

控制沉积岩的微量元素成分的地质过程也可以利用蛛网图进行研究，最常用的标准化数值是平均页岩数值，例如以太古宙后的页岩或者北美页岩(NASC)代表"平均地壳成分"，但也可以利用平均大陆地壳成分进行标准化。实际工作中应该创造性地应用这种图解，例如，黏土岩中常常含有不同含量的碳酸盐成分，可以采用所研究样品中最富含黏土且不含碳酸盐成分的那个样品作为标准，对其他样品进行标准化，从而了解黏土岩与富碳酸盐的岩石端元之间微量元素的差异。

6.2.3　元素亏损-富集图

元素亏损-富集图解是表现微量元素(也可以是主要元素)相对亏损和富集的一种简便易行的方法。这种图的具体绘制方法是以横坐标表示按原子序数由小到大排列的元素,纵坐标为元素在两个对比单元中的含量比值(亏损或富集的倍数),坐标原点设置在纵坐标刻度为1的位置,其上的刻度值表示元素富集的倍数,其下则表示亏损的倍数;如果富集的倍数很大,为便于表现,纵坐标也可以采用对数刻度。同理,也可以利用横坐标表示元素的亏损和富集,纵坐标用于对比的元素按原子序数由小到大沿纵坐标排列。

利用这种图解可以比较同一个火成岩套内早、晚岩石端元的化学成分,展示元素的富集和亏损的程度;还可用于讨论与热液成矿作用有关的蚀变带的元素的带入-带出情况。

6.3　稳定同位素信息处理

1.稳定同位素基本原理

大多数自然元素都是由一个以上的稳定同位素组成,由于质量的差异,原子量小于40(比 Ca 轻)的元素的同位素之间可以通过物理过程而发生分馏,分馏程度与元素质量呈反消长关系。因为原子量高于 40 的元素上的同位素之间质量相对差异太小,故难以发生同位素之间的物理分离。因此,稳定同位素方法主要用于研究质量较轻的元素,包括 H、O、S、C等。由于这些元素通常是组成具有重要地质意义的地质流体的主要组分,因而可以利用稳定同位素方法直接研究流体及水-岩相互作用,也可以用作追踪成矿物质来源的手段。

稳定同位素成分一般采用 δ 值来表示,单位为‰,其表达式为:

$$\delta X = \left(\frac{R_{样品}}{R_{标准}}-1\right)\times 1000 \quad 或者 \delta X = \left(\frac{R_{样品}-R_{标准}}{R_{标准}}\right)\times 1000 \qquad (6-1)$$

式中,R 为重同位素/轻同位素。所以,如果 $\delta X>0$,说明样品中重同位素相对于标准富集;反之,则样品中轻同位素相对富集。之所以采用同位素的比值而不采用其丰度,是因为丰度值存在相对误差;以 C 同位素为例,如果其丰度的相对误差为 1%,则 $^{12}C = 99\%\pm 1\%$,而 ^{13}C 的丰度仅为 1.11140%。

稳定同位素组成的变化(更具体地说,反应物和生成物之间同位素的配分)称为同位素分馏(isotopic fractionation)。同位素分馏作用主要有三种方式:

(1)化学平衡过程中的同位素交换作用,例如,在硫化物之间 $^{34}S/^{32}S$ 值的改变,这种反应一般要求在高温环境(温度大于 200℃)下才能进行。

(2)化学动力学过程的控制,例如,表生氧化带内硫化物氧化为硫酸盐的动力学作用($\delta^{34}S_{硫化物}$ 转化为 $\delta^{34}S_{硫酸盐}$ 的动力学分馏作用)。

(3)蒸发作用、浓缩作用、结晶作用以及扩散作用等物理化学过程都有可能导致同位素的分馏作用,例如,蒸发过程或生物吸收的产物中有利于质量较轻的同位素富集,从而其源区物质相对富集于"较重"的同位素成分。

2. 氢和氧同位素图解

1) 氢同位素组成特征

氢同位素研究中采用$^2D/^1H$，由于氢同位素之间质量相对差异最大（相对差异为99.8%），其结果导致自然界氢同位素组成变化范围极大。常见岩石类型和水的δD值总结于图6-8中。

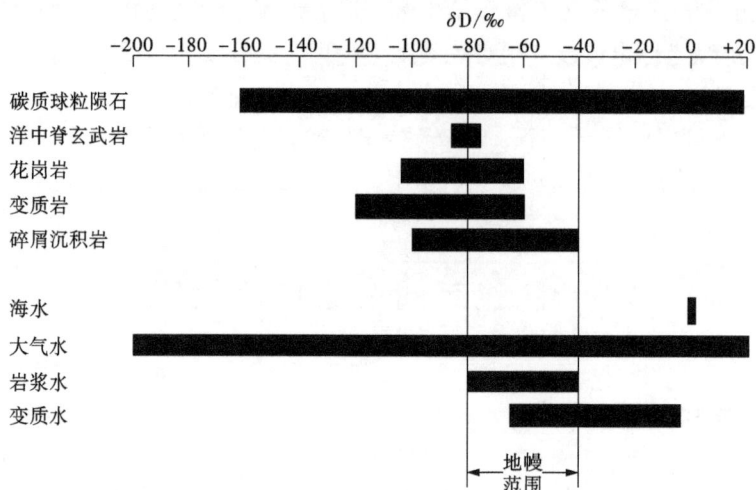

图6-8　自然界主要的氢同位素储库的变化范围（据 Rollison，1993）

2) 氧同位素组成特征

氧同位素研究中采用$^{18}O/^{16}O$。自然界中$\delta^{18}O$值的变化达100%，其中大气水的$\delta^{18}O$值变化范围最大（图6-9）；球粒陨石变化范围最小；地幔的$\delta^{18}O$值分布范围为$5.7‰\pm0.3‰$；大多数花岗岩、变质岩、沉积岩比地幔含有更高的$\delta^{18}O$值，而海水和天水则表现出亏损。

岩石中的氧储变化特征为：

(1) 典型碳酸盐的$\delta^{18}O$值为20‰~30‰。

(2) 页岩和泥质岩石的$\delta^{18}O$值一般为8‰~25‰，这些岩石中的许多碎屑矿物在高温下获得$\delta^{18}O$，并且在新的环境下保留着这些低值；相对而言，在成岩过程的低温环境下生成的矿物则会产生较高的$\delta^{18}O$值。

(3) 未蚀变的火成岩为5.5‰~11‰；原始地幔（平均地幔）的$\delta^{18}O$接近5.5‰，由于高温作用下部分熔融的同位素分馏程度比较低，所以MORB也具有接近5.5‰的$\delta^{18}O$值的特征。如果观测到火成岩的$\delta^{18}O$值高于7‰，表明有地表组分的存在；经历了热液蚀变作用的玄武岩富集^{18}O，其$\delta^{18}O$值大约为9‰（绿岩的平均值）。

3) 氢同位素和氧同位素组成相关图解

Craig(1961)论证了全球范围大气降水中δD和$\delta^{18}O$之间存在显著的相关性，这种关系称为大气降水线（Meteoric Water Line，MWL），其回归方程为：

$$\delta D = 8\delta^{18}O + 10‰ \tag{6-2}$$

Rozanski 等(1993)建立了更精确的全球大气降水线（GMWL）回归方程：

$$\delta D = 8.13\delta^{18}O + 10.8‰VSMOW \tag{6-3}$$

式中，VSMOW 为维也纳标准平均大洋水。

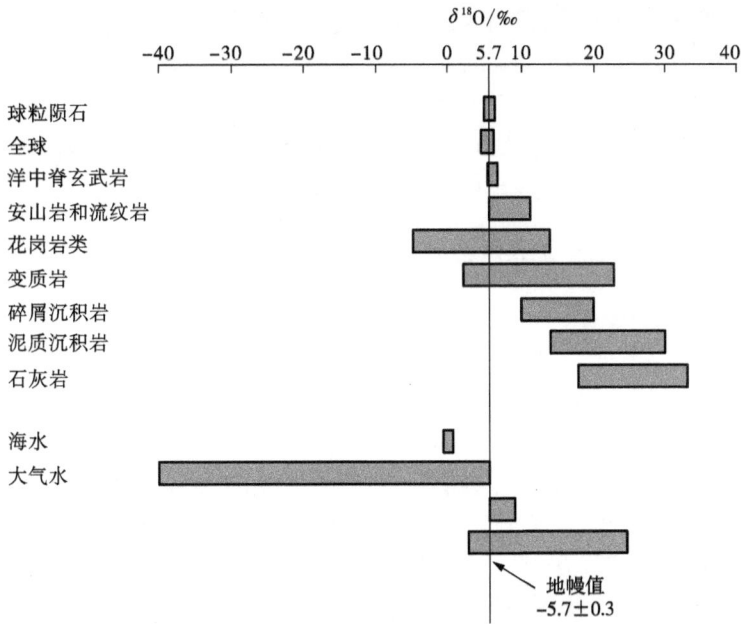

图 6-9　自然界主要的氧同位素储库的变化范围(据 Rolison, 1993)

引起 δD 和 $\delta^{18}O$ 同位素组成偏离大气降水线的各种过程, 如图 6-10 所示。浅部地下水趋向于具有比较好的本地大气降水 $\delta^{18}O$ 和 δD 的平均值。在某些情况下, 由于滞留水和雨季期间地面潮湿, 可能使地下水的 $\delta^{18}O$ 组成中 ^{18}O 略有富集; 在另外一些情况下, 由于冬季暴

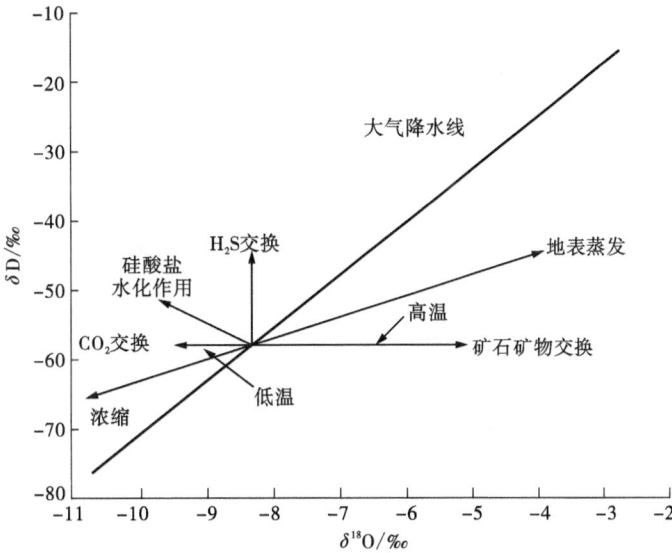

图 6-10　引起 δD 和 $\delta^{18}O$ 同位素组成偏离大气降水线的各种过程
(据 Schwartz and Zhang, 2003)

风雪气候对地下水选择性补给而造成 ^{18}O 略有亏损。然而，只有当地下水与岩石氧同位素储库中的氧发生交换时才可能导致地下水 $\delta^{18}O$ 组成出现显著变化；虽然浅部地下水与其围岩处于不平衡状态，但只是随着温度增加反应速率才能增大，从而才会发生显著的交换。深度超过 100 m 后，随着温度增高以及与地下水接触的矿物表面积更大，反应速率显著增大，足以使大气降水中的氧与围岩中富集 $\delta^{18}O$ 的矿物进行交换。一般说来，随着深度增加，$\delta^{18}O$ 的亏损梯度为 $(0.15‰\sim0.5‰)/100$ m，δD 为 $(1.2‰\sim4‰)/100$ m。

3. 硫同位素和碳同位素组成及其应用

1）硫同位素组成特征

自然界存在的含硫物种包括自然硫、硫化物和硫酸盐矿物、气相以及溶液中氧化态和还原态硫离子。有三种不同的 $\delta^{34}S$ 储库：

(1) 幔源硫，其 $\delta^{34}S$ 值约为 $0\pm3‰$。

(2) 现代海水硫，其 $\delta^{34}S$ 值约为 $+20\%$，但是这一数值在地质时期可能有所变化。

(3) $\delta^{34}S$ 为显著负值的强烈还原硫（沉积硫）。原始地幔相对于迪亚布洛峡谷陨石（CDM）的 $\delta^{34}S$ 的最佳估值为 0.5‰，与球粒陨石略有不同（$0.2‰\pm0.2‰$）；MORB 的 $\delta^{34}S$ 具有很窄的变化范围（$3‰\pm0.5‰$），代表亏损地幔的 $\delta^{34}S$ 值；岛弧火山岩具有较宽的变化范围（$-2‰\sim+20‰$）；花岗岩类岩石的 $\delta^{34}S$ 值（$-10‰\sim+15‰$）变化范围也很大。

2）碳同位素组成特征

碳在自然界既可以以其氧化态形式（CO_2、碳酸盐和复碳酸盐）也可以以其还原态形式（如甲烷和有机碳）存在，还可以呈自然状态（金刚石和石墨）赋存。

碳质球粒陨石 $\delta^{13}C$ 值变化范围较大，在 $-25‰\sim0‰$ 范围变化；金刚石和金伯利岩的 $\delta^{13}C$ 值为 $-8‰\sim-3‰$，通常以其平均值（$-6‰$）代表地幔碳同位素组成；MORB 的平均 $\delta^{13}C$ 为 $-6.6‰$；海水的 $\delta^{13}C$ 接近 $0‰$；海相碳酸盐的 $\delta^{13}C$ 为 $-1‰\sim+2‰$。

生物成因碳（有机碳）以亏损 ^{13}C 同位素为特征，甲烷是所有有机碳化合物中 ^{13}C 最为亏损的，一般形成于有机物质的厌氧发酵作用或者石油和干酪根在 100℃ 以上时的热分解作用，生物成因甲烷的 $\delta^{13}C$ 值约为 $-80‰$。

6.4　区域化探异常信息提取

地球化学异常信息提取是异常找矿理论的重要内容，我国自 1978 年开展"区域化探全国扫面计划"以来，积累了大量高质量的地球化学数据，如何从这些数据中有效地提取地球化学异常信息、提高找矿成功率，是勘查领域关注的焦点。以下介绍在实践中常用的一些化探异常提取的方法。

1. 传统计算法

运用传统计算法进行异常下限确定，应先对化探数据的正态性进行验证，验证其是否满足正态分布或者对数正态分布，并且必须满足这一前提条件。若数据满足该条件，求其平均值 X 以及标准离差 Sd，然后利用 $S=X+k\times Sd$ 计算异常下限，其中 k 可取 $1\sim3$，但是要根据实

际情况进行 k 值调整。若验证数据并不满足前提条件，那么需对原始数据进行二次处理，一般进行最高值、最低值的迭代处理，使数据满足或近似满足该条件。处理过程中，通常对大于 $X+3Sd$、小于 $X-3Sd$ 的异常数据进行剔值，一直到没有可剔数值存在，也就是说剔值后的数据要求全部在 $X-3Sd$ 与 $X+3Sd$ 范围之内，然后再来验证其正态性。一般来说，进行数据处理后，基本都能满足正态性分布。

2. 累积频率法

运用累积频率法确定异常下限，首先要对化探数据进行排序，然后确定一个异常下限值所对应的频率值，若确定的频率值与小于或等于其对应数据值的频率累加一致，那么该元素的异常下限值为确定频率值所对应的数据值。目前最常用的频率阈值为 85%，根据《地球化学普查规范(1∶50000)》(DZ/T 0011—2015)，使用累积频率的方法来确定异常下限时，可由实际情况取(85%~90%)频数的值作为异常下限值，采用第二级下限(92%~96%)、第三级下限(98%~99%)频数值将异常划分为外、中、内 3 级浓度分带。

3. 分形理论法

分形理论与方法已在本书第 4 章中重点介绍。分形分布中分维数与幂函数是分形的基础，也就是要求大于或者等于某一尺度的数目与尺度大小以幂指数关系存在。实际过程当中，一般通过找出观测尺度与观测量的幂律关系：

$$A(r) = C \times r^{-D} \tag{6-4}$$

公式(6-4)中 C 为常数，D 为分维数，r 为观测尺度，$A(r)$ 为 r 观测尺度对应的观测量。

以分形理论为基础的异常下限计算方法主要有含量-面积法、含量-个数法、分形求和法等。分形含量-面积法简称 C-A 分形法，由成秋明院士在 1994 年提出，是基于分形理论来研究含量与面积的关系，广泛用于化探异常提取的一种方法。C-A 分形的具体方法是将式(6-4)两端取对数，得出线性回归方程：

$$\lg A(r) = -D\lg r + \lg C \tag{6-5}$$

把观测尺度数据 r 和观测量 $A(r)$ 数据分别代入公式，然后运用最小二乘法进行直线拟合，计算参数 D。一般情况下采用多段分段方式来拟合，二维散点通常会分布在两段、多段直线上。为避免人为确定分段拐点所造成的误差，可采用最优法确定分界点，即找出合适的分界点，使各个拟合区间的直线与原始数据之间的残差平方和 E_i 在各区间的总和最小：

$$E = E_1 + E_2 = \sum_{i=1}^{j} \left[\lg A(r_i) + D_1 \lg r_i - \lg C_1 \right]^2 + \sum_{j+1}^{n} \left[\lg A(r_i) + D_2 \lg r_i - \lg C_2 \right]^2 \tag{6-6}$$

公式(6-6)中，r_i 为分界点，D_1、D_2 为相应区间的斜率，也就是分维数。若为多段直线拟合，则有多个分维数，利用分界点对应的浓度值即可确定异常下限。

4. 地质子区法

地质子区法是由于一些地区面积较大，地质、地理情况复杂，为了在实际工作中解决这个问题而逐渐形成的一种化探信息处理方法。地质子区法基本原理比较简单，主要根据不同地质单元的地化特征以及与成矿的关系，以地层和岩浆岩类型、形成时代等来进行地质子区的划分。然后根据研究地区具体地质、地球化学情况，选择一个子区来作为标准成矿背景子区,再依次计算出剩余每个子区的异常下限值。这相当于把地球化学背景面看作是一个个不同层次的平面,然后对每一个层面进行研究,并利用子区与背景区的关系系数,进行整体的分子区数据处理。整合统计全部处理过后的数据,再利用其他方法来确定出一个整体的异常下限值。地质子区法更多的是一个对数据进行削弱与强化的步骤。

5.趋势面分析法

趋势面分析的原理详见本书 2.4 节。化探信息的趋势面分析是指采用相应函数,分析在空间上的某一种相关地质指标的分布情况,利用函数所代表的面来拟合地质指标的空间变化,用于化探异常的分析研究。

趋势面法将地质变量分为 3 个部分:

$$Z_i = T_i + N_i + e_i \tag{6-7}$$

公式(6-7)中,Z_i 为观测值,T_i 为趋势值,N_i 为局部异常值,e_i 为随机因素。

进行拟合趋势面的函数较多,由于一些限制性,常用多项式中的二元二次多项式来拟合:

$$Z = a_0 + a_1 x + a_2 y + a_3 x^2 + a_4 xy + a_5 y^2 \tag{6-8}$$

$$Q = \sum (T - Z)^2 \tag{6-9}$$

公式(6-8)、(6-9)中 Z 为趋势值,x,y 为相对应的坐标,T 为观测值,Q 为残差平方和。根据公式,先利用最小二乘法让 Q 最小,再用 x,y,T 对方程进行求解。

实际操作过程主要是为了获得残差值。残差值为原始数据与趋势值的差,用正残差值来成图才能较好地表现出异常。因为残差值包含了 N_i 与 e_i 两部分,所以需要去除随机因素 e_i 造成的影响,否则就无法准确判断化探异常的形成原因。目前,随机变量可采用赵鹏大院士提出的用正残差的平均值来代替,并以此为依据来计算真正的异常分量 N_i,最后利用异常分量 N_i 数据来进行绘图。

课后思考题

1. 简述 Harker 图解的用途。
2. 简述三元系图解的作图步骤。
3. 稀土元素标准化图解提供了哪些信息?
4. 总结氢、氧同位素的组成特征。
5. 简述区域地球化学异常信息提取的方法。
6. 结合第 4 章内容,解释为何分形方法能用于提取地球化学异常信息。

主要参考文献

[1] 阳正熙,吴堑虹,彭直兴,等.地学数据分析教程[M].北京:科学出版社,2008.

[2] Harker A. The nature history of igneous rocks[M]. New York: Macmillan Publishing, 1909.

[3] Peacock M A. Classification of igneous rock series[J]. Journal of Geology, 1931, 39: 54-67.

[4] Boynton W V. Geochemistry of the rare earth elements: meteorite studies[J]. Rare Earth Element Geochemistry,

1984：63-114.

［5］Masuda A. Regularities in variation of relative abundances of lanthanide elements and an attempt to analyse separation index patterns of some minerals［J］. Earth Sciences，1962，10：173-187.

［6］Coryell C D, Chase J W, Winchester J W. A procedure for geochemical interpretation of terrestrial rare-earth abundance patterns［J］. Geophysical Research, 1963, 68(2)：559-566.

［7］Rollinson H. Using geochemical data：evaluation, presentation, interpretation［M］. New York：Longman Scientific & Technical, 1993.

［8］郑海飞，郝瑞霞.普通地球化学［M］.北京：北京大学出版社，2007.

［9］陈骏，王鹤年.地球化学［M］.北京：科学出版社，2004.

［10］Craig H. Isotopic variations in meteoric waters［J］. Science, 1961, 133(3465)：1702-1703.

［11］Rozanski K, Araguas-Araguas L, Gonfiantini R. Isotopic patterns in modern global precipitation［J］. Climate Change in Continental Isotopic Records, 1993, 78：1-36.

［12］王治华，谭俊，王凤林，等.多种区域化探数据处理方法及异常提取效果对比研究——以青海小河坝地区水系沉积物测量为例［J］.矿产勘查，2019，10(2)：321-332.

［13］胡青华，肖晓林，曹圣华，等.地球化学异常下限的含量-面积分形计算方法：以江西永平地区为例［J］.东华理工大学学报(自然科学版)，2011，34(2)：107-110.

［14］戴慧敏，宫传东，鲍庆中，等.区域化探数据处理中几种异常下限确定方法的对比——以内蒙古查巴奇地区水系沉积物为例［J］.物探与化探，2010，34(6)：782-786.

［15］成秋明.空间模式的广义自相似性分析与矿产资源评价［J］.地球科学，2004，29：733-744.

［16］李随民，姚书振.基于 MAPGIS 的分形方法确定化探异常［J］.地球学报，2005，26：187-190.

［17］施海鹏，魏俊浩，赵少卿，等.宁夏贺兰山北段1∶5万化探数据的含量-面积分形异常特征及找矿预测［J］.地质科技情报，2015，34(3)：71-79，95.

［18］赵伟，李佑国，汪等，等.地质子区异常下限衬值法在化探中的应用——以藏东八宿地区为例［J］.地球科学进展，2012，27(S1)：100-103.

［19］李随民，姚书振，韩玉丑.Surfer 软件中利用趋势面方法圈定化探异常［J］.地质与勘探，2007，43：72-75.

［20］Guo J, Huang X L, Zhang L, et al. Decoupling between Sr-Pb and Nd-Hf isotopes of Mesozoic mafic rocks in the eastern North China Craton：implication for multi-stage modification of sub-continental lithospheric mantle［J］. Lithos, 2023, 442-443：107096.

第7章　遥感信息处理

　　遥感技术作为先进的对地观测手段之一，已经广泛应用于区域地质调查、矿产地质勘查、工程地质勘察、环境地质勘查，以及地质灾害监测和预警中，成为地质信息技术体系的重要组成部分，并且发展成为专门的学科——遥感地质学。遥感地质信息的处理是以地质特征标志和地质模型研究为基础，结合物理手段和数学方法，对所获得的地球表面的遥感数据进行分析、解译，以求获得各种地质要素和矿产资源时空分布特征信息，从而揭示地壳结构、地质构造及矿产资源分布及其发生发展规律的一门综合性技术。

　　在数字计算方式下，遥感地质信息的理解与解译的发展趋势是尽可能地提高遥感图像中地质数据采集的自动化和智能化程度，即以地质信息科学为理论基础，综合数理统计、人工智能、神经网络、进化计算、数据挖掘和联机分析处理等方法和技术，在地质信息系统和专家系统的支持下，将地质学和资源学知识进行融合，挖掘遥感影像的地质含义，模拟地质专家对遥感影像的认知和理解，从而完成遥感影像的自动解译和综合决策分析，以满足动态研究和变化监测的需要。

　　遥感图像理解是以计算机系统为支撑环境，采用模式识别与人工智能相结合的技术，根据遥感图像中目标地物的各种图像特征(颜色、形状、纹理与空间位置)、地质数据库中的辅助数据，以及专家知识库中目标地物的解译经验和成像规律等知识，对遥感图像进行分析、推理、解释、预测和决策的过程。

　　遥感图像的地质学认知，是对地质空间信息的获得、储存、加工和使用。认知过程包括信息获取、特征数据采集、识别证据积累、特征匹配、提出假设与目标辨识(图7-1)。其基

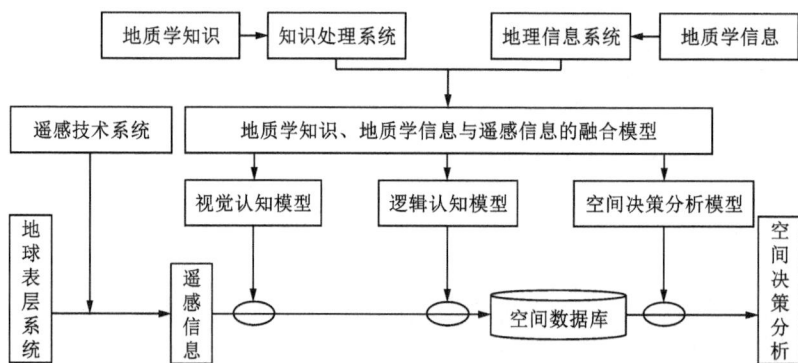

图7-1　遥感地质学认知过程描述(据吴冲龙，2008)

本问题是模拟地质学家对地质现象和地质过程的以逻辑推理、决策分析为主的心理活动，以及以知觉、视觉等生理活动为主的形象思维活动。两种思维方式在地质认知过程中相互作用、相互交融，且有主有次、相辅相成。地质学知识作为判断地质体、地质现象和地质过程的依据，以一定融合方式贯穿于整个遥感地质学认知过程。

遥感图像解译是从遥感图像上获取目标地物信息的过程。目前，遥感地质解译主要包括纯粹的地质专家目视解译和计算机解译。目视解译是指地质专家依据地物目标在遥感图像的波谱、时相、空间等方面的特征及所掌握的各种地质规律，采用肉眼观察方式来识别地物目标，采集地质专题的特征信息。其任务是判读出遥感图像中有哪些地物，分布在哪里，并对其数量特征给予粗略的估计。目视解译是遥感图像理解(计算机解译)的基础，若没有深刻理解影像的地质意义，就不可能得到正确的计算机解译结果。

7.1　岩石矿物的遥感识别机理

7.1.1　内部化学机制

目标体的光谱特性是遥感识别的理论基础。岩石是矿物的集合体，研究岩石的光谱特性，首先要研究矿物的光谱特性。矿物是由阳离子和阴离子组成的无机化合物，不同的离子以主要成分、次要成分或者微量成分出现在矿物中，并可能形成相应的吸收谱带。

电磁波作用在岩矿表面除了反射辐射形成反射光谱之外，还在某些波长上形成吸收光谱，而岩矿光谱在不同波长上形成反射、吸收和透射的原因是不一样的。当太阳光或其他的光波照射在岩矿表面时，光波粒子与岩矿物质中的原子、分子相互作用后，某些具有选择作用的原子、分子中的电子获得能量，并在可见光、近红外波长产生电子能级跃迁，形成特征谱带；而在短波红外中形成的特征谱带则是由某些具有选择作用的原子或者分子中的电荷耦合极性发生变化产生的。总的来说，任何矿物、岩石光谱吸收特征的成因都可以归纳为：在外来电磁波能量照射下，矿物、岩石表面与电磁波发生相互作用，受外来电磁波能量的激发而引起的物质内部的电子跃迁过程或振动过程。

岩矿内部结构、化学成分的改变会使光谱反射强度、谱带位置和吸收深度发生变化，而且矿物中如果有新的离子产生也会出现新的特征谱带，这使深入认识岩矿光谱细微变化与物质内部组分、内部晶格结构之间的信息关联，成为减轻或者消除外在物理影响因素的技术途径和提高遥感对地观测能力的关键。

1.电子跃迁

电子跃迁是产生吸收光谱最主要的原因，又分为下面几种情况。

(1)晶体场效应

所谓晶体场是指晶体结构中，阳离子周围的配位体和与阳离子成配位关系的阴离子或负极朝向中心阳离子的偶级分子所形成的静电势场。在晶体场理论中，电子占据尽可能多的轨道，当其进入晶体场时，受到静电的影响会产生晶体场效应，其能级发生分离。当电子向高能级跃迁时，物质中原子、电子便会选择性吸收入射光的能量，此时反射波谱便会出现吸收特征。晶体场随着元素的晶体结构而变化，因而物质内部微粒组成的细微变化将导致物质波谱谱形的变化，这使我们能够利用波谱特征对矿物进行区别和鉴定。

（2）电荷转移效应

在一些岩矿物质中，电子吸收了入射光的能量后，电子能级升高，可在相邻离子之间移动，但并没有完全变成游离的电子，这就是电荷转移。电荷转移产生的吸收作用是晶体场迁移的成千上万倍，谱带中心一般出现在紫外光范围，并向可见光范围内延伸，形成的吸收谱带可以作为矿物的诊断性吸收谱带。氢氧化物和铁氧化物产生红色的主要原因就是电荷转移的吸收作用。

（3）导带跃迁吸收效应

通常允许电子存在的能级包括导带和价带。进入导带的电子具有足够高的能量，可在晶格中自由运动，并为整个晶体所有原子所共有，称为自由电子。所谓导带跃迁是指通过吸收电磁波能量，电子从价带已填满的能级向导带的空隙跃迁，或者在同一能带内不同状态之间跃迁。能隙在某些电子中非常小或者根本不存在，而在一些电介质中非常大。一些矿物颜色往往由能隙产生，如硫的黄色。

（4）色心

在进行辐射照射时，具有完整周期势场的晶体不产生永久性的效应，一旦移除辐射源，受激发的电子就立即返回到它们离开时产生的带正电的空穴。但是，实际的晶体中总是存在的晶格缺陷却可以扰乱这种周期性。这些缺陷会产生分离的能级，当电子能落入这些能级中，就会被束缚在缺陷处，从而形成相应的光谱特征。缺陷的种类很多，最常见的是 F 色心，但具有色心的岩矿物质种类却比较稀少，其中主要都为卤化物。

2. 基团振动

任何一个由 N 个粒子组成的原子、分子或基团都有 $3N-6$ 种振动方式。基团结构中原子的数目、种类、空间几何排布以及它们之间结合力的大小决定了振动的数目和形式。当两个或两个以上的量子激发一个基本模式时，就会产生倍频，其谱带分布在基频的两倍、整数倍处或者附近位置。当两个或两个以上的不同基频或倍频振动同时发生时，在所有基频与倍频之和附近，就会出现合频谱带。地球上绝大多数物质，特别是岩石、矿物，分子或基团的弯曲和伸展振动一般出现在短波红外（SWIR）和中红外（MIR）波段上。而这些分子或者基团振动产生的光谱特征能够通过基谐振动、倍频振动和合频振动 3 种方式区分开来。其中，基谐振动出现在中红外（>3.5 μm）区间，而倍频和合频振动一般出现在短波红外区间。

7.1.2 外在物理机制

岩矿的光谱特征主要是由组成物质的离子、基团的晶体效应以及基团振动引起的，但外在的物理因素往往也会影响岩矿的光谱特征。因此，研究外在的物理因素对岩矿光谱特征的影响，对提高岩矿识别能力和精度有十分重要的作用。

1. 矿物颗粒效应

矿物颗粒会对光子散射和吸收的数量产生影响。当矿物颗粒越大，其内部光学路径便会增加，光子被吸收得越多，吸收作用就越明显；当颗粒越小，其表面反射将与内部光学路径成反比地增加，其反射的光子便会越多。这样，在可见光和近红外光谱区域，对于多级散射，随着岩矿颗粒的增大，反射率便会随之下降。

2. 视场几何

视场几何包括入射光角度、反射光角度以及相位角 3 个方面。在地表粗糙度的影响下，视场几何的变化将改变光线传播距离，还可能导致阴影的产生，第一表面的属性将转向多态散射。对于任何表面和任何波长，当多级散射处于支配地位时，视场几何的变化对波段吸收深度的影响将非常微小。视场几何关系仅会改变岩矿波谱的谱带强度，而不会对波谱的整体形态和吸收特征产生影响。

3. 矿物表面与风化效应

岩矿表面形态会对岩矿光谱反射强度产生影响，但是其谱带位置、偏移度则能保持稳定；而风化效应的影响比较复杂，光谱特征的变化呈现多样化。一般认为，在外界环境的影响下，随着风化作用的加强，原岩成分会发生一定的变化，其光谱特征也会随之变化。在岩石、矿物中，金属离子较为活跃，容易发生化学作用，如 Fe^{2+} 被氧化成 Fe^{3+} 时，其谱带位置发生漂移，反射强度也有所变化；阴离子基团对应的谱带位置、波形和偏移度则相对稳定，一般风化生成的蚀变矿物中羟基和水的谱带会得到增强。

4. 矿物混合

矿物混合大致可以分为线性混合、紧致混合、包裹混合与分子混合四种类型。矿物线性混合时，各组成成分之间没有多级散射，一般能简单地描述混合光谱特征。紧致混合、包裹混合和分子混合都为非线性混合。其中紧致混合各组分之间存在着多级散射，而包裹混合物中每一包裹层都是散射或者反射层，它们的光学厚度随矿物性质与波长而变化。分子级水平的分子混合则能使波长产生偏移。混合光谱的整体反射率一般介于参与混合的单矿物反射率之间，近似为混合单矿物光谱反射率的线性组合，特征谱带强度与矿物的百分含量基本呈线性关系。混合矿物中每种矿物的吸收特征在混合光谱中基本上都能有所反应，但明显会随着源矿物相对含量的减少而降低，部分较弱的吸收谱带有可能被完全掩盖。不同矿物的吸收谱带在混合光谱中会叠加为复合谱带，当混合矿物的吸收谱带相邻或者部分重叠时，复合谱带的表现行为较为复杂。一般情况下，如果各种矿物的吸收强度相差不大，复合谱带介于源矿物谱带之间；如果矿物间的特征谱带和相对含量差异较大，仍能从混合谱带中辨识出各自的特征谱带，但谱形会发生较大的变化。

5. 大气环境

在自然光下测量，大气环境对岩石光谱特征的影响明显。大气窗口的限制、风力的随机变化、气温、气压及能见度等都会造成岩石光谱曲线形态的变化。

7.2　常见岩石与构造的遥感解译标志

如前所述，不同地质体和地质现象有不同的遥感图像特征，其差别源自岩石的反射光谱特征。遥感信息具有多源性、宏观性、周期性、综合性和轻量化等特点，其中，能用于识别地质体和地质现象，并能说明其属性和相互关系的图像特征，称为地质解译标志，包括直接地质解译标志和间接地质解译标志。能直接看到的图像特征，如形状、大小、色调、阴影、花纹等，称为直接地质解译标志；而需要通过分析和判别才能获知的图像特征，称为间接地质解译标志。

7.2.1　岩石的反射光谱特征

岩石的反射光谱特征与岩石本身的矿物成分和颜色密切相关，是解译和提取岩石和地层信息的主要依据。一般来说，随着SiO_2含量的减少和暗色矿物含量的增高，岩浆岩的颜色由浅变深，光反射率也随之降低。例如，以石英等浅色矿物为主的花岗岩类岩石具有较高的光反射率，在可见光遥感图像上表现为浅色色调；以铁镁质等深色矿物为主的玄武岩和橄榄玄武岩类岩石总体光反射率较低，在影像上表现为深颜色和深色调(图7-2)。

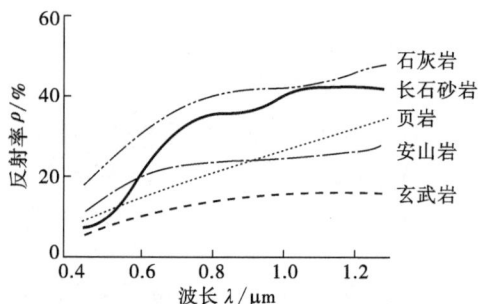

图7-2　几种岩石的反射波谱曲线
（据吴冲龙，2008）

岩石光反射率还受到岩石的矿物颗粒大小和表面粗糙度的影响。如果矿物颗粒比较细，岩石表面就比较平滑，光反射率也就比较高；反之，光反射率就比较低。岩石表面湿度对光反射率也有影响，当岩石表面较湿时，颜色变深，光反射率降低。此外，岩石表面风化程度对光反射率也有影响，当风化物颗粒比较细时，岩石表面比较平滑，则光反射率较高；当风化物颗粒比较粗时，岩石表面就比较粗糙，则光反射率比较低。在通常情况下，完整的岩石表面比破碎的岩石表面反射率要高。

在野外，岩石的自然露头处往往有土壤和植被覆盖。这些覆盖物对光谱的影响取决于覆盖的程度和特点。如果岩石全部被植物覆盖，遥感图像上显示的均为植被信息；如果部分覆盖，则遥感图像上显示出综合的光谱特征。

7.2.2　岩石与构造的解译标志

1.岩浆岩的图像特征

岩浆岩的图像特征包括几何形态、光反射率和色调等几方面。

岩浆岩岩体遥感图像几何形态的特征是：比较规则，常成圆、椭圆、透镜状、脉状等；除少数熔岩外，多数缺少层理影像；出露规模较大者，常呈环状和放射状，也常见大型节理或者脉群分布其中。岩浆岩光反射率的高低、色调的深浅，与岩浆岩的 SiO_2 含量、色率的大小近似成正比关系(表7-1)。

表7-1　岩浆岩的色率与反射率(据朱亮璞, 1994)

岩类	花岗岩	花岗闪长岩	石英闪长岩	闪长岩	辉长岩	辉绿岩	纯橄榄岩
色率/%	9	16	18	35	35	38	98
反射率/%	30~50	16~30	16~30	16~30	10~15		<10

酸性岩浆岩以花岗岩为代表，反射率较高，影像色调较浅，易与围岩区分开。大型岩基多呈圆穹状、纺锤状或边缘不规则的块状，而单个中小型侵入体的岩株、岩枝、岩盘等常呈圆形、椭圆形、透镜状、串珠状或大脉状。可识别的组合形貌表现为：具有环形图像特征的穹状山丘，或在中低山地区内出现带有剥蚀残丘的丘陵盆地；构成粗斑状、姜块状、鸡爪状等较特殊的影纹图案；由于球形风化和节理对冲沟、小水系发育的控制，钳状、树枝状、放射状以及环状水系较为发育。

基性岩浆岩的反射率较低，色调最深，大型侵入体少见，外形多为团块状、链状、大脉状，沿区域性大断裂、强烈褶皱带、板内构造缝合带呈带状产出。新鲜的辉长岩、橄榄岩颜色暗，其铁镁质暗色矿物极易遭受风化而褪色，形成洼地，难以与围岩分开，不容易识别；零散小型基性岩体也较难提取。但是，利用航空重磁与遥感多源信息复合资料，并配合区域大型构造解译资料，可提高对其特征信息的提取能力。

中性岩的色调介于酸性岩和基性岩之间，常以大面积喷出岩形式分布，没有特定的外形。在我国东南部地区，大片安山岩类喷出岩构成山脉的主体。大型的中性岩体常被区域性裂隙分割成棱角分明的山岭和V形河谷，水系密集而短小。

岩脉是分布较广的小型浅层侵入体，具体如下图像特征：常成群、定向，以平行、雁列、共轭、环形、放射状等组合形式产出，单条岩脉多呈长条状、链状和透镜状；成群脉岩受区域断裂控制，沿某些区域断裂方向展布；花岗斑岩、伟晶岩等长英质岩脉的色调浅，抗风化能力较强，常构成线性垄岗、陡壁；辉绿岩、煌斑岩脉的色调常较围岩稍深，易风化成狭长沟谷或线性槽地；脉岩有时因含金、宝石、稀有金属而成为矿脉。

2. 变质岩的图像特征

变质岩在可见光、近红外、短波红外波段(0.4~2.5 μm)的反射波谱特征，主要是由铁、锰、铜等金属离子和羟基、碳酸根离子及水所引起的。

区域变质岩在变质岩类中分布最广，其基本特点是：正变质岩的图像特征与岩浆岩相近；而副变质岩，尤其是轻微变质的沉积岩，图像特征与沉积岩近乎相同。原来岩性并不相同的岩石，随着变质程度提高，化学成分、矿物组成、岩石结构和构造都渐趋一致，尤其是混合岩化和深变质的岩石，其波谱特征和地貌景观特征都难以区别。

区域变质岩的影像特征是：微地貌、微水系及冲沟发育，常受劈理、节理的控制；有时会看到隐约显示的细纹线构造；常见由绢云母化、绿泥石化、滑石化、石墨片岩化、千枚岩化夹层构成线状的槽、沟地形；偶见由大理岩、石英岩、磁铁石英岩夹层构成的脊状突起正地形；

遭受风化剥蚀形成皱纹状、密集蠕虫状等影纹图案，以及环状、弧状构造标志；千枚岩及板岩的图像特征与页岩、粉砂岩极为相似，易于风化，多成低丘、岗地或负地形，地面水系发育；片岩、片麻岩的图像特征与侵入岩相似，有时可识别出深色矿物和浅色矿物集中的扭曲条带；石英岩中 SiO_2 矿物集中，色调变浅，强度增大，多形成轮廓清晰的岭脊和陡壁；大理岩与石灰岩相似，也可以形成喀斯特地貌。

接触变质岩和动力变质岩类分布不广，规模小，只沿着区域大断裂带展布，如郯庐断裂带及哀牢山断裂带等。这类岩石较为松散，不持水，植被不发育，易风化为低地形。

3. 沉积岩与松散沉积物的图像特征

沉积岩最大的特点是其成层性。胶结良好的沉积岩，出露充分时，可在较大范围内呈条带状延伸。在高分辨率的遥感图像上可以显示出岩层的走向和倾向。由于抗蚀程度的差异和产状的不同，沉积岩常形成不同的地貌单元。坚硬的沉积岩如石英砂岩等常形成正地形，如与岩层走向一致的山脊；较松软的泥岩和页岩常形成负地形，如条带状谷地；水平的坚硬沉积岩常形成方山地形、台地地形或长垣状地形；倾斜的、软硬相间的沉积岩，常形成沿走向排列的单面山或猪背山，并与谷地相间排列。

石灰岩等可溶性岩石在不同气候带下可形成不同的地貌特征。在高温多雨的气候带内，岩石被溶蚀的速度快，形成各种典型的喀斯特地貌，如峰林、溶蚀洼地等。在高分辨率的卫星影像上，可以观察到峰林及溶蚀洼地内的石芽、石林、落水洞、盲谷，以及地下河的潜入点和出露点等中小型的喀斯特地貌。在中低分辨率的卫片上呈现一种特殊的劈麻状构造图像。在半干燥区和干燥区，石灰岩化学溶解作用较弱，成为较强的抗物理风化的岩石，地表缺乏典型的喀斯特地貌，图像特征不明显。但由于地下喀斯特有不同程度的发育，地面水系较稀少，山地呈棱角清晰的岭脊，可以通过反射光谱曲线，以及空间特征、水系等特点与其他岩石区分开来。

粗碎屑岩包括中粗粒砂岩、砾岩、含砾砂岩等。这类岩层坚硬、抗风化、成层性好，性脆而节理发育，一般呈较典型的条带状空间特征，边界比较清晰，形成的山岭、谷地也较清晰。如果大片粗碎屑岩出露，岩层三角面反而发育不好。粗碎屑岩有时因球形风化和沿陡崖崩塌等原因，在全色黑白图像上呈粗糙的斑块或斑点状影纹。在长江和珠江流域，由砂砾岩组成的中新生代"红层"，产状平缓、层理不明显，风化表面具有强烈铁染，红层中的含钙质砂砾岩球形风化后，构成类似岩溶峰林地形的特有的丹霞地貌，易于识别。节理与层理对微地貌和微水系的控制明显，常构成桌状山、平顶山、猪背岭、单面山，以及垄状小山脊、陡崖、阶梯状陡坎等地形。水系以羽状、菱格状、树枝状为主，密集度较小，末级小水系与局部层理和节理分布一致。

第四纪的洪积、冲积、坡积、残积物和风成沉积物分布非常广泛。一般来说，洪积物多位于山前地区，色调通常较浅，外貌上呈扇状，上有掌状水系或辫状水系；冲积物通常呈大面积分布，色调较浅而均匀，常见蛇曲河流；坡积物、残积物常见于山麓中、残丘上和陡崖下，色调也比较浅，规模较小而形貌不规则；风成沉积物包括沙漠和黄土，常呈巨大面积分布，内中水系少见而多有大规模波状纹理。

总之，由于特征信息不显著、不稳定，并且具有多解性，岩石、地层信息的提取一般难度较大，效果较差。就内部条件而言，岩石成分、颜色、结构、构造以及抗风化能力的差异，会导致同类岩石光辐射与反射强度不同，而不同类岩石光辐射与反射强度却可能相同；就外部条件而言，气候条件、植被、人类活动的影响，使同类岩石的产状、裂隙、风化程度千差万别，再加上图像比例尺、图像质量等的影响，一些岩石的固有特征如规模和形貌可能被掩盖或者被改造，以致无法用作辅助识别标志。因此，岩石、地层信息的提取要结合研究区的实际情况，采取分层次的综合方法，先进行大地层单元的信息提取，再进行小地层单元、岩层和岩体的信息提取，最后进行岩性和岩相的信息提取。

4. 地质构造的图像特征

在遥感图像上能有效地识别大、中、小型构造，而且可以结合地质、地球物理、地球化学等对区域构造和深部构造进行综合研究。遥感图像不仅能把构造形迹的细节真实地反映出来，而且由于感测面积大、视域辽阔，有利于地质构造的对比及全貌的辨认，还可以根据宏观的大构造控制局部小构造的规律来理解构造体系的分布，根据深部基底构造控制和影响盖层构造的规律，来分析研究某些局部构造、盖层构造的细节。

从遥感图像上获取的地质构造图像特征反映了：①各种构造形迹的形态特征、产状和尺度；②各种构造形迹的空间展布及组合规律；③各种构造形迹的性质和类型；④各种构造形迹的分布规律及其地质成因；⑤区域构造的总体特征及性质。

5. 岩层产状的图像特征

1）水平及近水平岩层

倾角小于 5°的岩层称为水平岩层或近水平岩层。在平坦地区，由于地形剥蚀，切割轻微，地表通常只出露最上部的层系，因而在遥感图像上的色调、水系、纹理等图像特征都显得单一而均匀；在地形遭受强烈切割的地区，下伏岩层被剥露，较新的岩层分布在山顶或分水岭上，而较老岩层出露在河谷、冲沟等低洼处，在遥感图像上表现为不同色调或微地貌条带围绕山体或山梁呈封闭的同心环状、贝壳状、花边状等影纹图案。如果产生差异风化，将会形成阶梯状地形，方山、桌状山、平顶山发育，也容易出现深切的河谷，形成千沟万壑的地貌景观。水平岩层的图像特征有时与人工梯田或经剥蚀的褶皱构造的图像特征相似，在进行解译和计算机处理时应注意区别。

2）倾斜岩层与单斜构造图像特征

倾角在 5°～80°之间的岩层为倾斜岩层，是最常见的岩层形态。由于产状和地形切割程度不同，可以形成各种复杂的图像特征。在地势平坦地区，因未受侵蚀切割或切割很微弱，倾斜岩层在遥感图像上表现出与直立岩层相似的图像特征，很难判断其倾向和倾角；在地表遭受强烈切割的地区，倾斜岩层在遥感图像上表现为受不同色调或微地貌条带影响的一系列平行折线状、锯齿状、弧线状等图像特征。

单斜构造是指在一个地区内向同一方向倾斜，倾角也大致相同的一套倾斜岩层，根据其倾角陡缓和坚硬程度，倾斜岩层常形成单面山、猪背岭等地形。缓倾斜或中等倾斜的坚硬岩层常顺着地形的坡向裸露在山坡表面，形成单面山地形。单面山地形发育区在遥感图像上表现为山脊互相平行且延伸很远，山脊两侧不对称，顺岩层倾斜方向形成顺向缓坡，与岩层倾向相反的方向形成逆向陡坡。单面山地区的河流常沿岩层走向发育，河流两侧的支流或冲沟的发育程度有明显差别。顺向坡上支流长而稀疏，次级冲沟较少；而逆向坡上支流短而密，且沿着岩层层理方向发育有密集的次级冲沟。

3）直立岩层的图像特征

倾角大于80°的岩层称为直立或近于直立的岩层。其遥感图像特征主要表现在不同色调或微地貌组成平行的直线状或弧线状条带，沿走向穿越沟谷、山系时，不受地形起伏的影响，始终保持既定方向。坚硬的直立岩层常形成两侧对称的平直山脊或脊垅状地形，而软弱岩层则形成平直的槽沟洼地，两者组合成"肋状"地形。当岩层直立时，可以直接根据其出露宽度确定岩层的厚度。

6. 接触关系的图像特征

在地层及岩层的接触关系中，主要有整合接触和不整合接触关系两种类型。

1）整合接触关系

不同岩层呈整合接触时，其遥感图像的色调及反映岩层层理的纹理通常没有明显变化。但如果整合接触的两套岩层的岩性差别太大，则接触界线比较清晰。

2）不整合接触关系

地层之间不整合接触的图像特征主要表现为界线两侧地层产状、岩层颜色、色调和地形地貌不同，造成岩层褶皱类型、褶皱方向和断裂发育程度不同。岩浆岩与地层之间侵入接触关系的图像特征主要是两侧的岩性不同，一侧为岩浆岩，另一侧为岩层，造成色调、纹理、形貌、水系等明显不同，接触线呈不规则的曲线。

7. 褶皱构造的图像特征

褶皱构造信息处理的基本任务是：确定褶皱构造的存在；分析褶皱构造的形态和类型；研究褶皱的内部构造及褶皱的组合形态特征；研究褶皱构造与其他构造的关系并分析褶皱构造的形成机制。在遥感图像上研究褶皱构造，可以先在小比例尺图像或镶嵌图上进行图像特征总体观察，识别褶皱构造的总体轮廓，然后在适当的部位选择较大比例尺相片进行立体观察，进行褶皱要素的解译和测量，掌握褶皱的类型、性质，最后结合大、中、小比例尺图像的综合解译分析，研究褶皱与其他构造的关系。

褶皱构造具有如下图像特征。

（1）特定的形态标志。由于不同岩性风化后产生色彩、地形地貌、含水率、植被类型和疏密等差异，在遥感图像上表现为不同色彩、色调的条带状影像呈闭合的或半闭合的圆形、椭圆形、长条形，并具明显的对称性特征。

（2）构造地貌对称性分布。岩层三角面、单面山、猪背岭等构造地貌沿某一界面对称重复出现，是判断褶皱存在的重要标志。

（3）影像相同或相近的岩层对称重复出现。图像上岩层的对称重复主要表现为不同色调（色彩）的条带呈对称重复分布。当岩层厚度较大或岩层间岩性差异明显时，反映为不同的微地貌组合，不同的植被、土壤条带及不同的水系、花纹的对称重复出现。

（4）转折端标志。褶皱转折端的图像特征是具有三角面的岩层有规律地偏转，构成马蹄形、弧形等几何形态。在遥感图像上，褶皱转折端都显示出一坡陡、一坡缓的弧形山脊的图像特征。缓坡向外的可能为背斜的外倾转折，缓坡向内的可能为向斜的内倾转折。转折端标志的确认，是从遥感图像上判明褶皱存在的重要标志，而内、外转折端性质的确认，是褶皱性质和产状要素(倾向)的解译依据。

(5)水系标志。褶皱两翼的大河流通常沿着两坚硬岩层间的软弱岩层平行于岩层走向流动，支流则顺着顺向坡及逆向坡流下。支流的相对长度、疏密程度及类型可为推断岩层的倾斜方向提供线索。褶皱转折端可能由主河道的弯曲绕行及撒开状或收敛状的水系形式反映出来。一般正常褶皱的两翼往往有对称或相似的水系形式。放射状、向心状、环形水系是褶皱较为常见的水系类型。有时，河流也沿着背斜脊部的纵向断裂发育，以致经过长期的剥蚀演化，反而在背斜部位形成山谷，而在向斜部位形成山脊。

8. 断裂构造的图像特征

断裂构造的影像通常表现为线形体，但线形体并不都是断裂构造。一般使用中、小比例尺卫星遥感图像来解译区域一级、二级断裂和基底构造，用中比例尺卫星遥感图像来解译区域三级、四级断裂，而用大比例尺航空遥感图像来解译表层局部小型断裂构造。充分利用航、卫片上的断裂构造信息，不但可以弥补对野外断裂构造研究的不足，发现新的构造，而且还可以发现、修正由地面观察的局限性所造成的对某些断裂构造勾画上的失误。断裂构造图像信息的主要标志是色调异常和线形体形态，其次为所处构造位置及相关关系等，可归纳为直接标志和间接标志两类。

1)断裂构造的直接标志

①断裂带直接出露，大的断裂带多由两条以上的平行断裂组成，在遥感图像中呈明显的线形带状色调异常，构造破碎带沿异常带分布，包括碎裂岩、糜棱岩、劈理密集带和小断裂密集带，带内出现地层拖曳、陡立、倒转和强烈的挤压褶皱，以及构造岩块、透镜体、断层三角面、断层崖等。②地质体、地层、接触界线、地质构造线等，被明显错开和位移。③断裂两侧地层产状出现突然变化。

2)断裂构造的间接标志

①明显的线状色调异常，多为浅灰色或暗灰色线状特征。引起色调异常的原因包括岩石、坡积、土壤、植被等的颜色、成分、结构、构造、湿度、富水程度、粗糙度，以及土地利用等不同。如第四系沉积层中，富水断裂可使地表湿润，植被生长旺盛，而显较深的色调；而差异沉降可使断裂两侧的沉积层中的含水量不同，造成显著的色调差异。②线性负地形。在遥感图像上常表现为负地形呈线形延伸，具有明显的方向性，与周围地形、水系格局不协调，形状窄而长、边界平直、呈串珠状，有时成组平行出现。③小侵入体、脉岩、矿体、矿化体、残山等呈线状排列。④水系特征变异，常出现格状水系、角状水系。总结来说，平行排列的河流、直线段河谷、河流的角状拐折、河谷由窄变宽、跌水陡坎、瀑布、对头沟、对口河等一系列河流的变异可连接成直线状，均反映了断裂的存在。当然，岩性的变化也能引起上述河流的变异，但所影响的范围不及断层。

7.3 遥感信息的预处理、增强与分类

因遥感提取对象不同，遥感信息提取的框架和流程有所差异，本书以地质勘查领域常见的矿化蚀变提取任务为例，介绍利用 ETM 数据进行遥感信息提取的方法。

遥感图像的地质信息处理分为三个层次：

(1)利用计算机完成遥感图像的复原处理，校正遥感仪器在获取数据过程中产生的误差、畸变和干扰，即遥感图像预处理；

(2)根据各种应用目的，对遥感图像进行增强处理和分类，改善影像的视觉效果和可判识性；

(3)采用人工干预方式，进行机助目视判读，完成对目标地物的识别和提取。遥感图像地质信息处理的基本方法是数字图像的数值变换，包括预处理、增强和分类。

7.3.1 遥感图像的预处理

由于各种因素的影响，遥感图像存在一定的辐射量失真和几何畸变现象。预处理就是对原始数据的初步处理，主要目的是标定图像的辐射度量和校正几何畸变。

1.遥感图像的辐射量校正

消除图像数据中辐射量失真的过程称为辐射量校正。遥感图像的辐射误差校正包括三个方面：(1)传感器的灵敏度特性引起的辐射误差改正，如光学镜头的非均匀性引起的边缘减光现象改正、光电变换系统的灵敏度特性引起的辐射畸变校正等；(2)光照条件差异引起的辐射误差改正，如太阳高度角的不同引起的辐射畸变校正、地面的倾斜引起的辐射畸变校正等；(3)大气散射和吸收引起的辐射误差改正。

2.遥感图像的几何校正

因变形而致像元坐标在图像坐标系与地图坐标系中的差异的消除过程，称为遥感图像的几何校正(geometric correction)。遥感图像的变形表现为位移、旋转、缩放、放射、弯曲和更高阶的歪曲，或者像元相对于地面实际位置产生挤压、伸展、扭曲或偏移。对于系统性变形，校正前后相应点的坐标关系可以用严格的数学表达式来描述；对于随机畸变，可选择一个适当的多项式来近似描述，多项式的系数根据控制点的图像坐标和

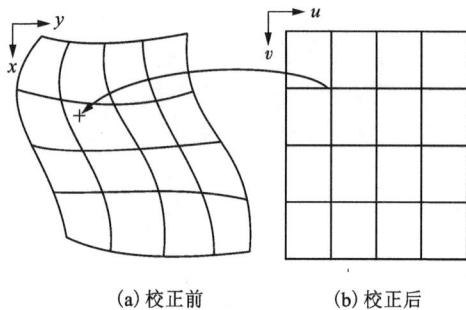

(a)校正前 　　(b)校正后

图 7-3　几何校正原理示意图
(据吴冲龙, 2008)

地图的理论坐标用最小二乘法求解，再对图像进行几何校正(图7-3)。

7.3.2 遥感图像的增强处理

图像增强处理是指借助光学技术或电子计算机技术，来增强感兴趣地物和周围地物图像间的反差的一种处理技术。两幅或多幅单波段图像，完成空间配准后，通过一系列数学运算，可以使图像更为清晰，目标地物的标志更为明显突出，更易于识别，从而实现图像的增强，达到提取某些信息或去掉不必要信息的目的。

1. 彩色合成法

这是一种通过对单波段图像赋予单一颜色，然后加以彩色图像合成，以便提高地物识别能力的图像处理技术。彩色合成图像有真彩色合成图像和假彩色合成图像两类。前者的颜色与地物颜色基本一致，后者的颜色与实际地物不一致。真彩色合成图像是对红色、绿色和蓝色波段的图像，分别赋予红色、绿色和蓝色的合成结果。假彩色合成图像是对近红外、红色和绿色波段的图像，分别赋予红色、绿色和蓝色的合成结果。

2. 对比度变换法

对比度变换是一种通过改变像元的亮度值来改变像元间的对比度，从而改善图像质量的图像处理技术。因为亮度是辐射强度的反映，所以对比度变换也称为辐射增强。常用的方法是对比度线性变换和非线性变换。在进行像元亮度值的变换时，如果使用的变换函数是线性的或分段性的，这种变换就称为线性变换；如果使用的变换函数是非线性的，这种变换就称为非线性变换。

3. 波段组合法

该法是根据图像的统计数据或岩石的波段特征，得出信息量最丰富的波段组合，来增强图像、提取信息的图像处理技术，主要有如下几种方法。

(1) 图像数据特征分析方法。根据子区内各波段亮度值分布范围、均值和标准差特征及各波段间的相关系数大小进行波段组合。

(2) 波谱分析方法。地物波谱反射率是由地表最上层物质所决定的，这些物质包括植被、土壤和岩石。岩石波谱特征是裸露区波段组合的重要依据之一。评价单波段或多波段组合图像信息等级的客观标准，是该图像所反映的地质单元信息容量。对图像信息等级的另一种评价方法是统计方法，主要统计参数有波段均值与标准差、波段组合系数。其中，波段均值用来评价多光谱遥感图像信息的基本结构，波段之间的均值差异越显著，图像波谱信息容量就越大；波段组合系数(OLF)可用来定量评价某一种波段组合方案的波谱差异显著性。波段组合系数用下式求得：

$$OLF = \sum_{i=1}^{n} S_i / \sum_{i=1}^{n} |r_i| \qquad (7-1)$$

式中：S_i 为波段的标准差向量；$|r_i|$ 为波段组合中每两个波段之间的相关系数；n 为波度数，对于彩色合成或波段比值合成方法，n 一般为3。OLF 值越大，说明其波段组合中的图像相关性越低，具有较强的波谱差异，且各波段反射亮度值的动态范围大，图像信息容量就大。

(3) 协方差矩阵评价。协方差矩阵评价可较明显地显示波段之间像元亮度值的总体差异，是判定图像信息量的一个重要参数。波段间方差值愈大，说明两个波段的光谱信息各自愈独立，能较好地反映岩石或地物的反射波谱特征。

4. 差值增强法

这是利用同一地物的光谱反射率之间的差来突出地物动态变化的一种技术。两幅同样行、列数的图像，对应像元的亮度值相减即差值运算：

$$f_D(x, y)=f_1(x, y)-f_2(x, y) \qquad (7-2)$$

不同地物的光反射率差值不同，当两波段亮度值相减后，差值大的地物就被突出来了。差值运算常用于研究同一地区的动态变化，如监测矿山露天开采和尾矿堆放状况的变化，监测森林火灾发生前后的变化和计算过火面积，监测水灾发生前后的水域变化、受灾面积及计算损失，监测城市的扩展过程和侵占农田的情况等。有时为了突出边缘，起到几何增强的作用，也可以用差值法将两幅图像的行、列各移一位，再与原图像相减。

5. 比值增强法

比值增强法是通过比值处理来突出类别或目标信息的技术。比值是两个波段对应像元的亮度值之比，或几个波段组合的对应像元亮度值之比。用比值形成的新图像，可以扩大物体的色调差别，突出构造形态和岩性特征，消除地形阴影对地物图像特征的影响。此外，比值运算对浅海区的水下地形、土壤富水性差异、微地貌变化、地球化学反应，以及与隐伏构造信息有关的线性特征等，都能有不同程度的增强效果。

比值运算是两幅同样行、列数的图像对应像元的亮度值相除，即

$$f_R(x, y)=\frac{f_1(x, y)}{f_2(x, y)} \qquad (7-3)$$

比值运算能检测波段的斜率信息并加以扩展，突出不同波段间地物光谱的差异，提高对比度。遥感图像的比值处理方法主要有如下两种。

(1)保持各波段图像相关性的比值处理。为了使单波段图像的灰度差别不至于过大，可取 TM4+TM5+TM7 为分母，分别以 TM4×TM4，TM4×TM5，TM4×TM7 为分子的组合方式，所得假彩色比值图像，能消减地形起伏引起的阴阳坡亮度值差异，提高细部反差，增强不同岩性图像纹理之间的变化关系。

(2)按特定典型光谱值求波段间的比值。由于与羟基有关的吸收作用控制了 2.2 μm (TM7)波段响应，但不影响 1.6 μm(TM5)波段，故使用 TM5/TM7 波段的值会增强黏土和碳酸盐岩地区；而 1.48 μm 波段位于铁离子电荷的强烈转移吸收位置，TM(1.6 μm)/TM (1.48 μm)即 TM5/TM1 波段值可以突出地面铁离子含量的变化情况，从而会增强含铁矿物的信息，同时可克服比值图像失去地物总反射强度信息的不足。

6. 主成分分析法

岩石在各个波段的反射率近似，使得多波段图像的各个波段高度相关。主成分分析法是对原始多光谱或多向量图像进行空间线性正交变换的一种处理技术。其要点是把数据重新分布在多维空间中的另一坐标系中，产生一组新的成分图像，使高维图像降到低维的最佳波段组合而不损失原图像的模式特征信息。新图像的各成分之间互不相关，突出了模式类别间的差异性，可增强区分构造和岩性的能力。主要有如下几种方法。(1)选择 TM1、TM2、TM3、TM4，TM5 和 TM7 这 6 个波段做主成分分析，根据特征向量矩阵分析，第一主成分图像包括地形、土壤和植被方面的信息，第二、第三主成分图像反映了 TM1、TM5 和 TM7 波段的信息，利于岩性线性识别。(2)将 TM 多波段图像分成 3 组，这 3 组图像中，组合方式为 TM1、TM2、TM3，TM3、TM4、TM5，TM4、TM5、TM7。每一组的图像间都是高度相关的，对每一组图像进行主成分分析，第一主成分含有相关的混淆信息，而第二主成分则是要提取感兴趣的信

息。(3)选择 4 个波段 TM3、TM4、TM5 和 TM7 作为输入数据，相关矩阵表明所选波段呈高度正相关。第一主成分图像与原始数据相关性很高，第二、三、四主成分余项的总方差很小，但这些图像最有助于识别岩性的变化。(4)对 TM1、TM2、TM3 和 TM5、TM7 两个波段组进行主成分分析，然后用 TM4 和这两个波段组的第二主成分图像进行彩色合成处理。(5)利用多波段的原始图像与比值图像进行组合做主成分分析。选择 TM7、TM4、TM2 和 TM4/TM1，TM3/TM1 比值图像进行主成分分析，根据特征向量矩阵选择 TM7 和 TM4/TM1，TM3/TM1 各自的最高载荷因子所在的主成分图像做彩色合成。(6)监督主成分分析。以上的主成分分析方法都是针对全图像的总体分布特征，即主成分分轴的大小和取向取决于各波段图像的计算特征和特征向量的协方差矩阵。在实际应用中有时为了达到增强地质对象的目的，压制其他干扰因素的影响，将图像中局部地区或感兴趣目标区域的特征向量矩阵应用于整个图像，对全图像进行主成分变换，以达到增强和提取主要研究对象信息的目的。

7. 图像线性拉伸与直方图均衡化增强法

这种处理是图像数字处理的基本技术之一，主要包括拉伸、直方图均衡化、比值、滤波等。通过增强可以突出图像中有用的信息，使其中感兴趣的特征得以加强，如岩性、线性构造和面状水体等的图像会变得清晰，解译性提高。增强处理按图像的信息内容可分为波谱特征增强(突出灰度信息)、空间特征增强(突出线、边缘、纹理结构特征)及时间信息增强(针对多时相而言)。从数学形式上看，又可划分为点处理(如线性扩展、比值、直方图变换等)和邻域处理(如卷积运算、中值滤波、滑动平均等)。

为了突出特定的地物类型，需要做特定方式的增强处理。不同的处理方式，可获得不同效果，其中的最佳对应基本上不存在规律。往往会因为某一特征的增强，而压制另一特征。所以，处理方式的选择，取决于反复的数学分析、物理试验和前人经验。

8. HIS 彩色空间变换法

多光谱遥感图像波段间都存在一定的相关性，较高的相关性导致假彩色合成图像的饱和度过窄，颜色层次少，不利于地质信息提取。HIS 彩色空间变换处理可以降低多光谱之间的相关性，有助于遥感图像地质体的信息提取。

遥感图像的 RGB 空间是由任意的 3 个波段或者 3 个组分图像经假彩色合成的。当 RGB 空间的 3 个波段或图像变量之间相关程度很高时，需先将其变换到 HIS 空间，再调整所得到的 3 个新变量，以便提高彩色显示效果。HIS 变换主要有如下两种方法：(1)彩色合成图像的饱和度和色调增强。为了改变高相关图像数据的强度(I)动态范围很宽，而饱和度(S)、色调(H)变化范围很窄的状况，应把 S 和 H 分别进行反差扩展，降低 H、I、S 之间相关性，再与 I 一起进行假彩色显示。(2)波段比值 HIS 变换。对有特定辐射或反射意义的波段比值做 HIS 变换，以便增强含某些特殊矿物的岩石的信息。

9. 空间滤波法

空间滤波是指应用滤波函数对输入图像做改进的一种几何增强处理技术。其目的是消除噪声、清晰图像、增强边缘及线条、突出图像上某些特征。其要点是根据相邻像元之间的关系，采用空间域中的邻域处理方法来进行平滑和锐化。当图像中出现某些亮度变化过大的区域，或出现不该有的亮点(噪声)时，采用平滑的方法可以减小变化，使亮度平缓或去掉不必要的噪声点。具体方法有均值平滑、中值滤波。相反，为了突出图像的边缘、线状目标或某些亮度变化率大的部分，可采用锐化的方法，甚至通过锐化直接提取出需要的信息。锐化后的图像已不再具有原遥感图像的特征而成为边缘图像。常用的方法有罗伯特梯度、索伯特梯度、拉普拉斯算法、定向检测。

空间滤波通常采用 $n \times n$ 的矩阵算子作为卷积函数。其计算公式如下：

$$g(i, j) = \sum_{K=i-w}^{i+w} \sum_{I=j-w}^{j+w} f(K, I) \times h(i - k, j - I) \qquad (7-4)$$

式中：f 为输入图像；h 为滤波函数；g 为滤波后的输出图像。

10. 掩膜法

掩膜法是一种通过对干扰区域图像的逻辑运算，使受干扰地物的亮度区间最小化，而使有用地物的亮度区间最大化的图像增强技术。在提取遥感信息时，由于受到相邻地物的不利影响(如土壤、植被、戈壁沙漠和冰雪等)，有用信息所占的灰度范围往往变小或受到强烈干扰，却又很难通过数学物理模型进行校正。这时，采用掩膜法对不利因素进行人为压制，可突出有用信息，产生较好的图像增强效果。

11. 多源数据融合法

遥感图像的多源数据融合(fusion)或称图像融合，是在同一地理坐标系中采用一定的算法，将多源遥感数据转化成一组新的信息或合成图像的技术。

遥感数据的种类很多，有不同光谱波段、不同空间分辨率、不同光谱分辨率及不同时相。遥感数据融合的目的就是吸收各种数据源的优点，从中提取更加丰富的信息，弥补单一图像信息的不足。图像融合包括不同波段间的数据融合、不同平台数据间的融合、不同时相间的数据融合，以及遥感信息与其他信息的数据融合。图像的融合需考虑多方面的因素，如用途、数据源选择、融合前的预处理(空间配准和波段选择等)、融合方法、后处理等。遥感图像融合能富集同一地区不同的数据源的信息，实现大跨度波谱特性影像数据的融合，提供各传感器的互补信息，使分类更精确。大跨度空间分辨率影像的融合有利于改善多光谱影像的锐度，增强特征提取的能力。

遥感图像融合既表现在多源遥感图像信息之间的叠加上，又表现在利用多源遥感图像信息进行目标的识别决策上。例如在基于目标识别的决策时，可以利用不同平台、不同类型传感器、不同时相的遥感数据，通过计算得到目标的融合概率，然后以融合概率为基础实现目标的识别决策。再如在基于顿普斯特–萨菲理论(简称 D-S 理论)的目标识别方案中，可以利用不同平台、不同类型传感器、不同时相的遥感数据通过计算得到目标的综合可信度，然后在此基础上实现目标的识别决策。这种以贝叶斯模型和顿普斯特–萨菲理论为基础的信息融合方法，称为"信息融合的模型方法"。

遥感图像融合的算法很多，如彩色合成、植被指数算法、主成分分析、多贝叶斯估计、稳健统计决策理论、基于模型的方法等。另外，小波分析、人工神经网络、各种金字塔变换等融合方法，也在一定程度上得到成功应用。此外，图像融合能有效地改善遥感信息提取的及时性和可靠性，增强多重数据分析和环境动态监测的能力，从而能充分地提高遥感数据的使用效率, 扩大应用范围。

12. 高光谱遥感地质信息处理

利用高光谱遥感的窄波段信息可以有效地区别矿物的吸收特征, 从而有可能用于识别矿物、矿体、矿床和岩石, 并用于矿产普查和资源评价。目前, 从高光谱遥感数据中提取各种矿物和岩石成分的技术方法, 主要有如下 6 种。

(1) 光谱微分技术。通过对反射光谱进行数学模拟并计算不同阶数的微分, 确定光谱曲线的弯曲点和最大、最小反射率的对应波长位置, 进而确定波谷、波峰和波段宽度, 分解重叠的吸收波段和提取各种参数, 达到识别矿物的目的。

(2) 光谱匹配技术。对地物实测光谱和实验室测量的参考光谱进行匹配, 或将实测光谱与参考光谱数据库进行比较, 求得它们之间的相似或差异性, 以达到识别的目的。两种光谱曲线的相似性, 常用计算所得的交叉相关系数及绘制交叉相关曲线图来确定, 有时也采用编码匹配技术, 粗略地进行岩石矿物的光谱识别。

(3) 混合光谱分解技术。它采用矩阵方程、神经网络方法和光谱吸收指数等, 求出给定像元内各成分光谱的比例, 用以确定同一像元内的不同地物或非已知成分。不同地物光谱成分的混合会改变波段的深度、位置、宽度、面积和吸收程度。

(4) 光谱分类技术。光谱分类技术在高光谱遥感中是有效的识别技术之一。常用的分类方法有最大似然分类法、人工神经网络分类法、高光谱角度制图法。其中光谱角度制图法是通过计算一个像元测试光谱与参考光谱之间在波段坐标空间的 "角度", 来确定二者的相似性。

(5) 光谱维特征提取技术。该法的建立, 基于按照一定的准则直接从原始空间中选出一个子空间, 或者在原特征空间与新特征空间之间找到某种映射关系的构想。这一技术是在主成分分析法的基础上经改进得到的。

(6) 模型法, 包括模拟矿物和岩石反射光谱的各种建模方法。高光谱测量数据可以提供连续、细微的光谱抽样信息, 这种光谱特征使模型计算从传统的统计模型法改为确定模型法, 可以为矿物和岩石识别提供更准确和更可靠的结果。

7.3.3　遥感图像的分类

遥感图像分类 (classification) 是一种按属性特征将图像的所有像元分为若干个类别的技术。对地球表面的遥感图像数据进行属性的识别和分类, 可以达到识别图像所对应的实际地物, 提取所需地物信息的目的。多光谱遥感图像分类是以每个像元的多光谱矢量数据为基础进行的。遥感图像的特征包括光谱特征和纹理特征, 其分类方法有多种, 其中基于光谱特征的统计分类法——监督分类、非监督分类, 是最常用的方法。

1. 遥感图像的监督分类

监督分类的指导思想是: 首先根据类别的先验知识确定判别函数和判别准则, 然后将未知类别的样本观测值代入判别函数, 再依据判别准则对该样本所属类别做出判定。其中, 类别先验知识可以用若干已知类别的样本, 通过学习 (learning) 或训练 (training) 的方法来获得。所谓学习或训练, 是指利用一定数量的已知类别的样本 (称为训练样本) 的观测值来确定判别函数中待定参数的过程。通过监督分类，不仅可以知道样本的类别，而且甚至可以给出样本特征的一些描述。监督分类的算法很多，其中包括基于最小错误概率的贝叶斯分类器、子空间分类器、概率松弛算法等。

2. 遥感图像的非监督分类

非监督分类是指在没有类别先验知识的情况下，将所有样本划分若干类别的方法，也称为聚类。非监督分类只能把样本区分为若干类别，而不能给出样本的一些描述。非监督分类法包括 K 均值算法、ISODATA 算法、模糊聚类等。

3. 遥感图像的混合像元分类

遥感图像像元记录的是探测单元的瞬时视场角所对应的地面范围内的目标辐射能量总和。如果探测单元的瞬时视场角所对应的地面范围仅包括同一类性质的目标，则该像元记录的是同一性质的地面目标的辐射能量总和，这样的像元称为纯像元(pure pixel)。如果探测单元的瞬时视场角所对应的地面范围包含了多类不同性质的目标，则该像元记录的是多类不同性质的地面目标的辐射能量总和，这样的像元称为混合像元(mixed pixel)。此外，由于地物散射等因素的影响，在多类地物交界处附近的像元，也有可能是混合像元。混合像元是客观存在的，如果用传统的统计模式识别方法(如最小距离分类器按像元到各类中心之间的最小距离来确定像元的类别)，往往会产生误分类。近年来一些学者提出了类型分解的思想，它根据各类地物在混合像元中所占的比例(称为类型比，category proportion)来确定混合像元的类型，即把混合像元分配到类型比最大的那一类地物中去。混合像元的分类方法有最小二乘法、二次规划法、模糊数学法等多种方法。

4. 遥感图像的非光谱信息分类

前述遥感图像分类算法都是基于光谱信息进行的，如果能引入除光谱信息以外的其他信息，则可以进一步提高遥感图像的分类精度。同目视判读一样，除了图像上的灰度和色调之外，目标的形状、大小、纹理结构，目标之间的相互关系以及活动目标的演变规律，也可以作为目标识别的重要依据。在基于知识的遥感图像分类系统中，这些特征都可以以知识的形式存储在知识库中，用于目标识别的推理。

7.4 遥感信息的地质应用

7.4.1 区域地质调查中遥感信息处理的应用

在区域基础地质调查中，利用遥感图像的宏观视角优势，结合地面实际调查进行多层次的影像地质解译，能够在整体上提高对工作区域地质特征的认识，解决突出的地质问题和与成矿有关的关键问题，加快填图速度，提高成图质量。

遥感数据的地质解译贯穿于整个调查工作的始终，是一个循序渐进、反复进行、逐级深化的过程。不同卫星的遥感数据，有不同的空间分辨率，应根据任务的比例尺要求来选择。

对于 1∶25 万和更小比例尺的区域地质调查，可选用 TM、SPOT 等的数据；对于 1∶5 万区域地质调查，则应选用航空遥感图像或空间分辨率优于 10 m 的卫星遥感数据。在一些多云多雨和植被、雪覆盖严重的区域，可以选用星载 SAR 等微波遥感数据。

7.4.2　矿产资源遥感信息处理的应用

矿产资源勘查是一项综合性的系统科学工程，尤其是当前的找矿勘查已进入深部隐伏矿床的找矿预测阶段，更需要地质、遥感、物探、化探等多种方法的有机配合，并对其综合信息进行计算机复合处理，从中提取常规方法难以获取的特征信息和多源数据组合信息。遥感地质找矿就是在成矿理论指导下，根据遥感影像特征，识别与成矿控矿有关的多种地质信息，如地层岩性、线环形构造、构造交叉部位、蚀变带（岩），以及有关的地貌、土地、植被等相关信息。这些信息往往是十分复杂多变的，难以用确定的亮度值或概率密度函数来描述它们，需要有上述多种方法所获取的信息来配合。

1. 含矿地质体的光谱特征

热液蚀变是矿物结构、岩石成分受热液流体组分循环的影响而发生的一种变质作用。由于深层热液流体常可使某些金属成矿元素富集，进而形成热液型金属矿床，因此可应用卫星遥感数据，进行蚀变岩检测，为在成矿远景区带进行快速矿产勘查和评价提供一种有效方法。研究蚀变岩的本征反射光谱特征，是遥感找矿的重要基础工作。

1）蚀变矿物的 TM 光谱模式

我们将常用的蚀变矿物分成 4 种类型：Ⅰ类为褐铁矿类，Ⅱ类为绿泥石化类，Ⅲ类为高岭土化类，Ⅳ类为明矾石类。它们分别代表不同热液流体对围岩的蚀变结果，并且具有各自的找矿指示意义。从 TM 数字图像中，可总结出它们的光谱模式，用 TM 波段亮度值之间的正、负斜率变化来表征其光谱的识别模式（图 7-4）。褐铁矿类，光谱模式为正斜率-负斜率-平斜率。褐铁矿类在 TM1、TM2、TM3 的反射率呈递增趋势，TM4 为 Fe^{3+} 吸收带，TM5、TM7 无明显波谱变化。绿泥石化类，光谱模式为长正斜率-长负斜率，形态上构成山脊型，其光谱的突出特征是在 TM5 形成强反射峰，在 TM7 为最强吸收带（低反射率），反映了含羟基（—OH）矿物最典型的光谱模式。高岭土化类，代表泥质蚀变或泥化，是构造破碎带中常见的蚀变类型之一。它与绿泥石化相比的最大差异是 TM5 与 TM4 之间斜率的变化。明矾石类，是含水硫酸盐矿物蚀变岩石的代表，其光谱模式为陡正斜率-长

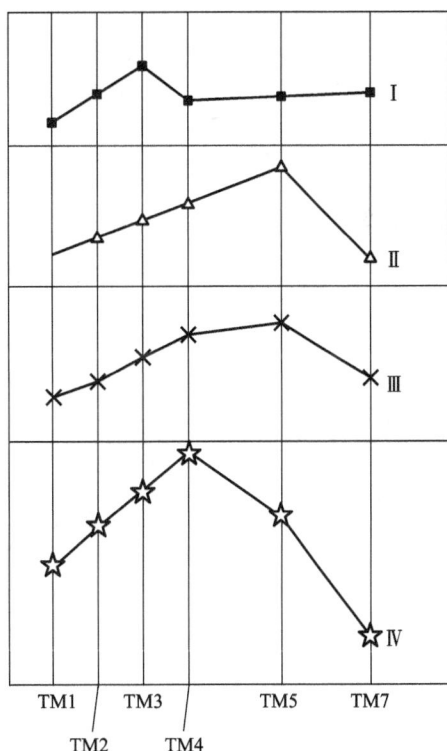

图 7-4　蚀变矿物的光谱模式
（据吴冲龙，2008）

负斜率。它与绿泥石化类、高岭土化类间的最大差别是在 TM4 形成反射峰，在 TM7 为强吸收带，反射亮度值最低。

2）蚀变岩与非蚀变岩的光谱差异

区分蚀变岩与非蚀变岩是遥感图像蚀变岩填图的核心问题，其技术关键是将蚀变岩单元从背景岩石单元中检测分离出来。在岩石露头良好的地区，由于蚀变岩与非蚀变岩的矿物成分、化学成分、岩石结构差异可以直接显示在遥感图像上，且光谱差异较大，所以容易检测。但在特殊情况下，裸岩区的蚀变岩与非蚀变岩之间亦存在难以区分的光谱现象。如沉积红层与褐铁矿、黏土页岩与泥质蚀变岩类、风化的中酸性侵入岩与绿泥石蚀变岩、绢云母化等蚀变岩与非蚀变岩类在 TM 图像上的光谱模式就基本相同。从 TM 数字图像的光谱差异来看，蚀变岩与非蚀变岩在波段反射强度上的差异虽然不大，但还是可以通过各种数字变换来使之得到增强和凸显。

采用成像光谱技术对地表进行观测时，在获得地质体空间信息的同时，对每个像点采集了数十至数百个波段的光谱信息。经过特殊的数据处理可获得该像点的连续光谱，其分辨率一般达到纳米级。这种图谱合一的特点大大缩小了遥感光谱与实验室光谱之间的差距，使研究人员能像分析地质体实验室测试光谱那样对成像光谱数据进行细致的分析处理，发现地质体固有的微弱特征光谱的存在及其变异，定量地研究地质体的光谱特征与其类型、结构、成分之间的内在联系，达到识别地质体属性和量化其物质组分的目的。因此可以说成像光谱技术比任何一种遥感技术更能真切地通过对地质体电磁波反射特性的探测和分析，反映其物理和化学性质的丰富内涵。

大量研究成果表明，地表大多数自然物质在 $0.4 \sim 2.4$ μm 谱段，均具有可判断属性的光谱吸收特征及"特征光谱"，一般带宽 $20 \sim 30$ nm。其中数千种含有 Fe^{2+}、Fe^{3+}、OH^-、CO_3^{2-}、SO_4^{2-} 和烃类等分子团或金属离子的矿物，在 $2.0 \sim 2.4$ μm 范围都有特征光谱的吸收谷，如黏土矿物在 2.087 μm 和 2.000 μm（带宽为 0.1 μm），碳酸盐矿物在 2.205 μm、2.370 μm、2.450 μm（带宽为 0.1 μm），铁帽在 2.250 μm（带宽为 0.5 μm），烃类在 2.275 μm、2.300 μm、2.230 μm（带宽为 $0.05 \sim 0.1$ μm），等等都有特征光谱的吸收谷。在应用遥感资料进行找矿时，只要能检测出这些特征光谱，就有可能识别这些物质，发现与矿化有关的蚀变矿物。

2. 遥感地质解译找矿

遥感地质综合解译找矿以区域地壳与成矿地球化学特征分析为基础，根据矿化或控矿地质体和地表自然景观要素、地球物理数据与深部地质构造的相关关系进行图像处理，可以增强和提取与成矿相关的地质信息。按专题研究需要进行组合分析，可获得反映研究区成矿地质背景及控矿因素空间展布特征的专题遥感图件和综合图件。选取与成矿有关的变量，进行统计分析，再通过遥感影像研究控矿地质构造条件，确定调查区遥感成矿模式与控制成矿的地质要素最优组合，然后用类比法进行成矿远景区初步预测和圈定。遥感图像、地质、物探、化探多数据图像化综合处理及分析，并结合数学地质方法进行成矿的统计预测，是遥感地质综合找矿向纵深发展的一个新阶段。

1）不同岩类分布区成矿条件遥感研究

不同的矿床类型，其成矿条件不同，从而在遥感图像上的信息特征也不同，故而遥感找矿的技术方法和工作程序也不同。

(1)岩浆岩区矿床。

主要是指在成因及空间分布上与岩浆侵入活动及火山活动密切相关的矿床,尤其是内生金属矿床。这类矿床在遥感图像上往往与线性构造和环形构造有关,其构造、岩浆岩(火山岩)及围岩条件决定了矿床的产出部位,其控矿或导矿构造多为深层断裂带,而赋矿部位则在深断裂附近的派生断裂或裂隙内,或是深层断裂带与其他断裂的交会处,并常伴有环形构造(侵入体、火山岩或次火山岩的反映)存在及与矿化有关的围岩蚀变、矿化异常存在。遥感在寻找这类矿床时能在以上几个方面起作用,识别其控矿、导矿构造;进一步判断矿床的赋存部位,即次级断裂;判别岩体或火山机构的位置,判明其规模及分布情况;了解围岩情况,是否有利成矿;查明围岩蚀变情况。

(2)变质岩区矿床。

在变质岩区,采用常规地质方法进行岩层划分、矿产预测均很困难。遥感技术的应用可深化对变质岩区的矿床基础地质研究,深化对各种控矿因素的认识,为找矿提供重要线索。在老变质岩区内,遥感影像对于圈定古老的侵入体、火山岩及古火山机构很有成效,在遥感影像上,往往以环形构造显示出来,如其产出于深大断裂带附近,并能确定其是火山机构或侵入岩体的反映,则是重要的标志,是成矿有利地段。如张家口西部沿北西向断裂分布的晚侏罗纪—白垩纪酸性次火山岩和火山机构,均与铝、铁、锌、锰及金矿床的形成密切相关。通过对遥感图像上特定影纹结构和色调的解译,或通过合适的图像处理技术,如比值等,往往可以突出一些与成矿有关的信息,对找矿起重要的指导作用。由于变质岩区构造活动复杂,还应重视区内的构造叠加影像特征的分析,注意运用变质构造原理,探索含矿层的分布规律,从而指导找矿。

(3)沉积岩区矿床。

主要受某些岩性-地层的控制,而含矿岩系在卫片上难以分辨,因此多以航空遥感为主要研究手段,航天资料仅用于了解区域构造的控制作用。在高分辨率航片上,此类矿层往往可以直接显示出来,如非金属矿石灰岩、石膏、煤层等,因为岩层本身就是矿体。但其中局部富集的金属矿床,矿体与岩层并不等同,在遥感图像上难以识别出来,是否是矿体需要根据更多的地质资料才能确定。层状的岩层或含矿层,在航片上一般可以大致确认;而在基岩露头零星的地区,遥感更能全面而准确地调查其分布,通过对矿层的追踪,将其圈定出来,从而确定新的找矿远景地段。

(4)表生矿床。

主要有近代风化壳矿床和砂矿。地貌是这两类矿床的直接控制因素,组成矿床的物质是化学性质较稳定的元素和矿物,如金、锰、铝等矿床。现代风化壳中的残余矿床,多位于较稳定的准平原化的高平台(古夷平面)地形上,有时也可见于凹地、破碎带或岩溶洼地中。砂矿之最有利地貌条件是低山丘陵的河谷区和海滨区,对砂矿床有利成矿地段的圈定取决于地质构造和地貌的正确解译。无论是风化残积矿床,还是砂矿床的形成,均受表生风化作用的控制。含矿地质体的风化、搬运和堆积的规律及其矿床赋存部位,均与地貌发育阶段相对应,同时也与一定的地貌部位相对应。只要搞清了它们的成矿规律,不难在遥感图像上根据地貌特征识别矿床的部位及分布规律。以砂金矿为例,其形成的先决条件是有充分的原生金矿作为砂金的来源,同时,它的富集受区域地质构造、地貌和第四系发育规律的控制。河流地貌的解译也是非常重要的，一般来说，流水速度变慢的部位是砂金富集之处，如心滩、支流与主流交汇处等。

2）遥感影像与成矿的关系

（1）线性构造及其与成矿的关系。

线性构造是指遥感图像上的直线状或线段状影像。它们时而稀疏时而密集，分布极为广泛。大量研究表明，绝大多数线性构造所反映的是构造应力作用下的岩石破裂带（包括裂隙带和断裂带）、弹塑性变形带或软弱带。它们往往成为导矿与容矿的场所，还可能是某些成矿、成藏边界的控制因素，如各种断裂对矿体、煤层和油气圈闭的控制。

通过对线性构造的综合分析，可以进一步了解区域成矿规律，明确找矿方向。其要领是对遥感影像进行地质解译，制作遥感线性构造图，同时将其与已知的地质矿产分布资料进行对比，分析二者的空间关系，从而提出进一步找矿的方向。

不同级别的线性构造与成矿的关系不同，一般来说，巨型断裂带和深大断裂往往控制着成矿带的位置，而有工业远景的矿床和矿体则分布在这些主干断裂拐点处，或分布在与这些主干断裂斜交或平行的次级断裂和节理带中。例如，岩浆容易沿着大型剪切带侵入剪切应力场中的局部拉张区——雁行断层间的扩容性拐点处。这种岩浆活动往往伴随有矿化作用，因此，遥感图像解译分析对寻找这些高远景成矿靶区具有重要意义。

通过线性构造的统计分析，还可以揭示线性构造空间分布的某些统计特征，有助于分析构造异常与矿化、石油储集、古火山机构等之间的关系。在线性构造的诸多统计特征中，与矿产分布关系较为密切的主要是线性构造的密度和交点密度。在大多数情况下，矿床位于影像线性构造的相对高密区和交点的高密区。

（2）环形构造影像及其与成矿的关系。

环形构造是指遥感图像上的圆环状或近圆环状影像。环形构造自从被发现以来，由于其与矿产的密切关系，日益引起人们的重视。据统计，我国的铬、镍、金、铁、铜、铝、钨、锡等主要内生金属矿产，有91%分别与2000多个大小不等的环形构造有关。与矿产形成关系密切的环形构造往往与构造–岩浆作用有成因联系。

与垂向构造运动有关的负向环形体，是由地壳局部沉降形成的圆形坳陷和构造盆地。其中，较大型者在地球物理场上会有反映，如重力低等。这类环形构造往往与沉积矿产和石油的赋存有关。我国的有些油田就分布在大型和巨型负向环形体的内缘。

与火山作用有关的环形构造通常规模小但成群出现，往往呈叠环、并列、寄生等组合形态，矿床往往赋存于环形构造边缘或环形构造体内。例如，安徽庐枞地区的火山盆地的矿床分布，就与遥感图像上所显示的环形构造具有这种相关关系。

与岩浆侵入活动有关的环形构造往往与内生金属矿产有关。由岩浆侵入而引起的围岩蚀变常使环形构造边界模糊。例如，安徽铜陵地区在遥感图像上显示为一边界模糊的多层环形影像，矿体主要赋存于内部小型环形体的边缘。在线性构造和环形构造之间，往往互为依存关系或复合关系。例如，某些环形构造定向排列并呈直线状延伸，表现为线性构造，前者反映的可能是火山机构或侵入体，后者反映的是基底断裂。在某些情况下，岩体可能是成矿母岩，而断裂是成矿溶液及岩浆的有利通道。

有时线、环构造独立并存，但出现交会或切线接触等状况，具有复合关系。许多资料表明，线、环构造的交切部位可能是内生金属矿化、富集的有利地段。

根据遥感图像上的色调异常、线性构造和环形构造的组合特征，以及它们与矿田构造的基本要素(成矿岩体、控矿构造和围岩蚀变)的关系，可以建立由线、环、色斑异常组成的遥感找矿模式，用于指导成矿预测与找矿勘探。

3. 地质矿产的遥感勘查方法和成矿预测

利用遥感图像处理技术直接发现有关矿产信息的方法，可使地质找矿工作的周期大为缩短，找矿工作效率和经济效益得到显著提高。

1)地质矿产的遥感勘查工作程序

地质矿产的遥感勘查阶段划分和各阶段的工作内容总结如下(赵英时，2003)。

(1)资料准备。目的是收集工作区开展遥感综合找矿工作所需的各种资料，包括收集工作区现有的航空、航天遥感图像及数据；收集工作区已有的各类地质调查和专题研究的文字资料、图件以及物探、化探、钻探数据；收集合适比例尺的地形图及地貌、水文、交通等资料。

(2)成矿远景遥感预测。目的是采用遥感与多元地质信息综合分析方法预测和确定成矿有利地段。工作内容包括进行工作区及邻近地区小比例尺遥感宏观解译，通过识别和分析主要岩石类型、线性和环形构造、火山机构的影像特征，了解区域构造、岩类分布的总体面貌和成矿背景，建立解译标志；结合物化探资料初步判别主要岩类和构造类型的性质；根据遥感图像确定区域地质构造的格局，分析矿源层分布规律，推断控矿构造及含矿层位，预测成矿远景，选定成矿有利地段；在要求比例尺的地形图上标绘出预测的成矿有利地段。

(3)野外调查。目的是对预测的成矿有利地段进行全面的实地调查，为成矿远景评价提供依据。重点检查遥感图像显示的有利于成矿的影像部位所对应地段的地貌、岩性和构造特征；采集岩矿鉴定、同位素年代测定、构造岩方向测试、元素分析等所需的各种标本；对重要地段进行野外现场的波谱测试，为进一步的找矿靶区遥感预测提供基础理论依据。

(4)找矿靶区的预测和靶区研究。通过较大比例尺遥感图像的深入解译、实地调查和采样分析鉴定，对成矿有利地段按成矿条件进行分类，确定最有希望的勘查靶区，并对靶区地表矿体进行调查，对深部地质特征进行研究。内容包括对各类标本进行鉴定和分析；利用以航片为主的高空间分辨率遥感图像(有条件时还应采用高光谱分辨遥感数据)对已知矿床及成矿有利地段做详细的对比解译，建立有区域意义的含矿岩系和控矿构造的影像标志，把最有找矿远景的成矿有利地段列为勘探靶区；依据标本鉴定的分析结果，对靶区的岩石、构造、矿产信息做更为深入的野外调查和复核，补充采集各类鉴定和分析样品；对靶区的遥感、地质、物探、化探资料进行复合处理，增强和提取含矿岩系和控矿构造信息，包括各种矿化蚀变和热源信息，分析地表矿体的分布特征，探讨深部隐伏矿体或岩体的赋存状态以及构造活动的期次与活化状况，提供靶区矿产可靠的定性、定量依据。

(5)建立遥感找矿模式。目的是提高调查区找矿工作的程度，为找矿工作的进一步深入提供理论指导。内容是充分运用地质成矿新理论，融合遥感与多源地质信息，建立工作区遥感综合找矿的理论模式；条件成熟时，应建立遥感与各类地质信息数据库和矿产预测信息系统。

2)对成矿远景区进行成矿统计预测

任何矿床的形成都是受多种地质因素制约的结果，但在矿床形成的不同阶段，起主导作用的因素不同。某种或某几种因素的组合，可能在矿床形成过程中始终起主导作用，而另一些因素可能起次要作用。这些与成矿作用相关联的因素，都以特定的方式在遥感图像上表现出来，成为矿床的影像标志。其中，最能够反映矿床存在的影像标志，称为最佳影像标志。最佳影像标志的组合，包含用于判断某一矿床形成的必要和充要条件的标志类别、个数和数量范围等。要利用遥感影像资料查明矿床的形成和分布，必须通过定量研究和定量预测。一般来说，控矿因素的出现是随机的，成矿干扰因素的出现也是随机的，矿床和矿点则是随机成矿事件的结果，因此可用概率分布模式加以拟合和指示。由此而论，对成矿远景区的定量预测，就变成查明该区域最大成矿概率的地质条件，即查明指示最大成矿概率的最佳控矿因素影像标志及最佳影像标志的组合。

常用的定量预测的方法是：①根据遥感地质成矿模式分析，将预测的成矿有利地段定为定量预测区；②以逐步多类别分析及群分析为主要统计分析方法；③在遥感地质系列专题图或遥感地质构造图上按 1 km×1 km 划分单元格网，并分别对各成矿因素变量进行统计；④根据遥感地质成矿模式选取最佳影像标志组合变量并将其数字化，使各统计变量服从多维正态分布；⑤建立已知矿床、矿点、矿化的控制单元；⑥采用逐步多类判别分析法，通过计算和验算；⑦根据最优方案，对计算结果进行判别。

课后思考题

1. 总结岩矿石具有不同光谱特性的内部化学机制和外在物理机制。
2. 简述岩浆岩的遥感图像特征。
3. 遥感预处理包含哪些步骤？
4. 简述遥感图像的增强处理方法。
5. 结合实例，谈谈遥感在矿产资源勘查中的应用。

主要参考文献

[1] 吴冲龙.地质信息技术基础[M].北京：清华大学出版社，2008.

[2] 何彬彬，陈翠华，陈建华，等.多源地质空间信息智能处理与区域矿产资源预测[M].北京：科学出版社，2014.

[3] 甘甫平，王润生.遥感岩矿信息提取基础与技术方法研究[M].北京：地质出版社，2004.

[4] 张宗贵，王润生，郭大海，等.成像光谱岩矿识别方法技术研究和影响因素分析[M].北京：地质出版社，2006.

[5] 童庆禧.中国典型地物波谱及其特征分析[M].北京：科学出版社，1990.

[6] 陈述彭，童庆禧，郭华东.遥感信息机理研究[M].北京：科学出版社，1998.

[7] Hunt G R. Spectroscopic properties of rocks and minerals[M]. Florida：CRC Press，1989.

[8] Clark R N. Spectroscopy of rocks and minerals，and principles of spectroscopy[J]. Remote Sensing for the Earth Sciences，1999：46-48.

[9] 朱亮璞.遥感地质学[M].北京：地质出版社，1994.

[10] 赵英时.遥感应用分析原理与方法[M].北京：科学出版社，2003.

第 8 章　地质信息的三维空间建模与可视化

地质空间是三维空间，描述地质体的空间地质信息表达也是三维的。但过去限于技术与媒介，地质信息往往以二维的形式呈现(表、平面图、剖面图)。随着计算机性能的提升、计算机图形学的发展和三维软件平台的普及，地质信息的三维空间建模和可视化已经成为地质工作和地质研究的常规手段。本章介绍开展三维地质建模的信息前处理流程和常用建模方法。

8.1　地质信息建模前处理

任何三维地质建模的第一步都是收集、集成和管理各种不同来源的地质信息。对海量数据的高效的组织和管理是成功建模的关键。三维地质建模的本质是通过三维模型来表现和挖掘地质信息。在当前的技术条件下，地质信息的内涵和外延不断扩展，最直接的体现就是数据的体量爆炸式地增长。在大型勘查工程中，有效的建模数据主要是钻孔的信息，包括几十个至几百个钻孔的工程信息，每个钻孔又有几十至几百个取样区间，每个取样区间都有多个属性信息(岩性、物理参数、化学化验结果等)。此外，建模人员还要处理大量的纸质或电子图件，从信息提取角度看，每张图都包含几百至几万个有效信息点。以上数据再加上目前已被广泛应用的高精度遥感和地球物理勘探数据，已经构成了一个庞大的多源地质信息库。

多源地质信息一方面丰富了三维地质建模的原始数据，为精细模型的构建提供了必要的基础条件，但另一方面也给数据的组织和管理带来了巨大的挑战。在构建模型之前，必须考虑用于建模的数据符合以下要求：数据都具有电子格式，早期的大量资料必须进行数字化和矢量化；数据具有统一的调用格式，需要建立一个包含各类数据源的数据库，统一空间坐标、描述格式和数据精度；必须处理各类空间数据的拓扑关系，使得空间数据既可以单独提取，又可以作为整体数据的一部分用于不同类型的建模。

原始数据的分类有多种方法，这些方法体现了对其负载地质信息进行描述的不同思路。从纯数据类型角度来看，原始数据类型包括：

(1)字符串格式的观察数据，如岩性编录、断层和矿化的文字描述；

(2)整数格式的编号数据，如样品号、岩性编码等；

(3)浮点数格式的测量结果，如金属品位、地球化学浓度、岩石物理参数、工程地质参数等。

从数据功能角度来看，原始数据可分为特征数据和变量数据。特征数据主要为直观的现象描述和地质解译获得的特征或规律的总结，这类数据提供了对观察对象的定性描述。变量数据是各类地质变量的测量和采样分析结果，提供了对地质系统各方面的定量表征。从数据的工程来源角度来看，原始数据可分为钻孔数据、坑道数据、地球物理剖面数据、化探数据、遥感数据等。

以上数据分类可以适用于不同的目标任务，而从三维空间建模的角度，本章采用基于信息空间几何载体的分类方法。不管是上述哪种分类的信息，这些用于空间建模的数据都需要一个空间位置的描述，这种描述必须依附于三维空间某个特定的空间几何体(点、线、面或者体)，因此，根据信息载体进行分类能够在计算机图形学层面最高效地进行数据的组织、转化和管理。根据地质建模领域可能遇到的地质信息载体的不同，将原始数据分为点对象数据、线对象数据、面对象数据和多面对象数据。以下分别详述各类数据的来源类型、转化过程和归一化表达方式。

8.1.1　点对象数据处理

点对象数据主要是区域采样点数据，最常见的是地球化学采样，描述这类数据相对简单，由于采样点的位置和样品分析数据都有记录，直接坐标化纳入建模数据库即可。图8-1展示了某地区地表采样的三维可视化结果，不同颜色标识的采样点表示不同的化验浓度，该数据可直接用于后续的属性建模。

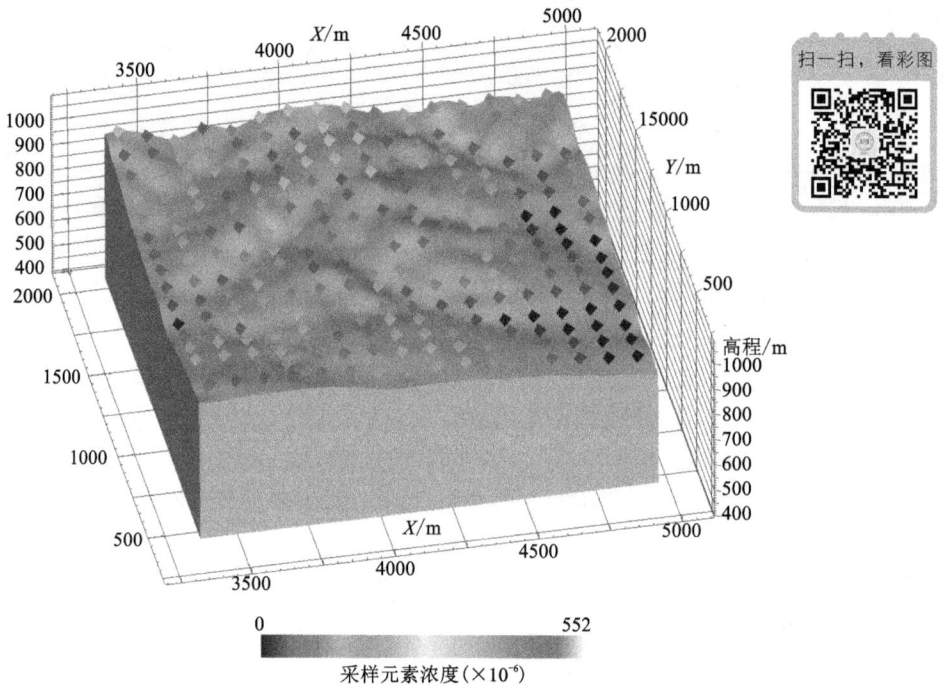

图8-1　地表地球化学采样的三维可视化

8.1.2　线对象数据处理

线对象数据是传统矿床勘探获取信息的主要方式，此类数据的工程载体包括钻孔、地球物理测井、水文井、探槽等，这类数据描述需要参考工程"线对象"。以最常见的钻孔为例，其工程表达如下（图 8-2）：钻孔起点由井口位置（东坐标，北坐标，高程）定义；钻孔空间延伸方向理论上由井口方位和倾角确定，但在实际钻进过程中存在钻孔的弯曲，因此钻孔的实际轨迹是一条曲线，钻孔弯曲校正（测斜）数据可用于确定曲线的轨迹；钻孔终点取决于空间延伸方向及钻进总深度。

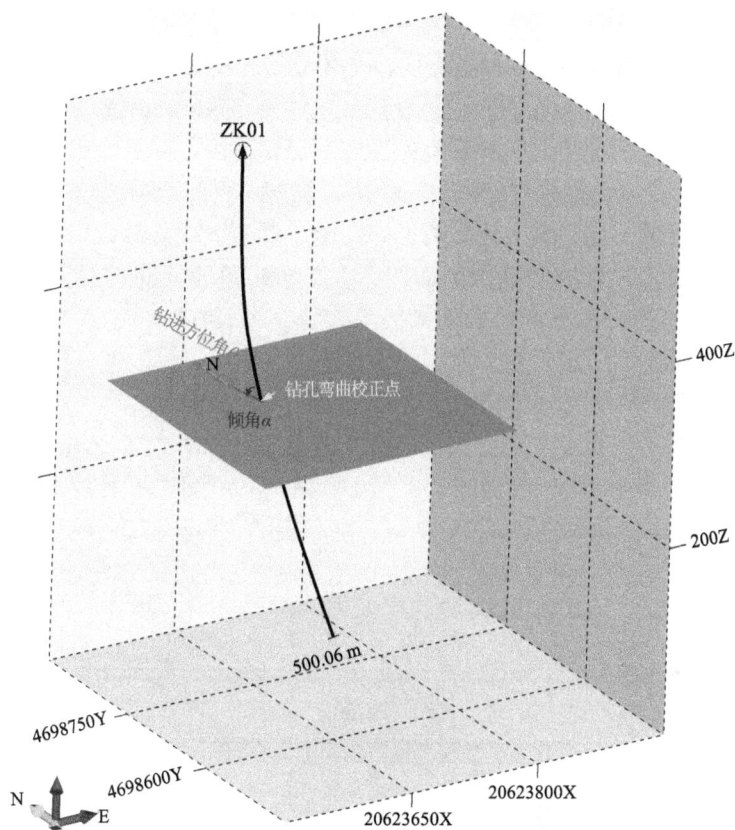

图 8-2　钻孔工程的空间表达

　　钻孔的弯曲校正分段进行，每段记录包括在测量点处钻进的方位角和倾角，以此代表距井口某段距离的钻孔弯曲轨迹。从空间几何对象求解的角度来看，井口位置固定了曲线的起点 (X_0, Y_0, Z_0)，其余控制点的坐标 (X_i, Y_i, Z_i) 可以通过以下公式依次求取（Houlding, 1994）：

$$X_i = X_{i-1} + \Delta L \cdot \cos(\alpha_{i-1} + \Delta \alpha_i) \cdot \sin(\theta_{i-1} + \Delta \theta_i) \tag{8-1}$$

$$Y_i = Y_{i-1} + \Delta L \cdot \cos(\alpha_{i-1} + \Delta \alpha_i) \cdot \cos(\theta_{i-1} + \Delta \theta_i) \tag{8-2}$$

$$Z_i = Z_{i-1} - \Delta L \cdot \sin(\alpha_{i-1} + \Delta \alpha_i) \tag{8-3}$$

其中，α 和 $\Delta \alpha$ 为倾角和倾角增量；θ 和 $\Delta \theta$ 为方位角和方位角增量；ΔL 为控制点到井口的距离；$i = 0$ 时各坐标为已知的井口坐标。

　　连接起点和各控制点即可形成钻孔在三维空间中的实际轨迹。需要注意的是，在勘查地质中，测量点记录的钻孔弯曲数据控制该点上下段的一半，因此在计算过程中，距井口有效控制距离应根据控制点的位置先行换算。此外，如果是进尺小的直孔，钻孔轨迹可以看作直线,可由钻孔井口位置和钻进深度直接确定。

一旦钻孔轨迹确定,钻孔区间数据的空间位置可由该区间距井口的位置来定义,取样结果可以看作依附在钻孔曲线上的点和线段的属性值。通过与井口的相对位置计算出区间中点的真实坐标。

8.1.3　面对象数据处理

面对象数据主要来自勘探剖面、地球物理勘探剖面、探槽剖面、坑道掌子面等。这些原始地质信息在数字化后,还需要进行坐标的转化才能纳入统一的建模数据库。

面对象的空间位置由参考点位置(东坐标,北坐标,高程)和剖面的方位及倾角决定。矿床勘探中常见的剖面是水平中段图和垂直的勘探剖面图。中段图高程固定,剖面的 X-Y 坐标系即东坐标-北坐标系,因此在三维建模空间中,只需要将任一参考点坐标校正为真实坐标,即可将剖面元素进行数字化后纳入建模数据库。由于勘探线法是最常用的勘查系统方法,建模前处理中需要处理大量垂直的勘探剖面图,这类剖面图的处理相对困难。在垂直剖面图中,Y 方向代表高程方向,X 方向代表勘探线的方位,这个方向一般不与东坐标和北坐标重合,因此 X 方向上距离的增量是东-北坐标系中的一个斜距,大于坐标显示的东方向或北方向的增量,垂直剖面图的前处理方法有坐标法和图形转换法两种。

坐标法是先将剖面地质要素数字化,再从空间几何坐标角度总结垂直剖面图上的 X、Y 与真实的东-北-高程坐标系 X'、Y'、Z' 的关系(图 8-3),可用以下关系式来表达:

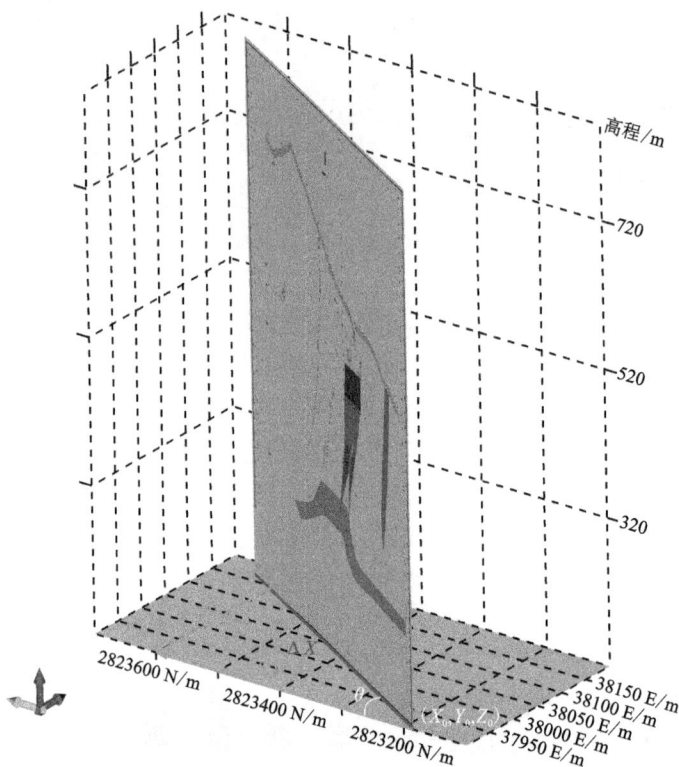

图 8-3　勘探剖面图 X-Y 坐标与真实地质坐标的转化关系

$$Y = Z' \tag{8-4}$$

$$\Delta X = \sqrt{\Delta X'^2 + \Delta Y'^2} \tag{8-5}$$

$$\Delta X' = \Delta X \cdot \cos\left|\theta - \frac{\pi}{2}\right|, \quad \Delta Y' = \Delta X \cdot \sin\left|\theta - \frac{\pi}{2}\right| \tag{8-6}$$

其中，θ 为剖面的方位角。这样只要在剖面图上确定一个参考点的真实坐标 (X_0, Y_0, Z_0)，其他要素点的真实空间坐标 (X', Y', Z') 就可以通过将测量该点到参考点的水平距离 ΔX 和垂直距离 ΔY 代入下式求解：

$$X' = X_0 + \Delta X \cdot \cos\left|\theta - \frac{\pi}{2}\right| \tag{8-7}$$

$$Y' = Y_0 + \Delta X \cdot \cos\left|\theta - \frac{\pi}{2}\right| \tag{8-8}$$

$$Z' = Z_0 + \Delta Y \tag{8-9}$$

图形转换法先将剖面图还原到真实空间中，再数字化相应的地质要素。图形转换的步骤包括(图8-4)：①将剖面图绕着图中 X 轴垂直翻转 90°，使得图中的 Y 轴与铅锤方向重合；②将剖面图绕着图中 Y 轴旋转，使得图中 X 轴指向的方位与剖面的实际方位重合；③选择剖面图上一个已知真实坐标的参考点，将该点平移到真实的 (X, Y, Z) 处。转换后数字化剖面图，则数字化后的地质要素都具有真实的空间坐标，可纳入统一的建模数据库。

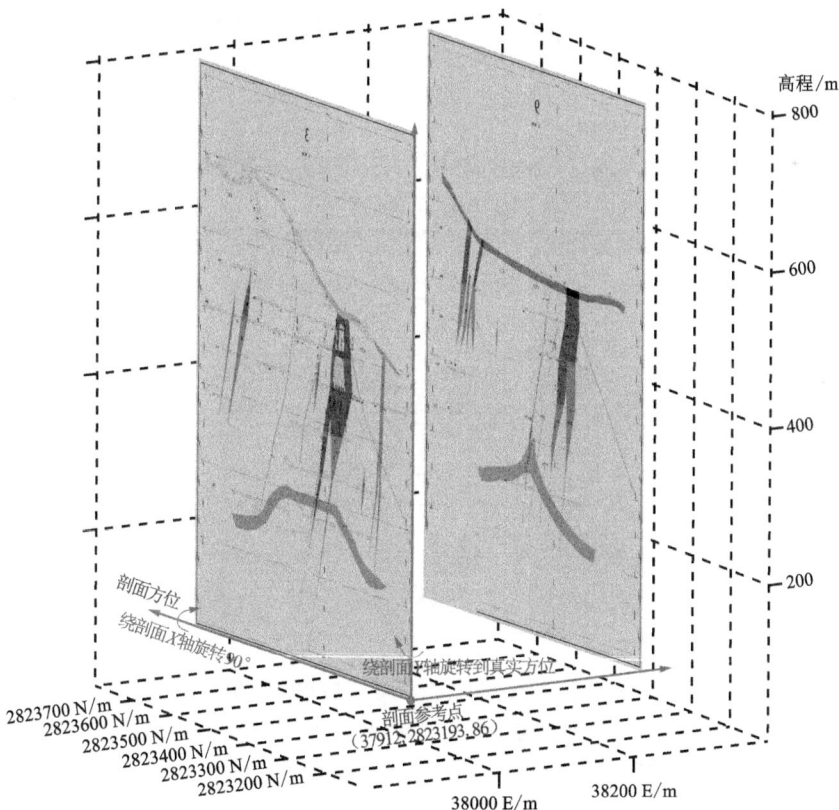

图 8-4　勘探剖面图真实空间位态的还原

8.1.4 多面对象数据处理

基于多面的数据以矿山中常见的坑道数据为代表。坑道数据的空间表达较前几种数据复杂得多，这是因为坑道由顶、底和两壁4个面构成，除了底板之外，顶和两壁的地质界线和取样工程都要纳入建模范围，因此必须将坑道看作二维的面和面构成的三维体。目前国内矿山的坑道编录一般采用"压平(顶)法"进行平面素描图的编制：将两壁向外掀起，顶板下压，就像坑道压平一样[由图8-5(a)到图8-5(b)]。将坑道素描图中的地质界线和取样工程转化成离散空间要素是困难的，因为仅能获知几个地质测量点的真实空间坐标[图8-5(a)中的D-01、D-02、D-03]，图中的其他地质界线点和取样点仅有相对于测量点的"相对坐标"[图8-5(b)]，要获取它们在三维空间的"绝对坐标"需要经过繁复的坐标换算。再加之坑道掘进往往不是沿着直线进行，如同图8-5(a)中坑道转向的现象很常见，在这种情况下，这一小段坑道的地质界线和取样工程就分布在多达9个不同的平面上，每个面上的坐标换算公式各不相同。因此，在以坑探为主、绘制有大量坑道素描图的矿山中，通过坐标换算获得大量的离散空间地质要素并不现实。

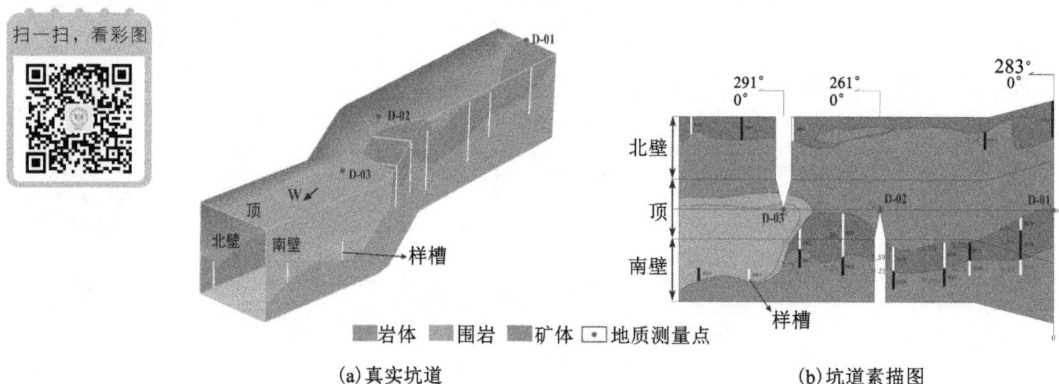

(a)真实坑道　　　　　　(b)坑道素描图

图8-5　坑道地质要素的空间表达

坑道数据这种多面的信息载体形式严重制约了水平勘查工程在三维地质建模中的应用。为了解决这个难题，本书采用了一种三维集成解译的思路处理坑道编录数据：通过数字化和空间编辑还原坑道素描图中地质要素的真实空间位置和三维形态，在此基础上分类解译出两类信息。一类是以各种地质界线为主的定性信息，另一类是包含坑道取样位置和取样分析结果的定量信息。前者用于三维形态模拟，建立地层、构造、侵入岩体和矿体的几何结构模型；后者用于品位空间插值，建立矿山的资源/储量预测模型。

数据处理和转换的具体步骤包括：

(1)数字化原始素描图：数字化要素包括坑道顶壁和侧壁的轮廓线、地层界线、岩体界线、脉体边界、断层界线、矿体边界、样槽等[图8-6(a)]。

(2)坑道的三维轮廓建模：将压平的坑道还原，即以顶壁与侧壁的交线为旋转轴将两个硐壁相向翻转90°，同时硐壁上的所有要素也要随之翻转，还原坑道的真实三维形貌[图8-6(b)]。翻转完成后，在平面上将坑道旋转到实际走向方位，并根据编录图中地质测量点的坐标数据将坑道平移到空间坐标系中的相应位置[图8-6(c)]。坑道走向发生变化时，在不同走向坑道的交会部位会出现一侧断口、另一侧边壁交叠的现象，这时需要在三维空间中进行曲面交切和融合[图8-6(a)]。

(3)建立坑道数据库：批量获取三维坑道中样槽起点、终点、拐点的空间坐标数据，建立样槽的轨迹[图8-6(c)]，并根据样段与样槽起点的距离确定样段的起点与终点坐标(与钻孔样段表达类似)，关联相应的化验分析结果[图8-6(d)]。

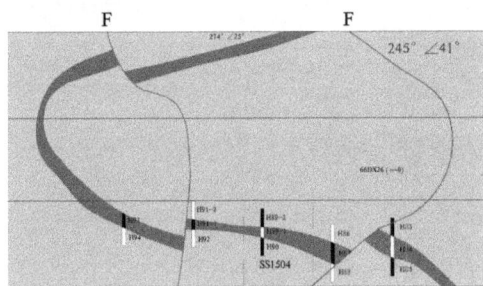

(a) 数字化坑道素描图

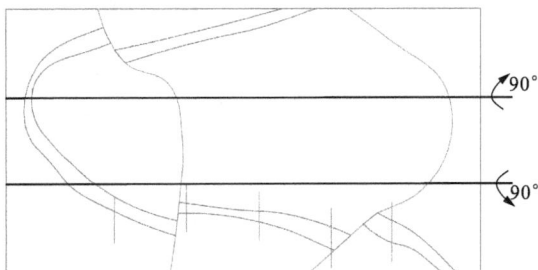

(b) 旋转翻转还原坑道真实形貌

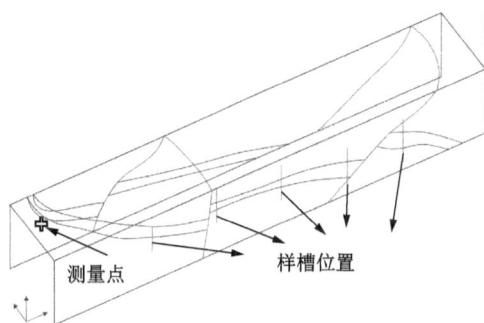

(c) 批量获取样槽位置

	坑道名	从	到	品位	东坐标	北坐标	高程
1	448-1	5	6	0.03	37897.27	2823328.41	447.00
2	448-1	6.00	7.00	0.026	37897.20	2823329.38	447.00
3	448-1	7.00	8.00	0.178	37897.02	2823330.38	447.00
4	448-1	8.00	9.00	0.036	37896.99	2823331.38	447.00
5	448-1	9.00	10.00	0.038	37897.01	2823332.38	447.00
6	448-1	10.00	11.00	0.536	37897.04	2823333.38	447.00
7	448-1	11.00	12.00	0.411	37897.07	2823334.38	447.00
8	448-1	12.00	13.00	0.083	37897.09	2823335.38	447.00
9	448-1	13.00	14.00	0.207	37897.12	2823336.38	447.00
10	448-1	14.00	15.00	0.112	37897.15	2823337.38	447.00
11	448-1	15.00	16.00	0.097	37897.18	2823338.38	447.00
12	448-1	16.00	17.00	0.343	37897.18	2823339.38	447.00
13	448-1	17.00	18.00	0.217	37897.14	2823340.38	447.00
14	448-1	18.00	19.00	0.215	37897.10	2823341.38	447.00
15	448-1	19.00	20.00	0.204	37897.06	2823342.38	447.00

(d) 建立样槽数据库

图8-6 坑道素描图的三维转化与数据入库

扫一扫，看彩图

8.2 三维地质建模方法及应用实例

8.2.1 基于钻孔建模法

基于钻孔建模法主要适用于构建层状地质体的形态模型，本节以某矿床局部岩性模型构建为例，说明该类建模法的构建思路和实施流程。

建模前的预处理包括建立钻孔数据库和地表面状模型。钻孔数据库建立之后，可在建模平台上实时呈现钻孔的位置信息和钻孔岩性编录的结果(图8-7)。地表模型一般提取矿区大比例尺地形地质图(1∶1000~1∶5000)中的等高线构建面状模型，在矿业建模类软件中往往都有根据测绘数据建立DTM(digital terrain model)的功能模块，这种DTM即地表的曲面模型。由于钻孔的开孔(井口)坐标都经过了精确的测量，这些井口可以看作地表的补充测绘点，因此在有钻孔分布的区域，根据等高线建立的原始DTM要以井口为约束进行曲面的修正，使曲面经过每个井口的位置[图8-7(a)]。

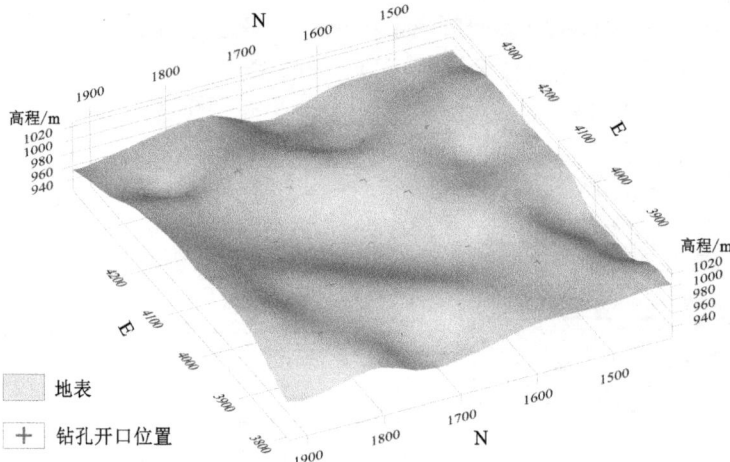

(a)地表曲面与井口位置

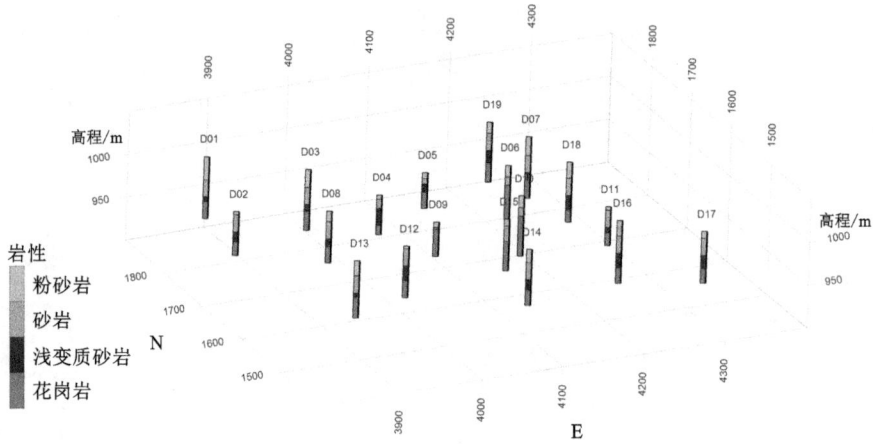

(b)属性(岩性编录)数据

图8-7　基于钻孔建模法的数据源

　　在矿床勘查过程中，钻孔是作为勘探剖面的组成部分对矿体和成矿相关地质体进行描述的。这是由于传统的勘查图件是二维的，只能沿着特定的方向呈现钻孔的信息。在三维矿床建模中，钻孔可以作为独立的工程单元在三维空间中呈现，并与任意方向的相邻钻孔进行串联解译。这就是近年来提出的基于钻孔的自由剖面(有别于基于勘探剖面解译的经典钻孔建模法)的建模思路。在建模过程中，将某钻孔不同岩性的分界点与其相邻钻孔的对应岩性分界点相连形成分界线，取任意两个相邻钻孔某种岩性单元的上下分界线构成一个封闭的剖面。这样的剖面代表了岩性在两个钻孔之间的局部精确分布，从而形成了由多个自由剖面组成的网络[图8-8(a)]。提取某个岩性分界面的所有分界线，以分界线(平直线性约束)或者分界点(平滑曲面约束)为约束构建TIN模型[图8-8(b)(c)]。将同一个岩性单元的顶底面进行封闭，形成岩性单元的面状和实体模型[图 8-8(d)]。最后将研究区所有岩性单元进行叠合，构建研究区的整体岩性模型[图 8-9(a)]。对岩性模型进行切片研究，可以观察内部任意位置、任意方向的岩性分布情况[图 8-9(b)]。

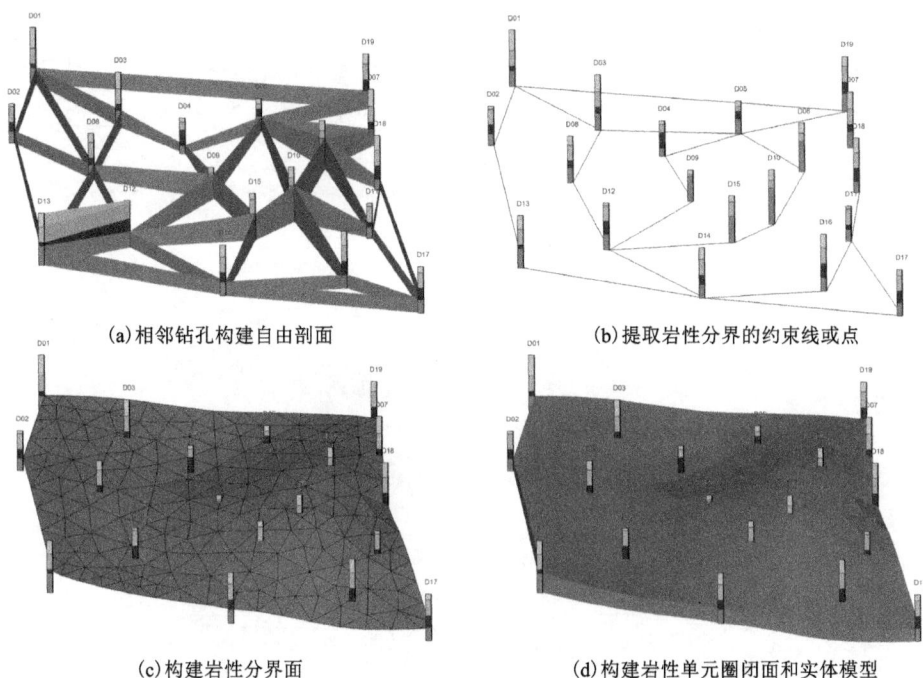

(a) 相邻钻孔构建自由剖面   (b) 提取岩性分界的约束线或点

(c) 构建岩性分界面   (d) 构建岩性单元圈闭面和实体模型

图 8-8　基于钻孔自由剖面的建模流程

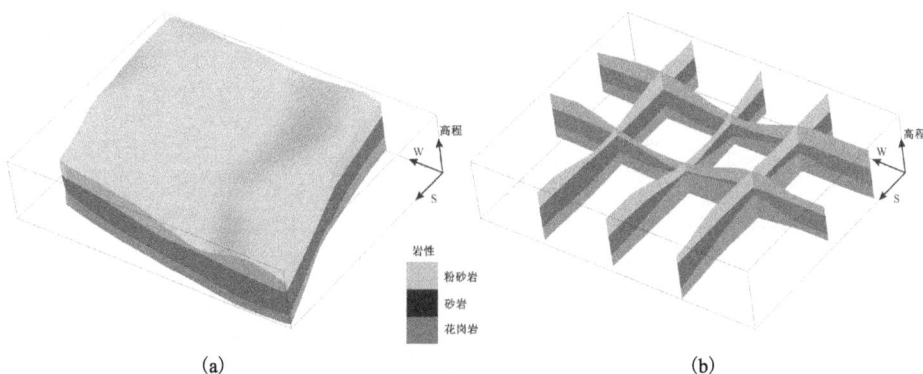

(a)   (b)

图 8-9　三维岩性实体模型(a)与内部切片栅格(b)

　　这种基于钻孔的建模法适用于地层/层状矿体的构建，实例中也构建了花岗岩的顶面，侵入规模较大的岩体在局部呈现平缓的曲面形态，因此也可以用这种方法构建局部的岩体面。对于复杂的矿体和岩体，不管是在自由剖面的构建，还是在分界面的提取上，都不能采用线性约束的方式，而需要用平滑的曲线(面)刻画局部的分界信息，然后以点的形式提取约束条件，最终由点直接生成复杂的曲面。

8.2.2　基于水平勘查工程建模法

针对陡倾斜(倾角80°以上)的矿体，勘查系统以水平坑道工程为主。本节以某钨矿为实例说明基于水平勘查系统的三维建模法。目标矿区广泛分布中上寒武统浅变质岩系，岩性为变质含砾粗砂岩、变质中粒砂岩、变质细砂岩、砂质板岩、含砂板岩和板岩。区内断层发育，主要控矿构造有近东西向的 F_5、F_6，北东向的 F_2 和 F_3，该4组断层形成的菱形区段即为矿体的主要赋存区(图8-10)。矿区东北出露印支期石英闪长岩，侵入中上寒武统浅变质岩中，受北东向断裂控制。与成矿密切相关的花岗岩体隐伏于地下200~300 m深处，由细粒斑状黑云母花岗岩和中粒斑状白云母花岗岩组成。该钨矿属于典型的外接触带型石英脉黑钨矿床，含矿石英脉从类型上可分为细脉带和石英大脉，前者构成矿体主体。

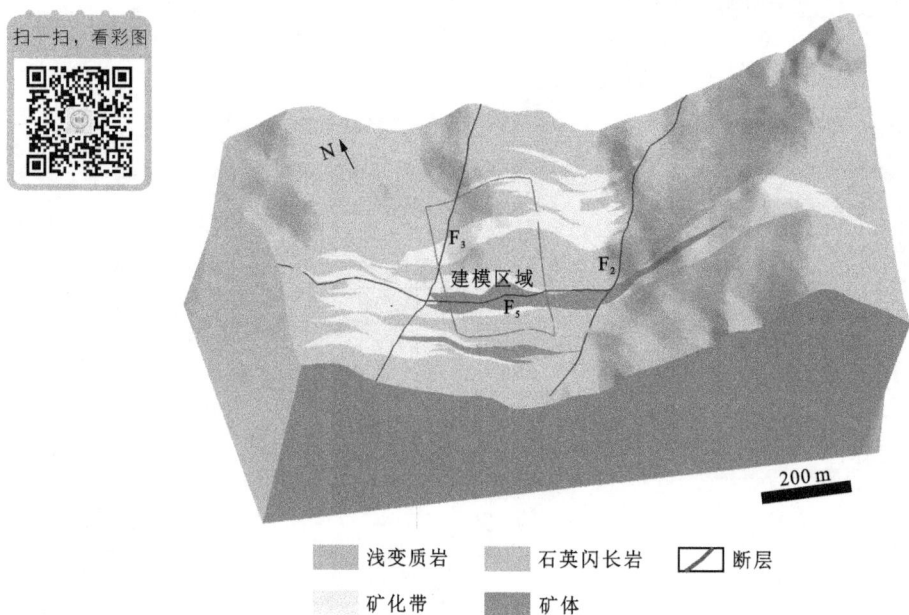

图8-10　矿区三维地表模型与填图成果投影

矿山目前主要采用坑道探矿，用刻槽法进行取样。本节以矿区主矿体Ⅲ号矿体西段为主要建模对象(图8-10)，收集建模区域内5个主要中段(496、448、388、328、268)的原始坑道编录数据，构建该矿段区域的三维地质模型。

本次建模工作从数字化坑道编录数据开始，考虑到矿体域内的石英细脉形态零碎而繁多，且对矿体整体形态影响不大，因此未单独针对此部分脉体建模，而是依据工业指标直接圈定矿体。根据前文所述前处理流程，完成原图数字化、三维转换、坑道还原、提取取样点位置和录入取样分析数据后，可构建坑道数据库并实时呈现(图8-11)。在此基础上进行坑道地质要素的形态建模：抽取侧壁和顶壁上不同地质体的界线[图8-12(a)]，作为线状建模要素，通过平行线构面、闭合线构面等方式建立 TIN 模型[图8-12(b)]。模型视相应地质体的空间关系进行必要的图形处理，如脉体穿插围岩、岩体侵入围岩、断层切过地层和脉体等[图8-12(b)]，构建不同地质体在坑壁中的出露面[图8-12(c)]。这种坑道地质形态模型可以直接作为矿山地质人员的可视化参考，并为后续的矿床地质体建模提供基本的局部形态面。采用以上方法对编录的岩性界线(浅变质岩和花岗岩)进行分段建模，最终建立了以下地质体模型。

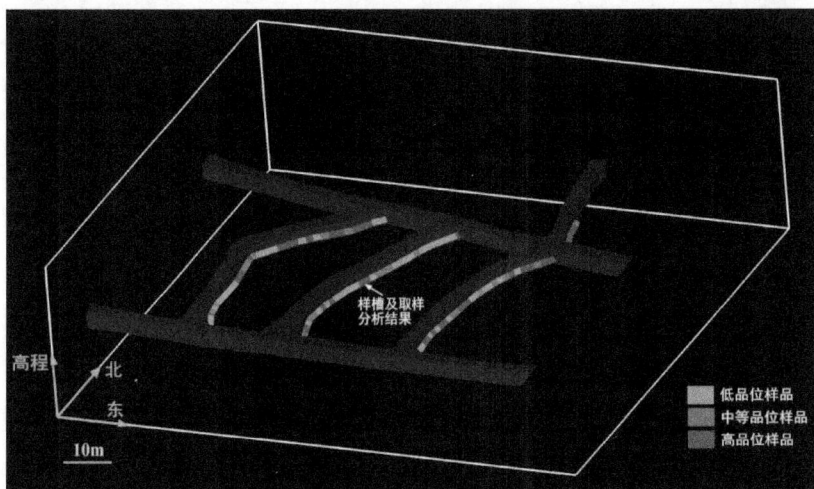

扫一扫，看彩图

样槽及取样
分析结果

高程
北
东

10m

低品位样品
中等品位样品
高品位样品

扫一扫，看彩图

图 8-11　448 中段三维坑道及数据库的实时呈现

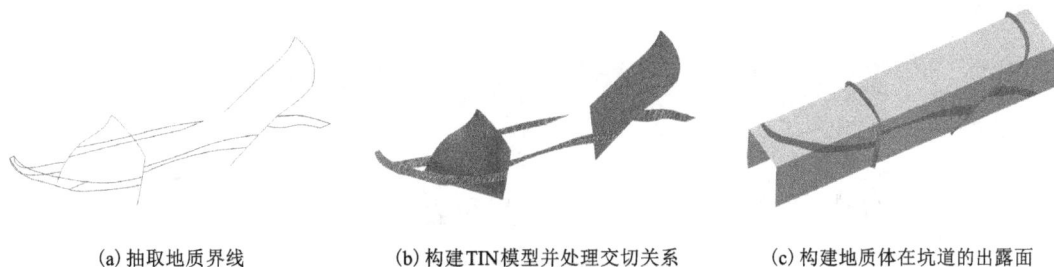

(a)抽取地质界线　　　　(b)构建TIN模型并处理交切关系　　　(c)构建地质体在坑道的出露面

图 8-12　坑道揭露地质要素的三维建模

(1)地表模型：抽取矿区地形地质图中的等高线，将等高线打散为点数据，以点数据为约束构建研究区地表的数字高程模型。

(2)花岗岩体模型：本区花岗岩主体分布在 328 m 以下，由 328 m、268 m 坑道揭露(图 8-13)；抽取坑道中花岗岩与围岩的边界，并推定 268 m 以下逐渐过渡为全花岗岩空间，构建花岗岩与浅变质岩的接触面，并向下推一定深度后建立封闭的岩体模型(图 8-14)。

(3)断层模型：研究区控矿断层 F_5 和 F_6 由地表断层线和坑道编录资料共同揭露，地表以下主要由 496 中段坑道揭露，根据坑道实测的产状延伸出地下局部断层面(图 8-15)；深处无坑道揭露的部分则依据浅部产状顺延，再提取地表断层线作为边界约束，将地下断层面与地表断层线连接融合，构建 F_5 和 F_6 断层的曲面模型(图 8-15)。

(4)矿体模型：根据矿床工业品位在坑道样段中圈出矿段(图 8-11)，抽取矿段与围岩的边界，构建矿体模型。

(5)资源/储量预测模型：对矿体曲面模型进行三维剖分生成六面体块段模型，以坑道取样数据中钨品位为原始数据，通过空间插值生成每个六面体的品位属性(图 8-16)。

▶ 135

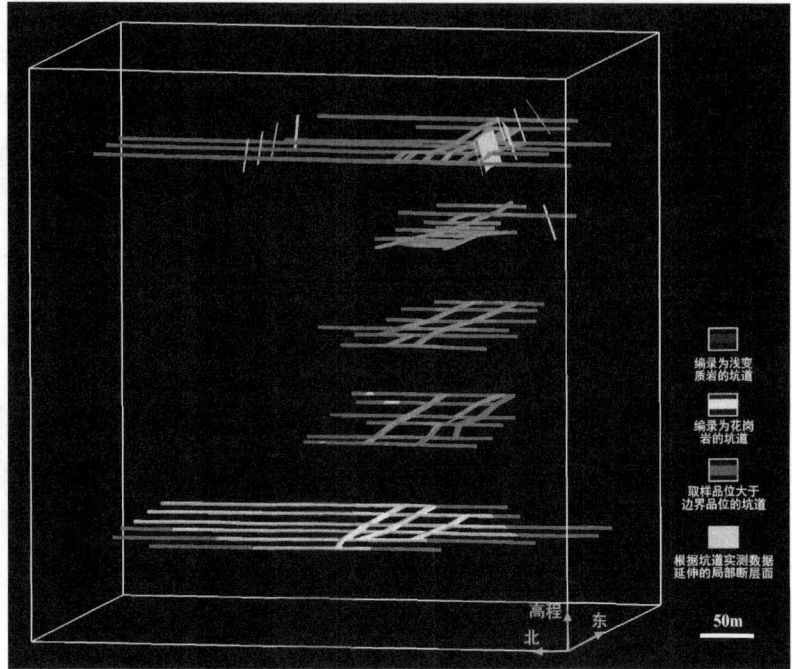

图 8-13　全中段三维坑道的地质分段

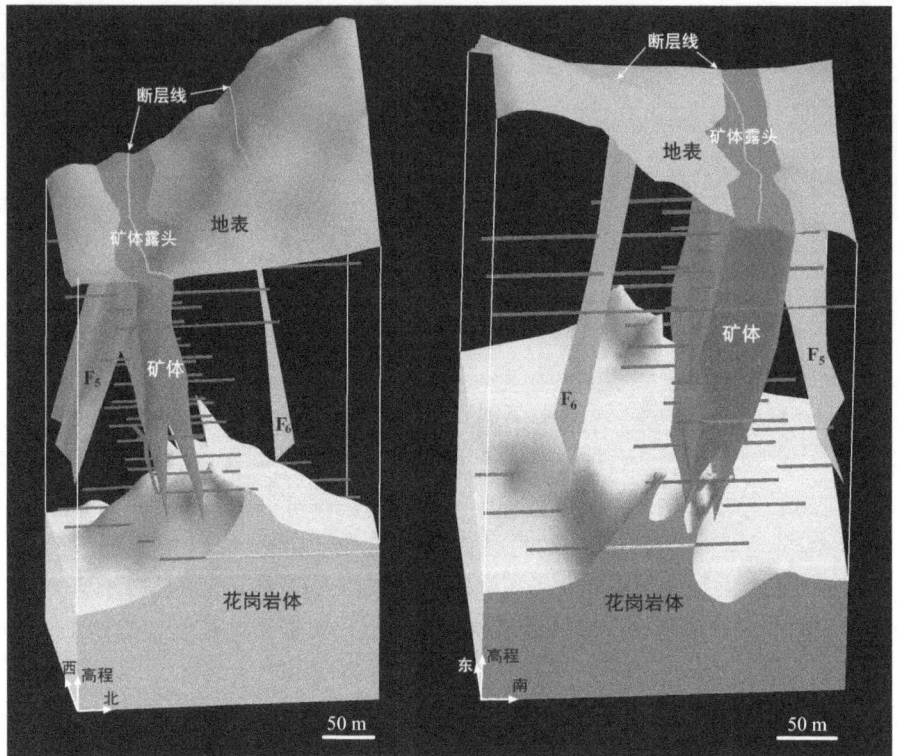

(a)东南视角　　　　　　　　　　(b)西北视角

图 8-14　研究区地质体的三维形态模型

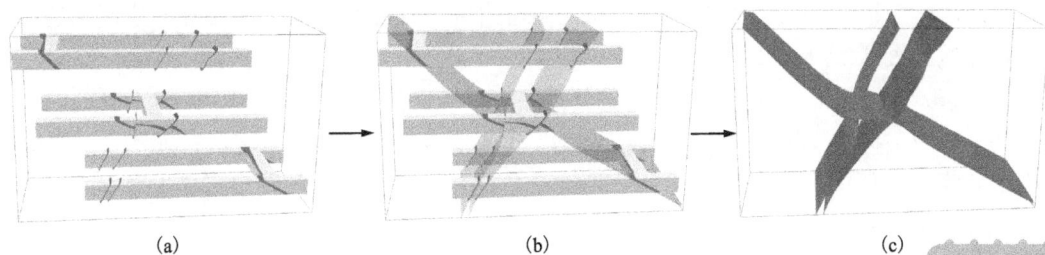

图 8-15　断层的地质解译与三维建模流程

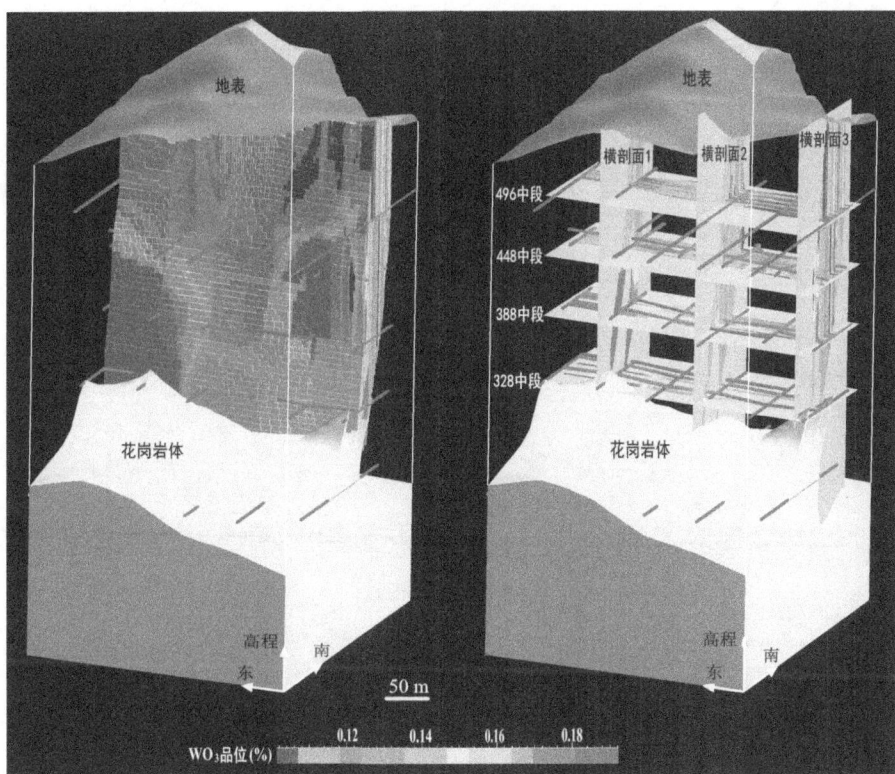

扫一扫，看彩图

扫一扫，看彩图

(a)实体模型　　　　　　　　　　　　(b)模型切面栅格

图 8-16　研究区资源/储量预测模型

8.2.3　基于勘探剖面建模法

勘探剖面图是矿山最常见的历史资料图件，受限于过去的数字化技术，很多老矿山资料只剩剖面图可供建模使用。由于勘探剖面是方向受限制的工作面，建模对象的局部特征可以通过有限平面内的开放或封闭线段来表示，因此线状约束的 TIN 建模法适用于基于勘探剖面的三维建模。以下以某钼铜矿为实例说明建模的流程。

(1)按照 8.1 节的方法转换和归一化勘探剖面数据，在剖面上圈连出目标地质体，本次应用实例拟建立成矿相关的隐爆角砾岩和花岗斑岩的岩性界面,因此在剖面上分别圈连出这两类岩性边界线[图8-17(a)]。

(2)提取8个剖面上的隐爆角砾岩的界线,在三维空间中形成了一系列平行的线状约束,通过基于约束边的Delaunay三角剖分构建TIN模型。在实际建模中,常遇见如图8-17(b)所示的地质体分支的情况,此时将前一个剖面完整的封闭线圈打断为两个封闭的子线圈,根据空间位置分别连接下一个剖面不同的分支部分[图8-17(c)]。

(3)依次构建所有剖面间的TIN模型,并对最北和最南边界剖面上的线圈做外推封闭处理,获得隐爆角砾岩的界面模型[图8-17(d)]。

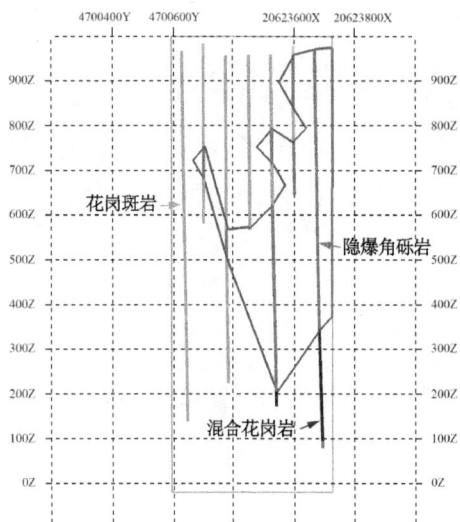

(a) 在剖面上圈连岩性界线

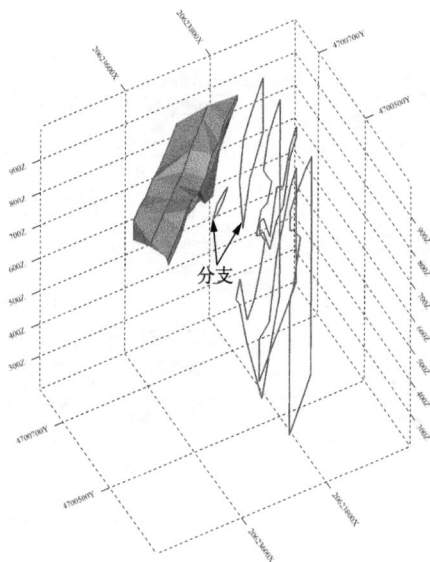

(b) 基于平行封闭线圈构建TIN模型

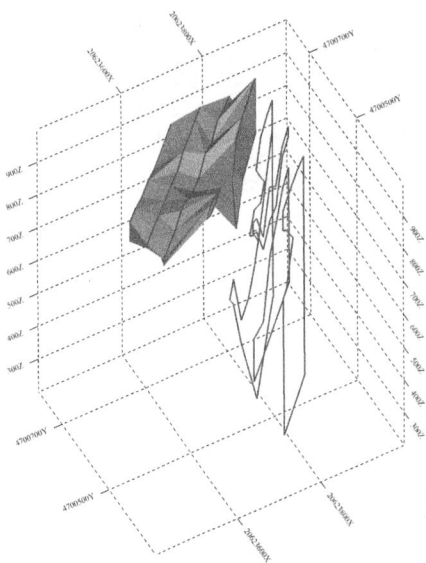

(c) 地质体分支处理

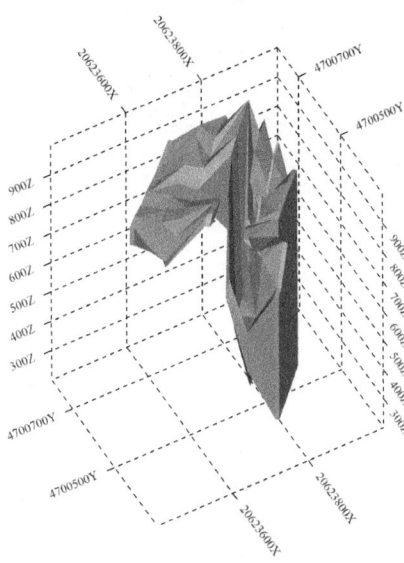

(d) 隐爆角砾岩界面

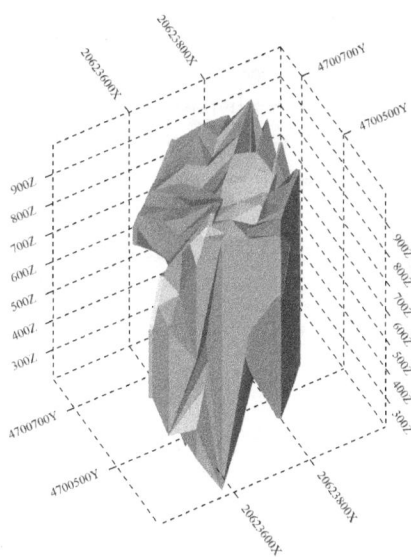

(e) 隐爆角砾岩与花岗斑岩的复杂空间关系　　(f) 曲面优化和光顺

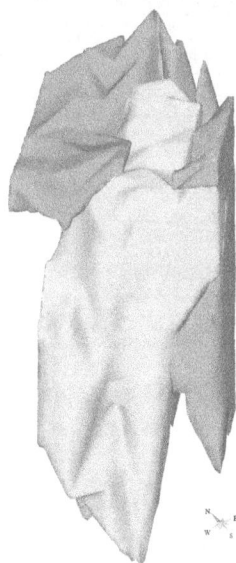

图 8-17　基于勘探剖面法的建模流程

(4) 按同样的步骤构建花岗斑岩的三维岩性界面[图 8-17(e)]，由于两者存在复杂的空间交界和交缠的关系，应提取交接的边界作为约束面参与下一步的曲面光顺过程。

(5) 对岩性界面进行离散光滑插值，此时应特别注意将原始的地质界线作为线状约束参与插值过程，无约束的插值过程会产生光滑的曲面，但在剖面所在位置会出现与真实数据不符的局部界面，如图 8-18(a) 中的凸起处曲面与数据点脱离。将地质界线打散为散点后加入离散光滑过程[图 8-18(b) 中红色约束点]，可以生成符合真实数据点分布的光顺界面[图 8-18(c)]。通过这种带约束的离散光滑插值过程，优化了隐爆角砾岩和花岗斑岩的三维曲面模型[图 8-17(f)]。

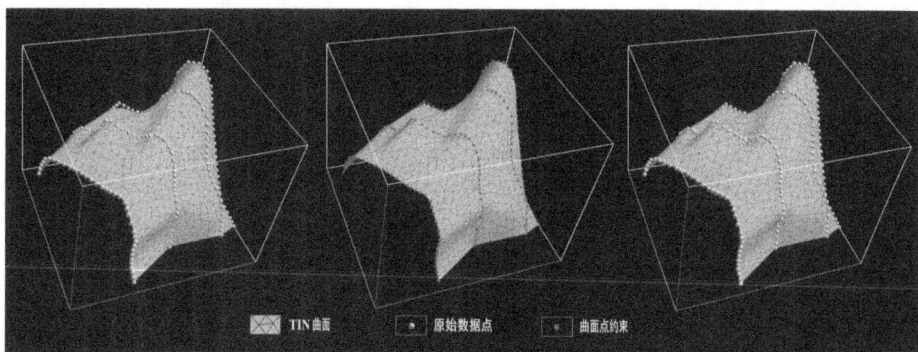

(a) 原始界线与插值生成面冲突　　(b) 将线状约束打散为散点并设为约束点　　(c) 约束参与的离散光滑插值过程生成与原始数据一致的曲面

图 8-18　线状约束下地质曲面的构建

8.2.4 多源数据融合建模法

多源数据融合法是集成上述多种方法数据源进行建模的方法，多源数据融合的难点在于各数据源对空间信息的表达方式和表达精度不同，需要转化为相同的图形形式，而且在数据重叠部分信息发生冲突时，应根据表达精度对建模施加等级不同的约束。本书采用一种基于多级约束的多源数据融合法，可以较好地解决多源数据几何建模的问题。该方法通过"归元"的思路，将各数据源的表达形式转为最基本的"约束点集"，同时根据表达精度和建模层次将不同数据对建模的约束从高到低分为四级，分别如下。

1. 第一级约束：图形学约束

控制生成的几何体符合数据模型的基本要求，如消除 TIN 模型中的无效链接、重叠网格区域和自交叉的三角面片。这些图形学错误往往会出现在形态异常复杂的不规则岩体或矿体建模的过程中，通过人工干预施加强约束时，可能会生成畸形的三角网。

2. 第二级约束：数据约束

各种勘查工程揭露的信息是建模过程中唯一获取的对象地质体的真实信息，这些有限的揭露数据远远少于建模过程中地质解译和曲面插值产生的过渡性建模数据，因此这些真实的信息量反而会在最终的模型中被屏蔽或削减。设置数据约束的意义在于，可以将所有真实揭露的数据作为约束对生成的模型进行重构和光顺，保证最终模型严格符合原始数据的空间分布特征。但需要指出的是，并非所有揭露的信息都能作为数据约束，比如坑道中获取的地质界面的产状数据往往只能表达地质体的局部特征，有时候反映的甚至是与整体特征相反的假象（如部分陡倾斜断层或褶皱核部的产状），这些产状数据应归为第四级约束，不能作为第二级约束参与对整体模型的重构和光顺。

3. 第三级约束：知识约束

知识约束是指在数据匮乏的区域建模时，需要建模者调用自身的地质知识体系，通过添加辅助点、线和趋势的方式融入建模者对模型反映的地质对象的理解，这些要素可以直接作为离散光滑曲面插值的约束，但辅助要素并不是真实揭露的要素，因此在信息冲突时其权重要低于二级数据约束。

4. 第四级约束：产状约束

各种界面的产状是将有限的揭露信息扩展到广阔建模区域的有效途径，产状约束的实质是确定局部揭露地质界面的延伸向量，在理想的情况界面可以沿着产状无限延伸，直至被地表剥蚀面或深部侵入体界面截断。但如前所述，地质界面的形态是复杂的，产状变化是一种常见的现象，所以产状约束是较弱的约束条件，需要通过更高三级的约束进行修正。

基于多级约束的多源数据融合法的基本思想是：将多源数据还原到三维空间，建模的流程不再局限于工程范畴（钻孔、坑道、勘探面和水平中段等），也不是固定地由点到线再到面，而是以概念、准则和现象为约束，将建模区域划分为多个子区域，在子区域中通过反映数据驱动的"元约束点"和反映知识驱动的辅助线及辅助面的混合使用，模拟出多种可能的模型，然后根据多级约束确定最合理的子区域模型。最后将各个子区域模型进行融合，形成最终的三维形态模型。设置多级约束的意义在于，越高等级的约束对模型的控制效力越高，在模拟的过程中，建模约束从低级向高级发展，模型在越来越多的约束下由概念化向具体化完善，由粗糙的轮廓模型发展到精细的曲面和实体模型。

本节以一应用实例来实践多源数据融合建模法。某热液矿床的成矿作用与花岗岩体密切相关，花岗岩在地下空间的分布是地质勘探和建模工作的重点，多源勘探资料揭示了花岗岩体不同部位的特征。

(1)矿区大比例尺的填图圈定了花岗岩的露头范围[图 8-19(a)]，提取的花岗岩出露面可作为二级数据约束①。

(2)浅部 860 m 和 780 m 中段的两处坑道揭露了花岗岩和围岩砂岩的分界面[图 8-19(b)]，可作为二级数据约束②；同时，两处坑道测得花岗岩边界面的产状分别为 153°∠29°(四级产状约束①)和 161°∠32°(四级产状约束②)，因此可以根据产状约束①②延伸数据约束②，构建浅部岩体的局部曲面[图 8-19(b)]。

(3)6 个钻孔揭露了岩体深部的边界面信息[图 8-19(c)]，可作为二级数据约束③；根据 8.2.1 节基于钻孔建模法构建深部岩体的局部曲面模型[图 8-19(c)]，该曲面反映了深部岩体界面的产状为 155°∠56°(四级产状约束③)。

(4)从以上步骤中可以看到虽然产状约束①②③都源自真实的工程揭露，但它们在浅部和深部的倾角相差很大，按照任意一处的四级产状约束构建的整体岩性面都会与至少一处的二级数据约束冲突，而由于缺乏足够的数据，也无法直接根据数据约束来构建整体曲面。此时需要加入建模者的地质解译：侵入岩体界面从浅部到深部逐渐变陡是符合一般地质规律的，建模者可通过构建辅助剖面和辅助线的方式建立三级知识约束，补充由浅部缓曲面到深部陡曲面的过渡面，从而连接浅部和深部的岩体面[图 8-19(d)]。

(5)三级知识约束下构建的岩体边界面与二级数据约束①之间存在一段空白区域[图 8-19(d)]，通过提取两个局部子模型的边界线，打断其他方向的线段，桥接空白区域进行三角剖分，生成地表和浅部过渡区域的曲面[图 8-19(e)]。

(6)至此，岩体南边界面表、浅、深部的模型都已生成，但从局部曲面来看，由于建模过程中加入了大量四级产状约束和三级知识约束生成的三角面片，此时生成的模型已经出现了与二级数据约束不一致的地方[图 8-19(e)]。因此需要将数据约束①②③再次作为图形学约束，进行曲面的离散光滑插值，生成与揭露数据一致的曲面模型[图 8-19(f)]。

(7)根据图形学约束要求对最终模型进行校验，生成最终的三维形态模型[图 8-19(f)]。

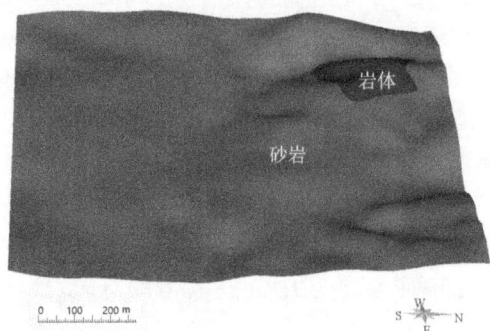

（a）提取地表填图揭露的岩体出露面

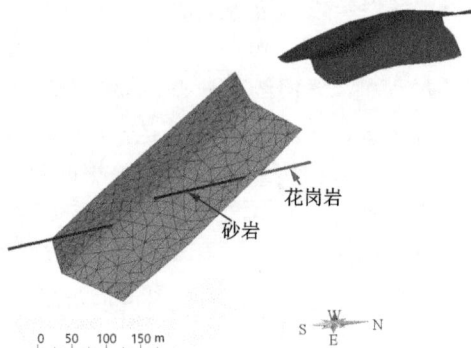

（b）根据浅部坑道揭露的产状约束建立局部岩体面

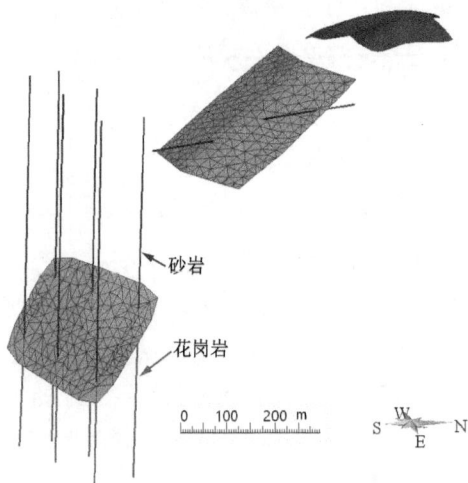

（c）根据深部钻孔揭露的产状约束建立局部岩性边界面

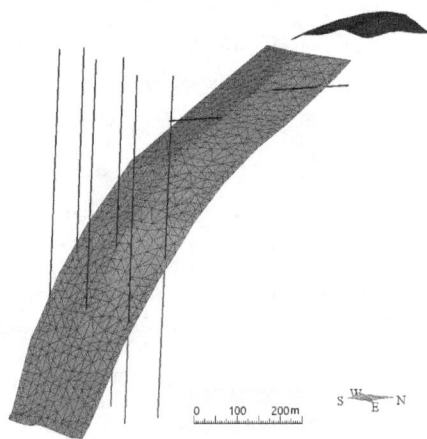

（d）知识约束下的地质解译与岩体面建模

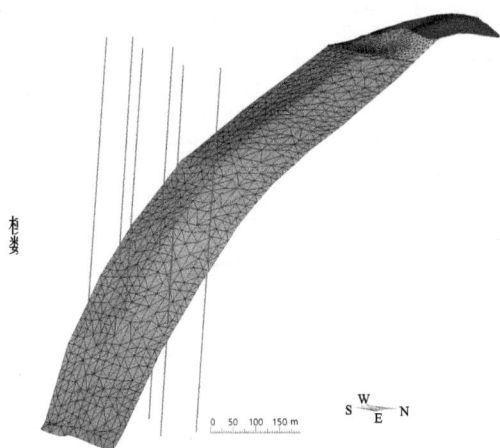

（e）连接表面和浅-深部子模型

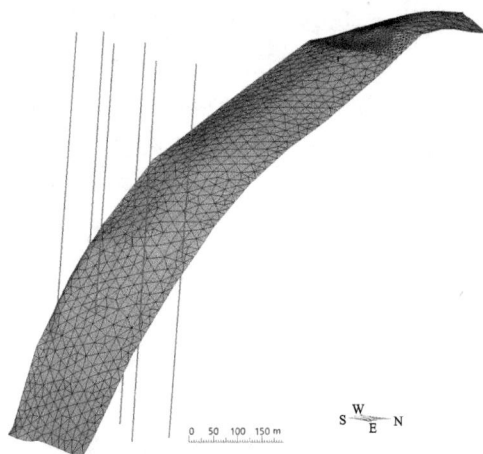

（f）数据驱动下曲面重构与优化

图 8-19　基于多级约束的多源数据融合建模法实例

扫一扫，看彩图

课后思考题

1. 分析多面对象三维建模前处理的难点，谈谈如何克服这些难点。
2. 简述原始二维图件转化为三维空间体的方法原理。
3. 简述基于钻孔自由剖面的建模流程。
4. 谈谈属性建模的核心算法，以及如何能最大程度上提高属性模拟的精度。
5. 总结多源数据融合建模法的基本思想和实施步骤。

主要参考文献

[1] 孙涛，李慧，达朝元，等.矿床三维地质模拟方法与应用[M].长沙：中南大学出版社，2020.

[2] Houlding S W. 3D geoscience modeling, computer techniques for geological characterization[M]. Berlin: Springer, 1994.

[3] 孙涛，周凯，蒲文斌，等.一种基于分级约束的水平勘查系统用三维地质建模方法：CN202111641552. 7[P].2023-08-11.

[4] 武强，徐华.三维地质建模与可视化方法研究[J].中国科学(D辑：地球科学)，2004(1)：54-60.

[5] 潘懋，方裕，屈红刚.三维地质建模若干基本问题探讨[J].地理与地理信息科学，2007(3)：1-5.

[6] 明镜.三维地质建模技术研究[J].地理与地理信息科学，2011，27(4)：14-18，56.

[7] 吴冲龙，何珍文，翁正平，等.地质数据三维可视化的属性、分类和关键技术[J].地质通报，2011，30 (5)：642-649.

第9章　地质大数据与人工智能技术

大数据与人工智能技术正在深刻改变各行各业的形貌，地质大数据与人工智能也成为地质科学研究的前沿课题。本章简要介绍地质大数据与人工智能的研究进展和方法体系，帮助读者了解这一类信息时代前沿高新技术在地质中的应用前景。

9.1　信息时代的地质科学大数据

地质学是一门研究地球如何演化的自然科学，以固体岩石圈为主要研究对象，探讨地球各圈层的物质组成、内部构造、外部特征以及各层圈之间的相互作用和演变历史。地质学的产生源于人类社会对石油、煤炭、金属、非金属等矿产资源的需求，随着社会生产力的发展，人类活动对地球的影响越来越大，地质环境对人类的制约作用也越来越明显。如何合理有效地利用地球资源、维护人类生存的环境，已成为全球共同关注的问题。因此，地质学的研究领域进一步拓展到资源的合理利用、环境保护以及人类与自然和谐可持续发展的研究上。地质学通过对自然现象的观察，揭示观测数据中的内在规律，其本质上是一门信息学科，也是典型的数据密集型科学。进入 21 世纪以来，随着地球信息探测技术的日新月异，获取数据的能力不断提高，全球积累的地球观测数据呈指数级增长，截止到 2020 年全球数据总量已达到40 ZB。地质大数据具有多元、多维、多源、异构、时空性、方向性、相关性、随机性、模糊性、时空不均匀性和过程的非线性等特点。地质大数据与一般大数据有相似之处，但在专业性和复杂性上更为显著，给地质学带来了前所未有的机遇与挑战。

当前，大数据正在影响着人类生活，改变着人类认识和研究世界的思维方式。大数据时代，数据密集型知识发现成为继理论科学、实验科学和计算科学后科学研究的"第四范式"。2008 年和 2011 年，*Nature* 和 *Science* 杂志分别出版了大数据研究的专刊。如今，大数据研究已经成为各国关注和优先发展的国家战略性技术之一。作为国家大数据战略的重要组成部分，地质大数据的应用研究方兴未艾。人工智能、物联网、云计算等技术的兴起，使信息技术渗透方式与处理方法及应用模式发生变革，地质研究中多系统联合与结合成为可能。

地质大数据不仅改变了地质学家研究科学问题的思维范式，也给以数据分析为基础的地质行业带来了技术革新。随着各领域数据化水平的提高，地质大数据有效地打通了信息孤岛，使定量化分析能够进一步推进。地质大数据的应用服务主要体现在以下五个方面（翟明国等，2018）。

（1）基础地质调查。《国土资源"十三五"科技创新发展规划》指出，要推进数字地质调查系统向智能化方向发展，逐步实现地质数据快速采集、实时汇聚、高效分析处理与建模，推动大数据技术支撑下的智能地质调查和服务模式创新，深化地质填图、矿产地质调查、油气地质调查、海岸带综合地质调查等领域的应用。如何将分布式的数据云存储、云管理和云服务体系应用在我国各类基础地质调查数据库，实现海量、碎片化、非结构化与多样性的数据高效快速存储，是大数据时代基础地质调查研究的热点。此外，我国正在积极推进数字地质调查工作，中国地质调查局开发的"地质云"已经在 2017 年正式发布并上线服务。该系统面向各类地质调查专业人员提供基础地质、矿产地质、水工环地质、海洋地质等多类专业数据共享服务；面向社会公众提供多类地质信息产品服务。升级完善的智能地质调查系统已在基础地质和矿产地质调查领域示范应用。

（2）国土资源管理。国土资源部门在多年的信息化建设实践中积累了海量的土地数据，并提出了国土资源全尺度数据整合与大数据构建技术。2016 年国土资源部提出要持续完善国土资源"一张图"数据资源体系，推动多源数据的整合与共享。其中大数据采集与分析技术成为构建决策支持系统、智库信息化工作平台，逐步形成信息化条件下的新型"互联网＋"智库运行体系的重要技术手段，提升了国土资源宏观调控、管理监测、形势分析、政策评估、舆情分析等领域的决策支持能力。

（3）地质灾害监测。以物联网、大数据技术为支撑，从海量地质灾害数据中充分挖掘数据的潜在信息价值，并结合多轨道、多尺度和多时相的遥感环境监测技术，建立智能化的地质灾害、地下水、矿山地质环境、地面沉降、水土环境、地质遗迹等调查、监测数据采集系统和预警预报系统，从而加强对灾害发生趋势的研判和预测，强化实时监测与预警，用数据的力量防治地质灾害。

（4）矿产资源勘查。矿产资源是国民经济发展所需的重要物质基础，而矿产资源预测是资源发现与勘查中的关键工作。以往专业人员都是在一定的理论和方法指导下，凭借已有的知识和经验并采用定性或定量的方法进行预测找矿。而随着矿产资源预测理论的不断完善更新，以及地质信息与虚拟现实技术、3S 技术、数据库技术、三维建模及可视化技术等的有机融合，新理论和新技术在认识新的成矿规律方面发挥了重大作用。这种方法是从地质科学相关的海量数据中进行挖掘，能够对各种矿床类型进行多维度、多特征的描述和建模，从而代替由少量参数构成的预测模型，实现了地质理论和实际问题解决、数学应用和数学模型研究与信息技术应用三者有机结合的矿产资源预测评价。此外，在大数据驱动下，成矿预测理论的不断进步，进一步催生了大量以空间数据库为基础的三维可视化软件系统和矿产资源预测系统，为智慧找矿奠定了基础。

（5）三维可视化。数据可视化是描述、表达和理解各种半结构化甚至非结构化问题的关系和模型的最佳方法和手段。以地质空间大数据为基础，结合三维可视化、虚拟现实技术等，针对地质体和地质结构进行三维动态可视化建模，则可构成"玻璃地球"，帮助科研人员分析、预测、评估和决策。以数字矿山技术发展为例，三维可视化技术能够更加生动地展示矿山地质地貌的信息，清楚地反映矿体赋存状态，从而综合、动态地指导研究人员进行矿体定位与成矿预测。

地质科学大数据是一种时空大数据，主要产生于基础地质、矿产地质、水文地质、工程地质、环境地质、灾害地质的调查、勘查和相应的地质科学研究过程中，能源、矿产的开发利用和环境、地灾的监测、防治过程中，以及各类天基、空基对地遥感观测活动中。数据采集的具体手段，包括露头地质观测、勘查工程、地球物理探测、地球化学探测、遥感和物理测试、化学分析。因此，地质科学大数据具有科学大数据的显著属性：所有地质科学研究和资源勘查生产的对象，就其形成过程和分布状况而言，均具有庞大的时间与空间范围和复杂的层次结构，所采集的地质数据，在时态特征上有静态和动态之分，在聚集方式上有间歇性集中积累和连续性分散积累之分。其中，各类地质调查和勘查数据是静态的间歇性集中积累，而各类资源开发、监测和对地遥感观测数据是动态的连续性分散积累(吴冲龙等，2016)。

科学大数据具有高维度(high dimension)、高计算复杂性(high complexity)和高不确定性(high uncertainty)，地质科学大数据是其中典型的一类。由于地质对象演化的时间漫长、空间庞大，各种地质作用影响因素众多，过程曲折反复，而且地质体深埋于地下，存在着"参数信息不完全、结构信息不完全、关系信息不完全和演化信息不完全"的状况，因此这种高维度、高计算复杂性和高不确定性更为显著，地质科学大数据在形式上具有显著的多类、多维、多量、多尺度、多时态和多主题特征，与社会生活和商业活动所产生的大数据有一定差别，但贴合地质大数据的特征，即体量大而完整(volume)、类型多且关联(variety)、聚集快却杂乱(velocity)和价值大但稀疏(value)。地质数据既有结构化的，也有半结构化的和非结构化的，通常呈碎片化状态以文本、图形和图像方式堆积(吴冲龙等，2016)。例如，大量的野外露头描述数据、钻孔岩芯描述数据和各种地质调查、勘查报告，以及大量地质图件、素描和照片，长期以来是以纸质形式存储和管理的，即便已经建立众多关系数据库、空间数据库和对象关系数据库，也主要是存储和管理那些表格化和矢量化了的结构化数据，而文字描述、记录和总结等，都是以大字段的文本方式和栅格图形方式入库的，很少进行规范化处理和结构化转换，缺乏一种能够有效地一体化存储和管理结构化、半结构化和非结构化数据的方式。此外，地质科学大数据与社会生活和商业活动大数据的差异，还表现在数据采集和处理方法，以及信息感知、数据挖掘和知识发现的方法上。

地质大数据挖掘的内容，就是从地质数据库和数据仓库中发现可能的知识类型。根据一般的空间数据挖掘理论，地质时空大数据挖掘的主要内容包括以下方面：①空间几何知识，例如几何度量及其统计规律；②时空特征规则，例如特征出现的位置与拓扑关系；③时空分布规律，例如时间节律、分带性及其组合规律；④时空趋势规则，例如变化趋势及其控制因素；⑤时空异常规则，例如地质异常及其控制因素；⑥时空分形规则，例如奇异值、分形与多重分形现象；⑦面向对象的知识，例如对象子类中的普遍性特征；⑧时空协同定位规则，例如特定对象的布尔空间子集；⑨时空分类规则，例如空间实体特征、变化和属性差异；⑩时空聚类规则，例如时间、空间和状态聚类；⑪时空关联规则，例如对象实体时空共生条件及拓扑关系；⑫时空依赖规则，例如实体间或属性间函数依赖关系及变化；⑬时空区分规则，例如多维时空中实体的分布与区分；⑭时空演化规则，例如空间目标随时间的变化；⑮时空预测规则，例如属性特征的时空差异性预测；⑯时空决策规则，例如目标时空特征和行为的应对规则(吴冲龙等，2016)。

9.2　地质大数据

1.地质大数据的基本概念与特征

1）大数据

大数据（big data），指一种规模大到在获取、存储、管理、分析方面大大超出了传统数据库软件工具能力范围的数据集合，需要新处理模式才能具有更强的决策力、洞察发现力和流程优化能力的海量、高增长率和多样化的信息资产。"大数据"概念最早在 2008 年由维克托·迈尔-舍恩伯格（Viktor Mayer-Schönberger）和肯尼斯·库克耶（Cukier Kenneth）提出，但这一术语的出现和使用实际早于此时间。早在 1981 年，著名未来学家阿尔文·托夫勒（Alvin Toffler）便在《第三次浪潮》一书中，将"大数据"视为"第三次浪潮的华彩乐章"。

大数据是一种自下而上的知识发现过程，即在没有理论假设的前提下，预知趋势和规律。大数据技术的战略意义不在于掌握庞大的数据信息量，而在于对这些有意义的数据进行专业化处理。大数据分析不用传统的抽样调查法，而是采用所有数据进行分析处理。大数据分析更关注数据的相关性及其隐含的价值，往往挖掘的是那些不能直接发现的信息和知识，甚至是违背直觉的，有时甚至是出乎意料的价值，它注重预测与发现，关注全体数据及其相关性（张旗和周永章，2017）。

2）地质大数据

大数据系统通常涉及多个不同的阶段，最让人广为接受的是 4 个连续阶段，包括数据生成、获取、存储和分析。地质工作旨在采用 7 种主要手段，包括野外调查、钻探槽探、地球物理探测、地球化学探测、遥感、分析测试和综合研究，研究探索地球表层及内部的物质构成、结构及演化。基于以上的工作手段，大范围、长时间采集巨量地质数据，利用项目汇聚、资料汇交等方法，形成稳定数据集。因此，地质工作是一个巨量数据采集、汇聚存储管理、分析利用与成果综合的大数据完整生态过程。

地质大数据是信息时代背景下大数据的理念、技术和方法在地质领域的应用与实践。地质大数据涉及地球的各个圈层，涉及地球形成与演化的历史，涉及地球的物质组成及其变化，涉及矿产资源的形成、勘查与开发利用，涉及人类环境的破坏与修复等。在当前地质工作中，各种复杂类型数据的采集、挖掘、处理、分析与应用都与信息社会的"大数据"不谋而合，或者说，地质大数据是"大数据"体系的一个重要组成部分（谭永杰等，2017）。

地质大数据是一种时空大数据，应用"大数据"理念来研究成矿系列和成矿规律，实际上就是充分利用与"矿"有关的各种数据来厘定矿床的成矿系列、总结成矿规律并以各种适当的方式表达出来（包括声音、图像）。这种"全息"式的研究有别于传统的"抽样调查"，故也可称为"大数据成矿规律""大数据成矿系列"等（王登红等，2015；吴冲龙等，2016）。

3）地质大数据的特征

地质大数据除了符合大数据的基本特征外，还因地质对象演化的时间漫长、空间庞大、各种地质作用影响因素众多、过程曲折反复等原因，其数据结构更加复杂，主要特征包括：

（1）数据来源丰富。多手段、多平台、多仪器，处理与管理方式、数据模态、数据描述方式及结构等多样。

（2）高度时空性。地质数据都有特定的空间位置和时间点，不同地质时代的岩石、地层、矿床具有不同的分布特征和规律、时间和空间属性。

（3）大容量、高相关、低价值密度。由于观测对象广阔、手段多样、探测历史悠久，形成了巨量数据；数据描述的对象相对稳定，数据间相关性高；但对于大量的物化探异常信息，真正验证取得找矿突破的较少。

（4）复杂性与模糊不确定性。数据本身是客观的、量化的，但是对观测对象的认知是一个无穷尽的逼近过程，描述客观对象的数据复杂，大多呈现出模糊不确定性。

4）地质大数据的机遇和挑战

大数据处理要求将多源、异构、动态、海量的非（半）结构化数据快速有效地转化为能被分析决策利用的结构化信息（周永章等，2017）。地质、钻探、物探等数据反馈功能不够，无法很好地监控并预测未来；基础性研究数据积累不够，难以达到大数据的要求；由于条块分割、部门分割，开放、公开、易获得的数据源难以实现。

上述原因决定了地质大数据在采集、存储、管理和处理技术应用上存在一定的困难：数据描述与建模困难，缺乏科学有效的特征描述与对象建模基础，类型繁杂，影响数据组织与分析；多源、异构、大容量导致数据组织管理困难，多样化、碎片化的海量地质数据存在存储管理模型、集成共享问题；数据挖掘分析处理难度大，多模态时空对象分析、地质大数据知识获取等技术需要突破；有效决策支撑与可视化，复杂性及结果模糊性为有效决策与可视化带来困难。

大数据技术的意义不在于掌握规模庞大的数据信息，而在于对这些数据进行智能处理并从中分析和挖掘出有价值的结构化信息。从数据、信息、知识、财富、服务再到数据的循环构成了复杂完整的链条。

基于大数据理念，充分利用现代数学地质理论与方法以及云计算、物联网、移动通信等新一代信息技术，加强两者交叉融合，为加快实现地质找矿突破等方面提供了前所未有的机遇。未来地质大数据发展机遇在于云计算、资源的虚拟化管理及应用，要重点关注数据的质量、数据的集成与数据的时效性，以及由此带来的数据公开与隐私保护的问题（孟小峰和慈祥，2013）。

2. 地质大数据系统

目前，地质大数据研究与应用主要存在数据来源有限（公开数据少）、数据类型混杂、数据来源分散、数据质量存疑、数据应用方法不清晰以及数据应用工具缺乏等诸多困难，导致缺乏明确解决方案的指引，且大数据产品较为匮乏。未来的研究趋势将包括数据的资源化、与云计算的深度结合、高效的数据管理以及数据生态系统复合化程度的加强。任何完整的大数据系统一般包括以下的几个过程（赵鹏大，2023）。

1）数据采集

数据采集是所有数据系统中必不可少的环节，处于大数据生命周期的第一个阶段。根据应用系统分类，大数据采集主要有四种来源：管理信息系统、Web 信息系统、物理信息系统、科学实验系统。对于不同的数据集，可能存在不同的结构和模式，如文件、XML 树、关系表等，表现为数据的异构性。随着数据源的多样化、数据量的增加以及数据变化速度的加快，如何保证数据采集的可靠性、避免重复数据、确保数据质量，已成为大数据采集中的突出挑战。

2）数据管理

在地质时空大数据模型构建中，数据的管理与融合是基础性的研究课题，它贯穿于矿床与地质研究对象认知模型、矿床与地质时空数据感知模型、矿床与地质时空数据分析模型、矿床与地质时空数据挖掘模型、矿床与地质时空数据预测模型及地质时空数据决策模型研究中（周永章等，2017）。传统的数据存储和管理以结构化数据为主，关系数据库系统可以满足基本应用需求。然而，大数据往往是以半结构化和非结构化数据为主，结构化数据为辅。而且各种大数据应用通常是对不同类型的数据进行内容检索、交叉比对、深度挖掘与综合分析。面对这类应用需求，传统数据库无论在技术上还是功能上都难以为继，因此需要开发适配的新型数据库适应大数据时代的需求。

3）数据挖掘

数据挖掘是指从大量的资料中自动搜索隐藏于其中的有着特殊关联性信息的过程。大数据分析的理论核心就是针对不同的数据类型和格式，需要不同的数据挖掘的算法，以更加科学地呈现数据本身具备的特点。由于能通过相关关系挖掘出深度价值，各种多元统计方法成为重要的数据挖掘分析工具。

预测分析是一种数据挖掘方案，可在结构化和非结构化数据中使用算法和技术，进行预测、预报和模拟。大数据表征的是过去，但可以用来预测未来的变化。预测性分析是大数据分析最终应用的重要领域之一，是大数据最核心的功能，它从大数据中挖掘出特点，通过科学建模，代入新数据，即可预测未来。许多公司利用大数据技术来收集海量数据、训练模型并发布预测模型来提高业务水平或者避免风险。

大数据挖掘的大多数时间都在于清洗数据。对多个异构的数据集，需要做进一步集成处理或整合处理，将来自不同数据集的数据收集、整理、清洗、转换后，生成一个新的数据集，为后续查询和分析处理提供统一的数据视图。数据清洗的作用主要包括：纠正错误、删除重复项、统一规格、修正逻辑、转换构造、数据压缩、补足残缺/空值、丢弃数据/变量等。

4）数据可视化分析

数据可视化是指将数据以合乎逻辑、易于理解的视觉形式来呈现，如图表或地图，以帮助人们了解这些数据的意义。人类的大脑对视觉信息的处理优于对文本的处理，因此使用图表和图形可以更容易地解释趋势和统计数据。大数据可视化是大数据分析的基本要求，它可以直观地呈现大数据特点，同时能够非常容易地被人类接受。常见的可视化技术包括基于图像的技术、面向像素的技术和分布式技术等。

数据可视化是研究数据展示、数据处理、决策分析等一系列问题的综合技术。目前正在飞速发展的虚拟现实技术也是以图形图像的可视化技术为依托的数据可视化技术。可视化能够把大数据变为直观的、以图形图像信息表示的、随时间和空间变化的物理现象或物理量，帮助研究者进行数据挖掘、模拟和计算。

9.3　人工智能与机器学习

9.3.1　人工智能与机器学习概述

1. 人工智能定义

人工智能(artificial intelligence, AI)的定义包含两部分，即"人工"和"智能"。

维基百科上的定义是：人工智能(又称机器智能, machine intelligence)是由机器表现的智能，与人类和其他动物所表现的自然智能相对应。这是关于"人工"的定义，即和人类或自然智能相对。但对于什么是"智能"却莫衷一是。大家现在唯一认同的智能就是人本身的智能，而我们对人类自身的智能理解非常有限。一些计算机科学家将"智能体"定义为任何可以感知其环境，并采取能最大化其目标实现可能性的动作的设备；一些管理科学家将"智能"定义为能正确地解释外部数据，从这些数据中学习，并利用所学，通过灵活地适应，来达成特定的目标和任务的能力。通俗地讲，一个机器只要能模拟人的认知功能，如人类思维中的学习和问题求解等，就认为它具有人工智能。

总的来说，人工智能学科是研究人类智能活动的规律，构造具有一定智能的人工系统，研究如何应用计算机的软硬件来模拟人类某些智能行为的基本理论、方法和技术的学科。人工智能学科通常被视为计算机科学的一个分支，但它涉及计算机科学、神经科学、心理学、认知学、哲学和语言学等各种自然科学和社会科学的学科，其范围已远远超出了计算机科学的范畴。

机器学习作为人工智能的一个子领域，是一种实现人工智能的方法。主要研究如何模拟或实现人类智能中的学习功能，即让机器自动地从经验中获得新的知识或技能。20世纪80年代，在以知识工程为主导的自上而下的知识获取方式陷入瓶颈时，机器学习作为一种自下向上获取知识的方法，受到日益广泛的研究，逐渐融入人工智能的各种基础问题中。现在，机器学习已得到广泛应用，如数据挖掘、计算机视觉、自然语言处理、生物特征识别、搜索引擎、医学诊断、信用卡欺诈检测、证券市场分析、DNA序列测序、语音和手写识别、机器人和汽车无人驾驶等。

近年来，在大数据和更快更强的计算机硬件的条件下，基于深度神经网络模型的深度学习方法引领了第三次人工智能浪潮的兴起。人工智能、机器学习和深度学习三者是相继包含的关系。机器学习是人工智能的子领域，而深度学习是一种机器学习方法，机器学习还有很多其他模型和方法，例如逻辑回归、支持向量机、决策树等。

2. 机器学习的发展历史

20世纪80年代末期，用于人工神经网络的反向传播算法(BP算法)掀起了基于统计模型的机器学习热潮。利用BP算法可以让一个人工神经网络模型从大量训练样本中学习统计规律，从而对未知事件做预测。这种基于统计的机器学习方法比起过去基于人工规则的系统，展现出多方面的优越性。此时的人工神经网络，虽也被称作多层感知机，但实际是一种只含有一层隐层节点的浅层模型。

20世纪90年代，各种各样的浅层机器学习模型相继被提出，如支持向量机、Boosting等。这些模型的结构基本上可以看成带有一层隐层节点或没有隐层节点。它们在理论分析和应用中都获得了巨大的成功，但由于理论分析难度大，训练方法需要丰富的经验和技巧，浅层人工神经网络在这一时期反而相对沉寂。

2006年，加拿大多伦多大学教授、机器学习领域的泰斗Geoffrey Hinton（2024年获诺贝尔奖）在 Science 上发表论文，开启了深度学习在学术界和工业界的浪潮。原有的多数分类、回归等学习方法为浅层结构算法，其局限性在于有限样本和计算单元情况下对复杂函数的表示能力有限，面对复杂分类问题其泛化能力受到一定制约。深度学习可通过学习一种深层非线性网络结构，实现复杂函数逼近，展现了强大的从少数样本集中学习数据集本质特征的能力。

3. 机器学习分类

机器学习所依赖的基础是数据，但核心是各种算法模型，只有通过这些算法，机器才能消化、吸收各种数据，不断完善自身性能。机器学习的算法很多，根据学习方式的不同，常见的机器学习算法可分为监督学习算法、非监督学习算法、半监督学习算法和强化学习算法（赵鹏大，2023）。

1）监督学习

监督学习是从给定的训练数据集中"学习"出一个"函数"，当新的数据到来时，可以根据这个"函数"预测结果。监督学习的训练集要求包括输入和输出，也可以说是特征和目标。训练集中的目标是由人标注的。

监督学习主要应用于分类（classification）和回归（regression）。常见的监督学习算法有K近邻算法、决策树、朴素贝叶斯、逻辑回归、支持向量机、AdaBoost算法、线性回归、局部加权线性回归等。

2）非监督学习

非监督学习是指在学习过程中，只提供事物的具体特征，但不提供事物的类别，让"学习者"自己总结归纳。所以非监督学习又称为归纳性学习，是指将数据集合分成由类似的对象组成的多个簇（或组）的过程。在机器学习过程中，人类只提供每个样本的特征，使用这些数据，通过算法让机器学习、归纳，以达到同组内的事物特征接近、不同组的事物特征相距很远的结果。常见的非监督学习算法有K均值聚类、Apriori和FP-Growth等。

3）增强学习

增强学习（reinforcement learning, RL）又称为强化学习，是近年来机器学习和智能控制领域的主要方法之一。通过增强学习，人类或机器可以知道在什么状态下应该采取什么样的行为。增强学习是从环境状态到动作的映射学习，我们把这个映射称为策略，最终增强学习是为了学习到一个合格的策略。此外，增强学习是试错学习（trial and error），由于没有直接的指导信息，参与学习的个体或者机器要不断与环境交互，通过试错的方式来获得最佳策略。增强学习算法主要有动态规划、马尔可夫决策过程等。

9.3.2　机器学习算法

机器学习的算法有很多,这里从两个方面来介绍,一是学习方式,二是算法的类似性(赵鹏大,2023)。

1.学习方式

依据数据类型的不同,对一个问题的建模有不同的方式。在机器学习或者人工智能领域、人们首先会考虑算法的学习方式。依据上一节机器学习分类,可知主要的学习方式分 3 种。

1)监督学习

常用的算法有逻辑回归(logistic regression)、反向传递神经网络(back propagation neural network)等。

(1)逻辑回归算法。

逻辑回归算法面向一个回归或者分类问题,建立代价函数,然后通过优化方法迭代求解出最优的模型参数,然后测试验证模型的好坏。它的名字虽然带有"回归",但实际上更多地用于分类,主要用于二分类问题,即回归模型中,目标 y 是一个定性变量($y=0$ 或者 1)。

优点:速度快,适合二分类问题;简单,易于理解,可以直接看到各个特征权重;便于更新模型吸收新数据。

缺点:对数据和场景的适应能力有局限性。

(2)反向传递神经网络。

该算法是对非线性可微分函数进行权值训练的多层网络。其神经元的变换函数是 S 型函数,因此输出量为 0~1 之间的连续量,它可以实现从输入到输出的任意非线性映射。由于其权值的调整采用反向传播的学习算法,因此称为反向传递神经网络。主要用于函数逼近、模型识别、分类、数据压缩等。

优点:算法简单,适应性强。

缺点:训练时间较长,存在局部极小值。

2)非监督式学习

常见的算法有关联规则挖掘算法(如 Apriori 算法)、K 均值聚类算法(K-means 算法)。

(1)Apriori 算法。

Apriori 算法用于挖掘隐含的、未知的却又实际存在的数据关系,其核心是基于两阶段频集思想的递推算法。

Apriori 算法分为两个阶段:①寻找频繁项集;②由频繁项集寻找关联规则。

算法缺点:①在每一步产生候选项目集时循环产生的组合过多,没有排除不应该参与组合的元素;②每次计算项集的支持度时,都对数据库中的全部记录进行了遍历,需要很大的 I/O 负载。

(2)K-means 算法。

K-means 算法是一种简单的聚类算法,把 n 个对象根据它们的属性分为 k 个分割,$k<n$。算法的核心就是要优化失真函数 J,使其收敛到局部最小值但不是全局最小值。

$$J = \sum_{n=1}^{N} \sum_{k=1}^{K} r_{nk} \|x_n - u_k\|^2 \tag{9-1}$$

式中，N 为样本数；K 为簇数；r_{nk} 表示 n 属于第 k 个簇；u_k 是第 k 个中心点的值。然后求出最优的 u_k。

$$u_k = \frac{\sum_n r_{nk} x_n}{\sum_n r_{nk}} \tag{9-2}$$

优点：算法速度很快。

缺点：分组的数目 k 是一个输入参数，不合适的 k 可能返回较差的结果。

3）强化学习

常见算法有 Q-Learning、时间差学习算法（temporal difference learning）。

（1）Q-Learning。

Q-Learning 算法中加入了 Q 表，"Q-Learning"因此得名。Q 为动作效用函数（action utility function），用于评价在特定状态下采取某个动作的优劣。算法流程可以表述为：①初始化 Q-table；②选择一个动作 A；③执行动作 A；④获得奖励，更新 Q，并循环执行步骤②。

（2）时间差学习算法。

时间差学习算法是无模型强化学习方法，与动态规划方法（DP）和蒙特卡罗方法（MC）相比，不同之处在于值函数的估计。结合了蒙特卡罗的采样方法和动态规划方法的 bootstrapping 采样，使之可以适用于自由模型的算法，且实现单步更新，速度更快。

2. 基于实例的算法

基于实例的算法常常用来对决策问题建立模型，这样的模型先选取一批样本数据，然后根据某些近似性把新数据与样本数据进行比较。通过这种方式来寻找最佳的匹配。因此，基于实例的算法常常也被称为"赢家通吃学习"或者"基于记忆的学习"。常见的算法包括 K 最近邻分类算法（K-nearest neighbor，KNN）、学习矢量量化（learning vector quantization，LVQ）、自组织映射算法（self-organizing map，SOM）等。

1）K 最近邻分类算法

分类思想比较简单，从训练样本中找出 K 个与其最相近的样本，然后看这 K 个样本中哪个类别的样本多，则待判定的值（或者说抽样）就属于这个类别。

缺点：K 值需要预先设定，不能自适应；当样本不平衡时，如一个类的样本容量很大，而其他类样本容量很小时，有可能导致当输入一个新样本时，该样本的 K 个邻居中大容量类的样本占多数。

该算法适用于对样本容量比较大的类域进行自动分类。

2）自组织映射算法

它模拟人脑中处于不同区域的神经细胞分工不同的特点，即不同区域具有不同的响应特征，而且这一过程是自动完成的。自组织映射网络通过寻找最优参考向量集合来对输入模式集合进行分类。每个参考向量为一输出单元对应的连接权向量。与传统的模式聚类方法相比，它所形成的聚类中心能映射到一个曲面或平面上，而保持拓扑结构不变。对于未知聚类中心的判别问题可以用自组织映射来实现。本质上是一种只有输入层-隐藏层的神经网络。隐藏层中的一个节点代表一个需要聚成的类。训练时采用"竞争学习"的方式，每个输入的样例在隐藏层中找到一个和它最匹配的节点，称为它的激活节点，也叫"winning neuron"。紧接着用随机梯度下降法更新激活节点的参数。同时，和激活节点邻近的点也根据它们距离激活节点的远近而适当地更新参数。

优点：能够识别输入向量的拓扑结构，可视化比较好。

缺点：隐藏层神经元数目难以确定，因此隐藏层神经元往往未能充分利用，某些距离学习向量远的神经元不能获胜，从而成为死节点。

聚类网络的学习速率需要人为设定，学习终止需要人为控制，影响学习进度；隐藏层的聚类结果与初始权值有关。

3. 决策树算法

根据数据的属性采用树状结构建立决策模型，决策树模型常常用来解决分类和回归问题。常见的算法包括分类与回归树（classification and regression tree，CART）、C4.5 算法等。

1）分类与回归树

该算法是一种决策树分类方法，采用基于最小距离的基尼指数估计函数，用来决定由该子数据集生成的决策树的拓展形。如果目标变量是标称的，称为分类树；如果目标变量是连续的，称为回归树。分类树是使用树结构算法将数据分成离散类的方法。

优点：非常灵活，可以允许有部分错分成本，还可以指定先验概率分布，可使用自动的成本复杂性剪枝来得到归纳性更强的树；在面对诸如存在缺失值、变量数多等问题时，CART 显得非常稳健。

2）C4.5 算法

ID3 算法是基于信息论的归纳分类方法，它通过计算信息熵和信息增益，选择具有最高信息增益的属性作为分类的依据。然而，ID3 算法存在偏向于选择取值较多的属性作为测试属性的不足。C4.5 算法是对 ID3 算法的改进。其主要改进如下：首先，C4.5 使用信息增益率代替信息增益来选择测试属性，克服了 ID3 在处理取值较多的属性时的偏好问题；其次，C4.5 在决策树构造过程中引入剪枝操作，避免过拟合。此外，C4.5 能够处理连续属性和不完整数据，这使其更具通用性。

优点：C4.5 算法产生的分类规则易于理解，准确率较高。

缺点：在构造树的过程中，C4.5 需要对数据集进行多次的顺序扫描和排序，因而导致算法的低效。此外，C4.5 只适合能够完全载入内存的数据集，当训练集大到无法全部载入内存时，程序无法运行。

4. 贝叶斯方法算法

该算法是基于贝叶斯定理的一类算法，主要用来解决分类和回归问题。常见算法包括：朴素贝叶斯算法、平均单依赖估计。

1）朴素贝叶斯算法

朴素贝叶斯算法是基于贝叶斯定理与特征条件独立假设的分类方法。算法的基础是概率问题，分类原理是通过某对象的先验概率，利用贝叶斯公式计算出其后验概率，即该对象属于某一类的概率，选择具有最大后验概率的类作为该对象所属的类。朴素贝叶斯假设是约束性很强的假设，假设特征条件独立，但朴素贝叶斯算法简单、快速，具有较低的出错率。

2）平均单依赖估计

该算法通过放松朴素贝叶斯算法的假设条件得到一种更加高效的分类算法，依据训练集中的数据，从测试实例的特征属性值中选出父属性值，将特征属性分为父属性和子属性。它还规定一个测试实例在给定类别属性值和父属性值的条件下，特征属性值之间是相互独立的。

缺点：所有父属性对分类的贡献均一，可解释性较差。

5. 基于核的算法

基于核的算法把输入数据映射到一个高阶的向量空间，在这些高阶向量空间里，有些分类或者回归问题能够更容易地解决。常见的基于核的算法包括：支持向量机（support vector machine，SVM）、径向基函数（radial basis function，RBF），以及线性判别分析（linear discriminant analysis，LDA）等。

1）支持向量机

SVM 是一种基于分类边界的方法。其基本原理是（以二维数据为例）：如果训练数据在二维平面上分布为不同类别的点，这些点按照其类别聚集在不同的区域。SVM 的目标是通过训练找到不同类别之间的分类边界（线性边界为直线，非线性边界为曲线）。对于多维数据（如 N 维），这些数据可以视为 N 维空间中的点，分类边界就是 N 维空间中的面，称为超平面（比 N 维空间少 1 维的几何结构）。线性分类器使用超平面作为边界，非线性分类器则使用超曲面。SVM 通过将低维空间的点映射到高维空间，使得在高维空间中成为线性可分，再使用线性划分的原理来判断分类边界。虽然在高维空间中是一种线性划分，而在原始数据空间中则体现为非线性划分。

SVM 在解决小样本、非线性及高维模式识别问题中表现出许多特有的优势，并能够推广应用到函数拟合等其他机器学习问题中。

2）径向基函数

径向基函数是某种沿径向对称的标量函数，通常定义为样本到数据中心之间径向距离（通常是欧几里得距离）的单调函数（由于距离是径向同性的）。RBF 核是一种常用的核函数，它是支持向量机分类中最为常用的核函数。径向基网络是一种单隐层前馈神经网络，它使用径向基函数作为隐层神经元激活函数，而输出层则是对隐层神经元输出的线性组合。径向基函数网络具有多种用途，包括函数近似法、时间序列预测、分类和系统控制，分为标准 RBF 网络（即隐藏层单元数等于输入样本数）和广义 RBF 网络（即隐藏层单元数小于输入样本数）。但广义 RBF 的隐藏层神经元个数大于输入层神经元个数，因为在标准 RBF 网络中，当样本数目很大时，就需要很多基函数，权值矩阵就会很大，计算复杂且容易产生病态问题。

基本思想：用 RBF 作为隐单元的"基"构成隐藏层空间，隐藏层对输入矢量进行变换，将低维的模式输入数据变换到高维空间内，使得在低维空间内的线性不可分问题在高维空间内线性可分。用 RBF 的隐单元的"基"构成隐藏层空间可以将输入矢量不通过权连接而直接映射到隐空间。当 RBF 的中心点确定以后，这种映射关系也就确定了。而隐含层空间到输出空间的映射是线性的，即网络输出是隐单元输出的线性加权和，此处的权即为网络可调参数。通常采用两步过程来训练 RBF 网络：第一步，确定神经元中心，常用的方式包括随机采样、聚类等；第二步，利用 BP 算法等来确定参数。

3）线性判别分析

基本思想：给定训练集样例，设法将样例投影到一条直线上，使得同类样例的投影尽可能接近，异类样例的投影点尽可能远离；在对新的样本进行分类时，将其投影到同样的这条直线上，再根据投影点的位置来确定新样本的类别。

假设：数据呈正态分布；各类别数据具有相同的协方差矩阵；样本的特征从统计上来说相互独立。

LDA 关键步骤：

①对 d 维数据进行标准化处理（d 为特征数量）；

②对于每一类别，计算 d 维的均值向量；

③构造类间的散布矩阵 S_B 以及类内散布矩阵 S_W；

④计算矩阵 $S_W^{-1}S_B$ 的特征值以及对应的特征向量；

⑤选取前 k 个特征值所对应的特征向量，构造一个 $d×k$ 维的转换矩阵 W，其中特征向量以列的形式排列，使用转换矩阵 W 将样本映射到新的特征子空间上。

6. 深度学习算法

人工神经网络模拟生物神经网络，是一类模式匹配算法，通常用于解决分类和回归问题。人工神经网络是机器学习的一个庞大分支，有几百种不同的算法。其中深度学习就是其中的一类算法，深度学习算法是对人工神经网络的发展，在近期赢得了很多关注。很多深度学习的算法是半监督式学习算法，用来处理存在少量未标识数据的大数据集。常见的深度学习算法包括：受限玻尔兹曼机（restricted Boltzmann machine，RBM）、深度信念网络（deep belief networks，DBN）、卷积神经网络（convolutional neural network，CNN）等。

1）受限玻尔兹曼机

该算法是由 Hinton 和 Sejnowski 于 1986 年提出的一种生成式随机神经网络（generative stochastic neural network），该网络由一些可见单元（visible unit，对应可见变量，即数据样本）和一些隐藏单元（hidden unit，对应隐藏变量）构成，可见变量和隐藏变量都是二元变量，取值为 0 或 1。整个网络是一个二部图，只有可见单元和隐藏单元之间才存在边，可见单元之间以及隐藏单元之间不会有边连接。受限玻尔兹曼机有三个要点：

①随机性的神经网络，每个神经元以某种概率分布取值，只取 0 或 1，如取 1 概率为 0.3，或取 0 概率为 0.7；

②由可见单元和隐藏单元组成二部图，即连接受限；

③所有神经元值（0 或 1）的取值概率服从玻尔兹曼分布（玻尔兹曼分布是统计物理中的一种概率分布，描述系统处于某种状态 x 的概率分布）。

2）深度信念网络

该算法是一类随机性深度神经网络，可以用来对事物进行统计建模，表征事物的抽象特征或统计分布，在手写字识别和语音识别建模中，已显示出其优越的性能。

深度信念网络的训练过程描述如下：

（1）以初始观测样本为输入 x 训练第一层 RBM 网络。

（2）通过第一层训练后的 RBM 获得初始观测样本 x 的一种抽象表示，即 RBM 的输出。这一输出将作为数据进行后续训练过程。

(3)将第一层 RBM 的输出数据作为新的观测 x_1，训练第二层 RBM 网络。依此类推训练完成所有层 RBM 网络。

(4)微调(fine-tune)：通过监督训练过程，对 DBN 中所有的参数进行基于监督训练的微调。

3)卷积神经网络

卷积神经网络是一种类似人工神经网络的深度学习模型或多层感知机，常用于分析和处理视觉数据，主要包括输入层、卷积层、池化层、全连接层。

输入层：整个网络的输入，一般代表了一张图片的像素矩阵。最左侧三维矩阵代表一张输入的图片，三维矩阵的长、宽代表了图像的大小，而三维矩阵的深度代表了图像的色彩通道(channel)。黑白图片的深度为 1，RGB 色彩模式下，图片的深度为 3。

卷积层：CNN 中最为重要的部分。与全连接层不同，卷积层中每一个节点的输入只是上一层神经网络中的一小块，这个小块常用的大小有 3×3 或者 5×5。一般来说，通过卷积层处理过的节点矩阵会变得更深。

池化层：池化层不改变三维矩阵的深度，但是可以缩小矩阵。池化操作可以认为是将一张分辨率高的图片转化为分辨率较低的图片。通过池化层，可以进一步缩小最后全连接层中节点的个数，从而达到减少整个神经网络参数的目的。

全连接层：最后一层激活函数使用 Softmax。经过多轮卷积层和池化层的处理后，在 CNN 的最后一般由 1 到 2 个全连接层来给出最后的分类结果。经过几轮卷积和池化操作，可以认为图像中的信息已经被抽象成了信息含量更高的特征。我们可以将卷积和池化看成自动图像提取的过程，在特征提取完成后，仍然需要使用全连接层来完成分类任务。

7.集成学习算法

集成学习算法用一些相对较弱的学习模型独立地根据同样的样本进行训练，然后把结果整合起来进行整体预测。集成算法的主要难点在于究竟集成哪些独立的较弱的学习模型，以及如何把学习结果整合起来。常见的集成学习算法包括：Boosting、AdaBoost、堆叠泛化、梯度推进机(gradient boosting machine，GBM)、随机森林(random forest)等。

1)Boosting

Boosting 是一种可将弱学习器提升为强学习器的算法，思路是先从初始训练集训练出一个基学习器，再根据学习器的表现对样本分布进行调整，使得先前基学习器做错的样本在后续受到更多关注，然后基于调整后的样本分布来训练下一个基学习器；如此重复进行，直到基学习器数目达到事先指定的值 T，最终将这 T 个学习器进行加权结合。Boosting 算法中最著名的是 AdaBoost。

2)AdaBoost

AdaBoost 是一种迭代算法，其核心思想是针对同一个训练集训练不同的分类器(弱分类器)，然后把这些弱分类器集合起来，构成一个更强的最终分类器(强分类器)。其算法本身是通过改变数据分布来实现的，它根据每次训练集之中每个样本的分类是否正确，以及上次的总体分类的准确率，来确定每个样本的权值。将修改过权值的新数据集送给下层分类器进行训练，最后将每次训练得到的分类器融合起来，作为最后的决策分类器。

整个过程描述如下：

（1）先通过对 N 个训练样本的学习得到第一个弱分类器；

（2）将分错的样本和其他的新数据一起构成一组新的 N 个训练样本，通过对这个样本集的学习得到第二个弱分类器；

（3）将前两个步骤都分错了的样本加上其他的新样本构成另一个新的训练样本集，通过学习得到第三个弱分类器；

（4）如此反复，最终得到经过提升的强分类器。

目前 AdaBoost 算法广泛地应用于人脸检测、目标识别等领域。

3）随机森林

随机森林就是集成学习思想下的产物，将许多棵决策树整合成森林，并集成起来用于预测最终结果。要将一个输入样本进行分类，需要将样本输入每棵树中进行分类。打个形象的比喻：森林中召开会议，讨论某个动物到底是老鼠还是松鼠，每棵树都要独立地发表自己对这个问题的看法，也就是每棵树都要投票。该动物到底是老鼠还是松鼠，要依据投票情况来确定，获得票数最多的类别就是森林的分类结果。森林中的每棵树都是独立的，绝大部分不相关的树做出的预测结果涵盖所有的情况，这些预测结果将会彼此抵消。少数优秀的树的预测结果将会超脱于"噪声"，做出一个好的预测。将若干个弱分类器的分类结果进行投票选择，从而组成一个强分类器，这就是随机森林 Bagging 的思想。

课后思考题

1. 地质大数据有哪些应用场景？

2. 与其他领域的大数据相比，地质大数据有哪些独有的特点？

3. 地质时空大数据挖掘包含哪些内容？

4. 简述机器学习算法的类型。

5. 结合实例谈谈如何在地质研究中将大数据和人工智能技术协同应用，服务地质任务目标。

主要参考文献

[1] 赵鹏大.数字地质学[M].北京：科学出版社，2023.

[2] 谭永杰，文敏，朱月琴，等.地质数据的大数据特性研究[J].中国矿业，2017，26(9)：67-71，84.

[3] 王登红，刘新星，刘丽君.地质大数据的特点及其在成矿规律、成矿系列研究中的应用[J].矿床地质，2015，34(6)：1143-1154.

[4] 吴冲龙，刘刚，张夏林，等.地质科学大数据及其利用的若干问题探讨[J].科学通报，2016，61(16)：1797-1807.

[5] 周永章，黎培兴，王树功，等.矿床大数据及智能矿床模型研究背景与进展[J].矿物岩石地球化学通报，2017，36(2)：327-331，344.

[6] 孟小峰，慈祥.大数据管理：概念、技术与挑战[J].计算机研究与发展，2013，50(1)：146-169.

[7] Hinton G E, Salakhutdinov R R. Reducing the dimensionality of data with neural networks[J]. Science, 2006, 313(5786)：504-507.

[8] 陈建平，李婧，崔宁，等.大数据背景下地质云的构建与应用[J].地质通报，2015，34(7)：1260-1265.

[9] 翟明国, 杨树锋, 陈宁华, 等. 大数据时代: 地质学的挑战与机遇[J]. 中国科学院院刊, 2018, 33(8): 825-831.

[10] 张旗, 周永章. 大数据时代对科学研究方法的反思——《矿物岩石地球化学通报》2017大数据专辑代序[J]. 矿物岩石地球化学通报, 2017, 36(6): 881-885, 878.

[11] 赵鹏大. 大数据时代数字找矿与定量评价[J]. 地质通报, 2015, 34(7): 1255-1259.

[12] 周永章, 陈烁, 张旗, 等. 大数据与数学地球科学研究进展——大数据与数学地球科学专题代序[J]. 岩石学报, 2018, 34(2): 255-263.

[13] 赵鹏大. 地质大数据特点及其合理开发利用[J]. 地质前缘, 2019, 26(4): 1-5.

[14] 周永章, 王俊, 左仁广, 等. 地质领域机器学习、深度学习及实现语言[J]. 岩石学报, 2018, 34(11): 3173-3178.

[15] 周永章, 左仁广, 刘刚, 等. 数学地球科学跨越发展的十年: 大数据、人工智能算法正在改变地质学[J]. 矿物岩石地球化学通报, 2021, 40(3): 556-573, 777.

[16] 陈建平, 李靖, 谢帅, 等. 中国地质大数据研究现状[J]. 地质学刊, 2017, 41(03): 353-366.

第 10 章　基于多源信息融合与人工智能算法的成矿潜力预测

    本章通过一个完整的定量成矿预测实例说明集成各种地质信息处理方法进行综合应用的框架。由于数据的局限,本章采用了多个研究区的数据,尽可能涵盖前文章节中的地质信息处理方法。

10.1　定量成矿预测框架流程

    与其他领域的空间预测相比,定量成矿预测的难点在于:成矿系统是一个极端复杂的系统,涉及巨大的时间和空间尺度;由于勘查成本昂贵,反映复杂成矿系统的地质信息却相对稀缺。因此,要获取准确而可靠的成矿预测结果,不仅要采用预测能力强的模型算法,尽可能多地搜集与成矿相关的地质信息,最关键是要将已有的对成矿系统的地质认识与算法应用结合起来。为了做到这一点,需采用地质信息的空间分析方法定量解析地质要素的成矿相关度,再结合前人文献中已有的理论成矿模型,在尽可能多地搜集研究区多源地质信息的基础上,进行成矿系统分析,获取最能反映成矿系统物质来源、成矿流体运移和汇聚及矿质沉淀过程的勘查信息图层进行融合并作为模型输入。其后,采用支持向量机、人工神经网络和随机森林三种成矿预测领域应用最广的机器学习算法构建预测模型,模型训练过程中重点关注其稳健性,避免过拟合,为此,一方面单独隔离验证集用于验证模型,另一方面采用十折交叉验证来评估训练过程中的模型精度。随后,采用多种验证手段验证训练出的机器学习模型的分类和预测精度,包括混淆矩阵、ROC 曲线和成功率曲线,在此基础上确定最佳预测模型。最后,输入研究区全部预测单元信息,获取最终的成矿预测图(图 10-1)。

图 10-1 所示为流程图。

图中内容：

空间分析
- 矿点分布 →（分形分析 Fry 分析）→ 矿点空间分布模式（丛聚、优势方向）
- 勘查揭露的空间要素分布 →（距离分布分析 证据权重分析）→ 空间要素的成矿相关度 →（解释）→ 矿点空间分布模式（丛聚、优势方向）

现有理论成矿模型

（指导）→ **成矿系统分析**：起源、运移、汇聚、沉淀

多源地学信息：地质、地球物理、遥感、地球化学 →（导入）→ 成矿系统分析

（导出）→ **成矿预测输入数据集**
- 样本集 → 2/3 训练集、1/3 验证集
- 所有预测单元

训练集 →（输入）→ 模型训练 →（网格搜索 十折交叉验证）→ 最优参数组合 → **预测模型**（支持向量机、人工神经网络、随机森林）→ **模型验证**（混淆矩阵、ROC 曲线、成功率曲线）

验证集 →（输入）→ 模型验证

所有预测单元 →（输入）→ 最佳预测模型 → 成矿预测图

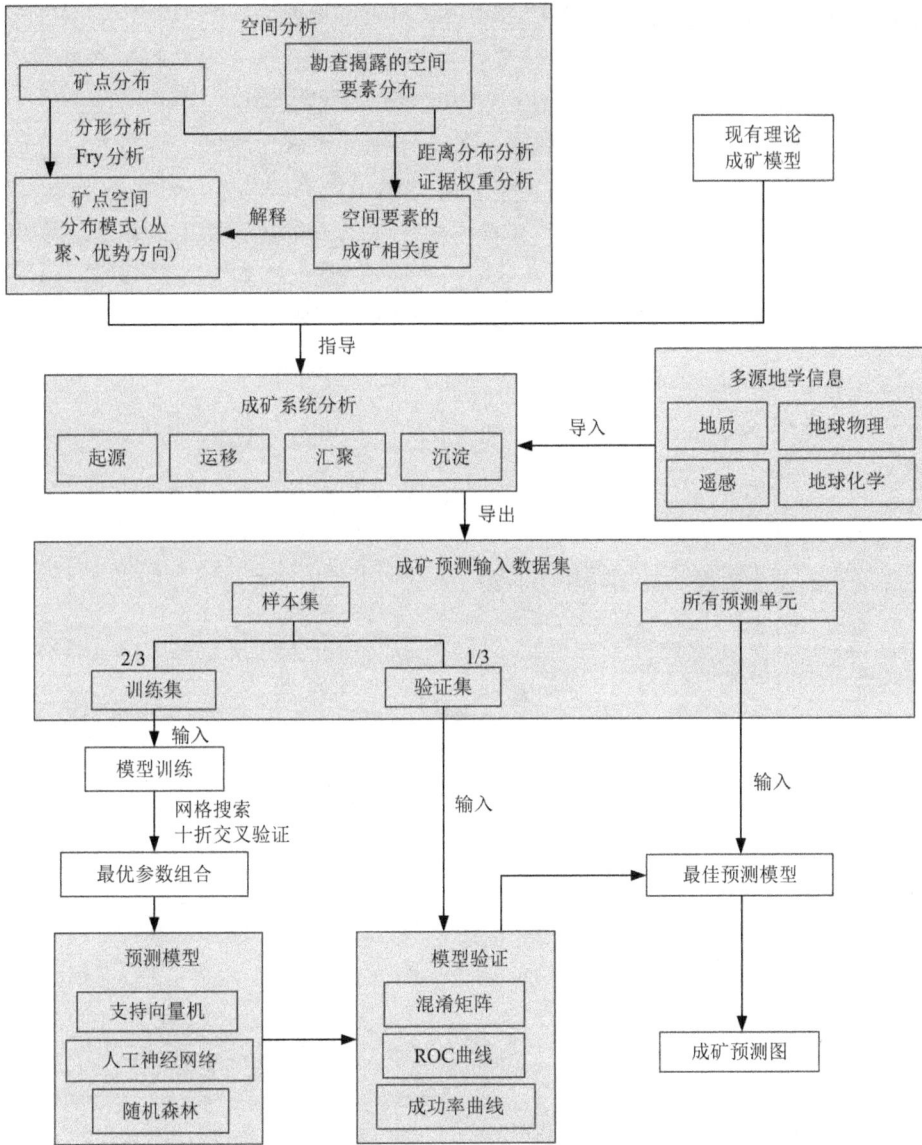

图 10-1　基于空间分析和机器学习的定量成矿预测流程图

10.2　多源勘查信息融合

10.2.1　地球化学异常信息提取

地球化学异常信息提取是利用地球化学数据来识别具有成矿潜力区域的方法，能够反映元素在区域内的分布和富集特征。提取地球化学异常信息的方法有多种，如累计频率法、分

形分析、主成分分析法等。其中累计频率法通过分析地球化学元素的频率分布来划分地球化学异常;分形分析通过应用特定的分形模型来处理地球化学数据,能够有效地在复杂的地质环境中识别并提取微弱的地球化学异常信息;主成分分析法因为不受数据分布的影响,适用于多种地质环境而被广泛使用。这些方法的原理参见本书前文章节,在此不再赘述。

如图 10-2 所示的箱形图展示了研究区内各地球化学元素含量的统计分布,箱形图中的箱体代表元素含量中间 50% 的分布范围。W 元素展示了最宽的箱体,表示 W 元素的含量在研究区内呈现出最大的离散度;Bi 和 As 元素的箱体长度分别位居第二和第三;其他大多数元素的箱体相对较短,表示其含量分布相对稳定。以上 38 种元素构成了研究区高维度的地球化学数据空间,需要通过降维的手段筛选出与钨密切相关的少量元素种类,便于进行后续分析。

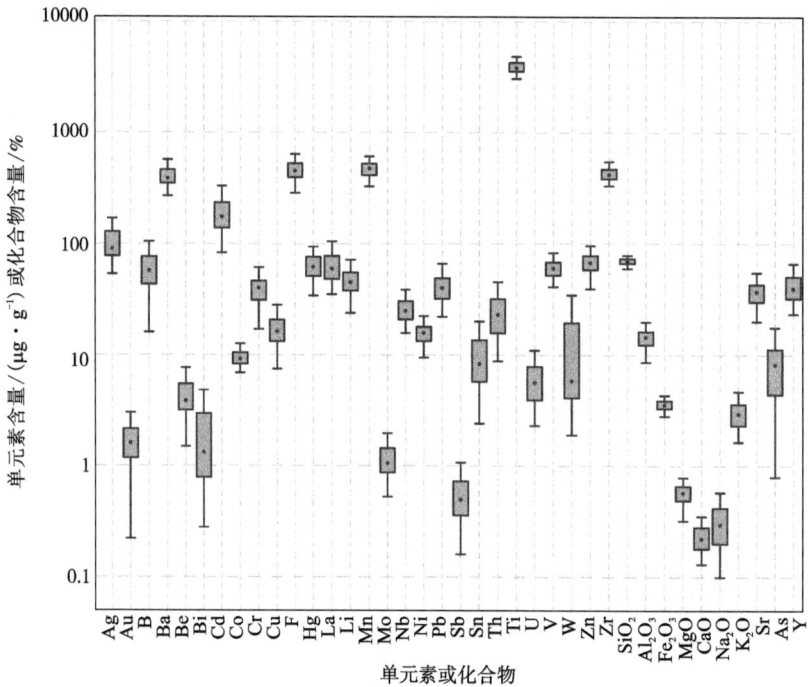

图 10-2 研究区 38 种元素含量的箱形图(单元素单位为 μg/g,化合物为质量百分比)

用聚类分析对原始的 38 种地球化学元素进行分组,图 10-3 中红线部分表示与 W 密切相关的元素。结合斯皮尔曼相关性系数大于 0.5 的条件,判断与 W 元素相关度最高的单元素为本次地球化学异常信息提取关注的元素(图 10-4),即 Ag、Cd、Pb、Bi、W、Cu、Sn 和 As。根据聚类分析的结果,针对 W 元素和同组单元素,分别采用 C-A 模型建立双对数图[图 10-5(a)],并绘制相关的地球化学异常分布图[图 10-5(b)]。

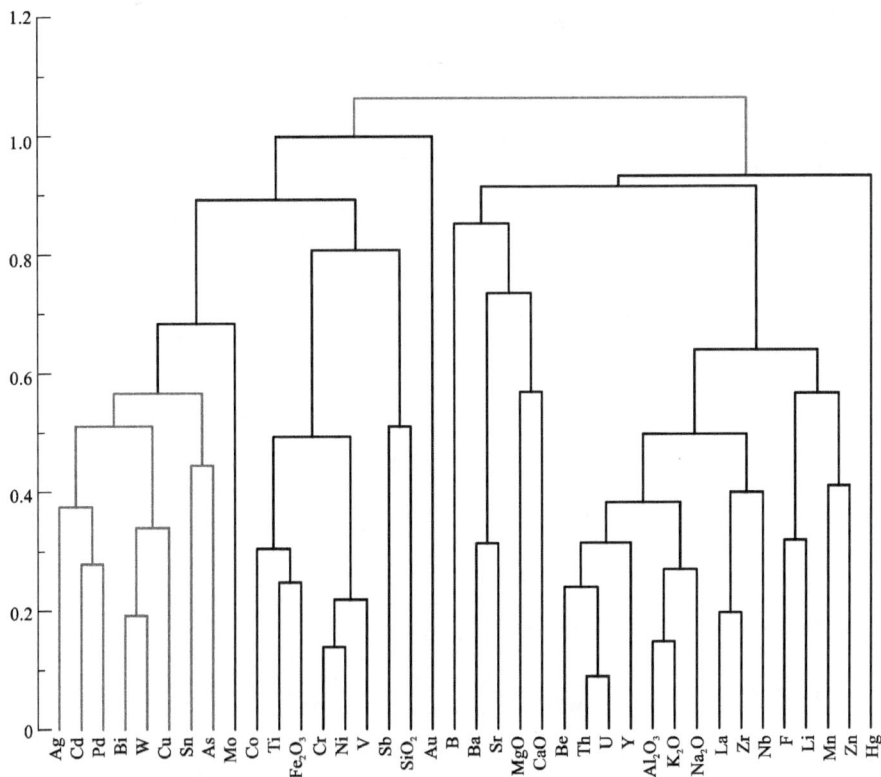

图 10-3　研究区 38 种元素聚类分析树状图(红色表示与 W 相关的化学元素分组)

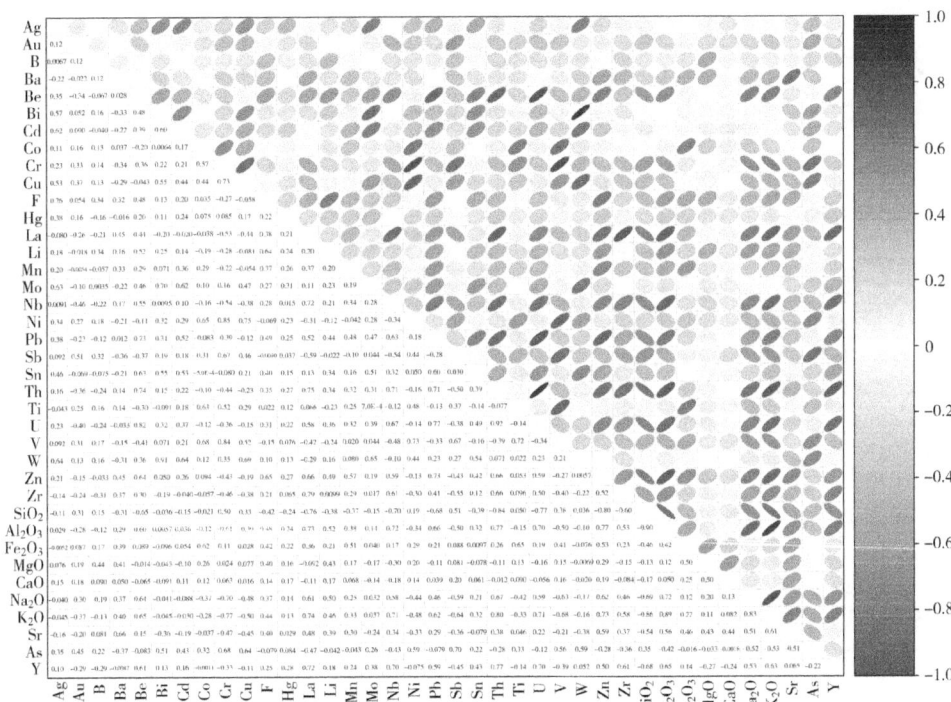

图 10-4　研究区 38 种元素的斯皮尔曼相关矩阵

$y=-0.3368x+12.454$
$R^2=0.8264$

$y=-0.8198x+13.408$
$R^2=0.9643$

$y=-1.7926x+16.217$
$R^2=0.9931$

$y=-2.4842x+18.871$
$R^2=0.9933$

$y=-1.4053x+14.914$
$R^2=0.9996$

$y=-24.632x+114.53$
$R^2=0.9899$

$v_1=7.21$ $v_2=17.94$ $v_3=28.91$ $v_4=39.16$ $v_5=63.15$ $v_6=81.62$

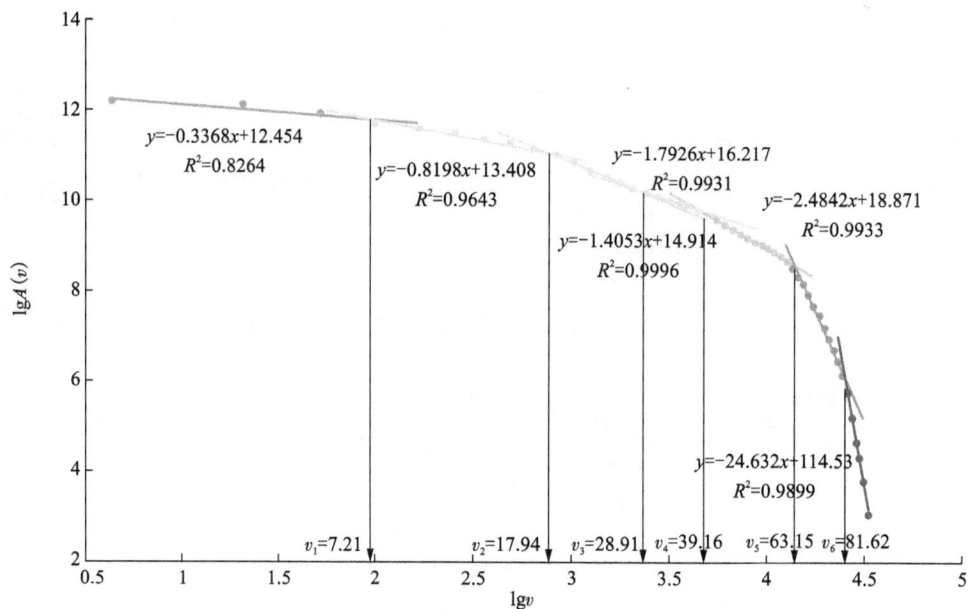

(a) 钨元素面积 (A) - 元素含量 (v) 双对数图

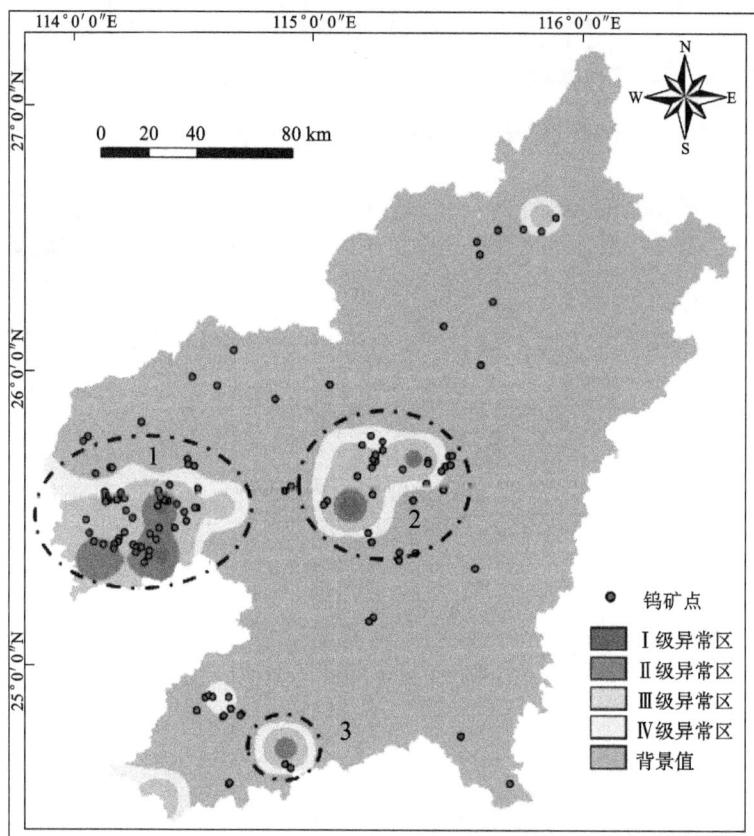

钨矿点
Ⅰ 级异常区
Ⅱ 级异常区
Ⅲ 级异常区
Ⅳ 级异常区
背景值

扫一扫，看彩图

(b) 钨元素地球化学异常分布

图 10-5　钨元素 C-A 分析结果

主成分分析被用来进一步界定地球化学特征,并确定与钨相关的元素组合。通过分析得到的主成分特征值变化图(图 10-6),可以观察到主成分数量增加时特征值逐渐减小的趋势。依据特征值大于 1 的标准,最终选定了前 8 个主成分,这 8 个主成分共解释了 78.84% 的总方差,代表了原始地球化学数据集中大部分重要信息。具体的主成分如下:

PC1:Be, Nb, Th, U, Zn, Zr, La, Y, Al_2O_3, Na_2O, K_2O, SiO_2。

PC2:Ag, Bi, Cd, Pb, Sn, W, As, Cu。

PC3:Co, Cr, Ni, Ti, V, Fe_2O_3。

PC4:Ba, Sr。

PC5:CaO。

PC6:B, F, Li。

PC7:Zr。

PC8:Mo。

与钨矿化相关的 PC2 中的地球化学元素与聚类分析的结果高度一致(图 10-3),即都包括银(Ag)、镉(Cd)、铅(Pb)、铋(Bi)、钨(W)、铜(Cu)、锡(Sn)和砷(As)元素。因此,PC2 被选定为与该地区钨矿化紧密相关的多元地球化学元素指标。

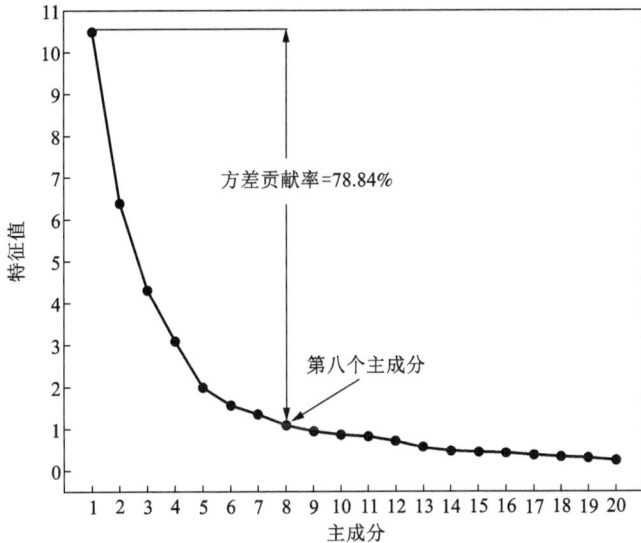

图 10-6　PCA 特征值变化图

10.2.2　遥感蚀变异常信息提取

遥感蚀变信息提取蚀变异常信息的原理已在第 7 章中述及。在可见光-近红外波段中,岩石矿物的光谱特征主要受其含有的—OH、CO_3^{2-}、Fe^{3+}、Fe^{2+} 等离子基团的影响,这些离子基团在特定的波段会产生特征谱带,从而在遥感影像上表现出不同的颜色(表 10-1),本节的目标是提取研究区的铁染和羟基异常。

表 10-1　岩石矿物主要离子基团与波段的关系

离子群	吸收带/μm	波段/μm	常见矿物
—OH	2.30(Mg—OH), 1.40、2.20(AL—OH)	TMB7、ETM+B7、OLI7	高岭石、白云母、 直闪石、绿泥石
CO_3^{2-}	2.55、2.35、 2.16、2.00、1.90	TMB7、ETM+B7、OLI7	方解石、白云石
Fe^{3+}	0.43、0.45、0.51、 0.55、1.00~1.10、 1.80~1.90	TMB1、TMB2、TMB4、 ETM+B1、ETM+B2、ETM+B4、 OLI2、OLI3、OLI5	赤铁矿、针铁矿、 褐铁矿、磁黄铁矿
Fe^{2+}	0.40、0.45、0.49、 0.52、0.70、0.87		黄铁矿

1. 含铁离子矿物

含铁离子的矿物是指矿物质中含有铁元素的化合物,通常以氧化铁等形式存在。根据矿物的化学组成和形成环境的不同,铁离子在矿物中可能以 Fe^{2+} 或 Fe^{3+} 的形式存在。从图 10-7 中可以看出,含铁离子矿物在光谱上表现出特定的光谱特征,在 0.45~0.52 μm 和 0.9~1.4 μm 波段内,呈现出明显的吸收谷。这些特征有助于通过遥感影像识别含铁离子的矿物。

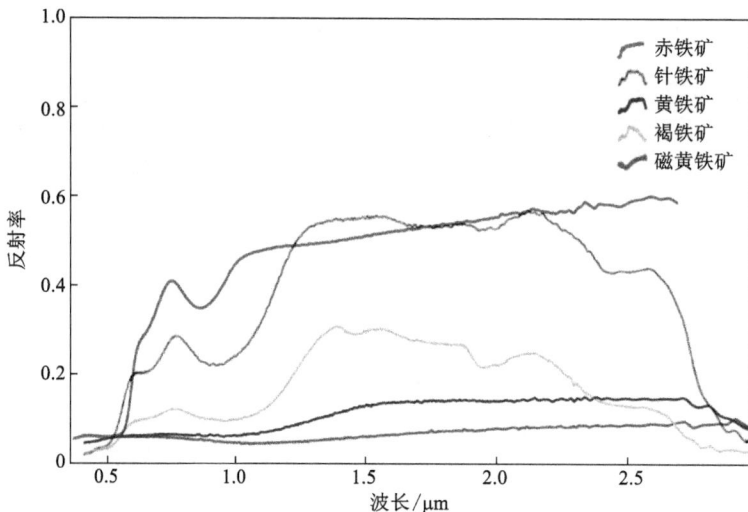

图 10-7　含铁离子矿物的波谱曲线(据 USGS 数据库)

2. 含羟基离子的黏土矿物

在矿物晶体中,羟基(—OH)离子通常与金属离子如镁或铝等结合形成金属基团。由图 10-8 可见,这些矿物的光谱表现为在 1.4 μm、1.9 μm 和 2.2~2.4 μm 附近的强吸收,光谱曲线呈现下凹形状。

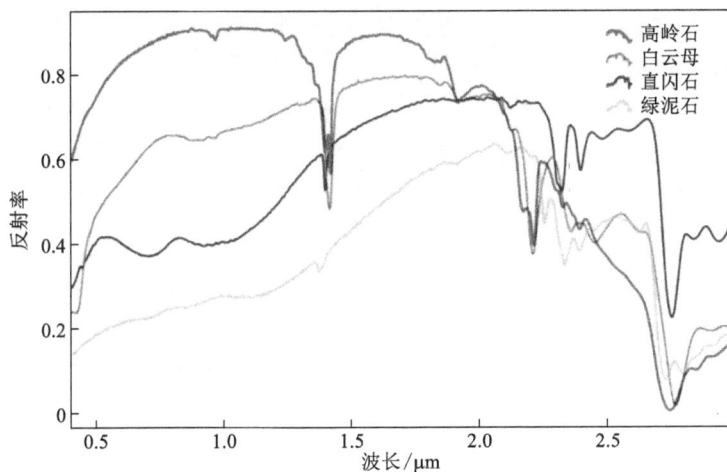

图 10-8　含羟基离子的黏土矿物的波谱曲线

选用在 12 月同一运行周期内拍摄的 Landsat 8 卫星遥感影像,因为研究区植被茂盛,而冬季植被覆盖率相对较低,可以减少植被对蚀变信息提取的影响,同时选择云层量较低的影像,保证原始数据的质量和可用性。将 5 幅遥感影像镶嵌成完整的影像,去除影像间的重叠和缝隙,通过研究区矢量边界裁剪得到完整的遥感影像(图 10-9)。

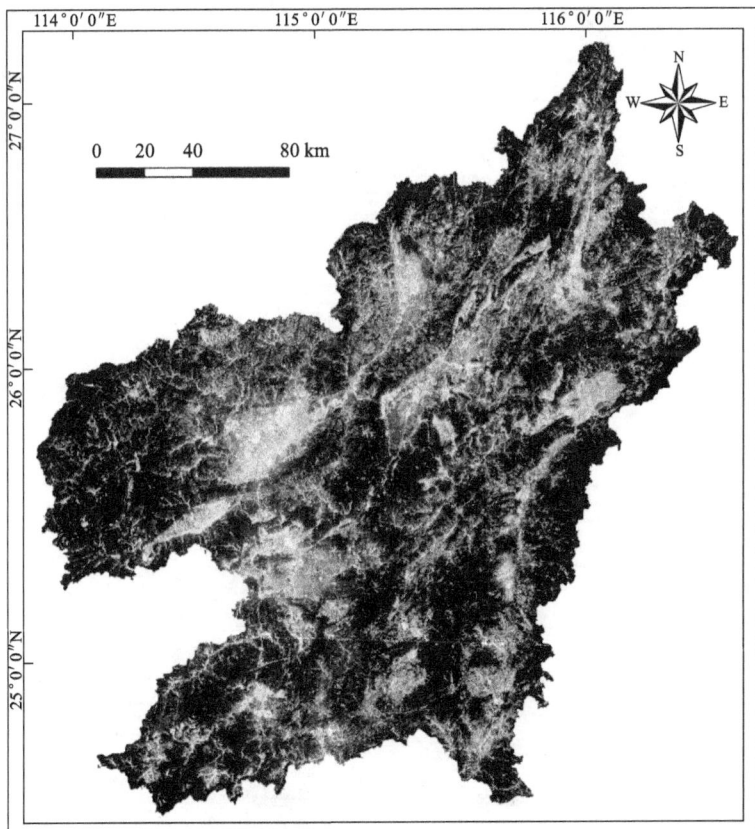

图 10-9　研究区遥感影像

矿物蚀变的提取主要依赖于可见光和近红外波段中矿物反射率的差异。通过对 OLI2、OLI4、OLI5、OLI6 和 OLI7 波段进行主成分分析，得到了主成分向量，相关结果见表 10-2。根据不同矿物的光谱特征，铁染蚀变矿物在 OLI2 和 OLI5 波段展现出明显的吸收特征，同时在 OLI4 波段具有强反射特征。PC4 在 OLI2 和 OLI5 中呈现正载荷，而在 OLI4 中则为负载荷。因此，PC4 的取反可用于检测和绘制铁染蚀变矿物，强调其独特的光谱特征。此外，羟基蚀变矿物在 OLI7 波段显示明显的吸收特征，在 OLI6 中则表现出反射特征。PC4 在 OLI5 和 OLI7 中具有正载荷，而在 OLI2 和 OLI6 中为负载荷，因此 PC4 的取反能够有效识别羟基蚀变。为实现铁染蚀变和羟基蚀变的提取，本实例采用了阈值分割过程，其中使用均值加 k 倍标准差的方法。为提取不同层次的异常，将 k 值设置为 1.5、2 和 2.5，结果如图 10-10 所示。

表 10-2　PCA 中铁氧化物和黏土蚀变的特征向量

蚀变异常	波段	PC1	PC2	PC3	PC4
铁染蚀变异常	OLI2	0.076612	0.194477	−0.584054	0.784341
	OLI4	0.097674	0.278985	−0.726836	−0.619948
	OLI5	0.898888	−0.436334	−0.039186	0.008792
	OLI6	0.420227	0.833042	0.359242	−0.019908
羟基蚀变异常	OLI2	0.075781	0.165481	−0.854983	−0.485672
	OLI4	0.887845	−0.454875	−0.041120	0.055933
	OLI5	0.415657	0.729649	0.391686	−0.376063
	OLI6	0.182255	0.483029	−0.337484	0.787128

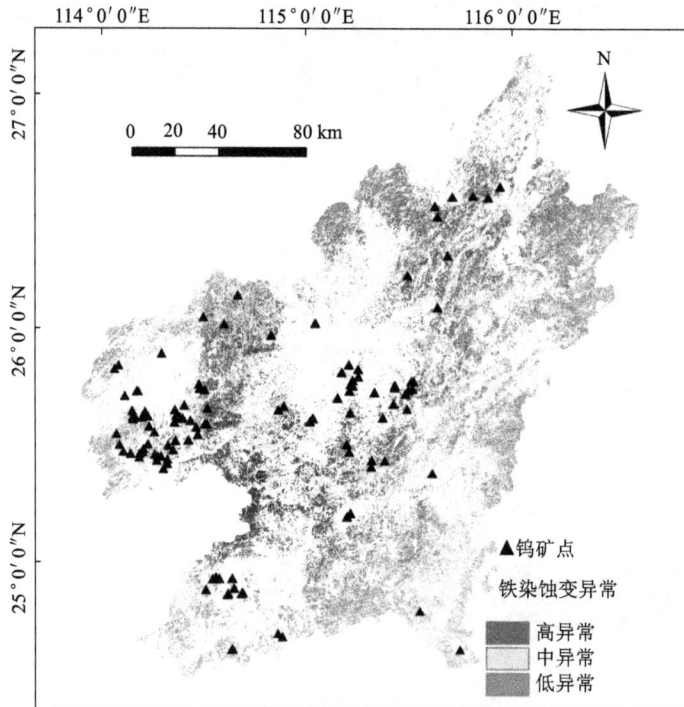

(a)铁染蚀变异常

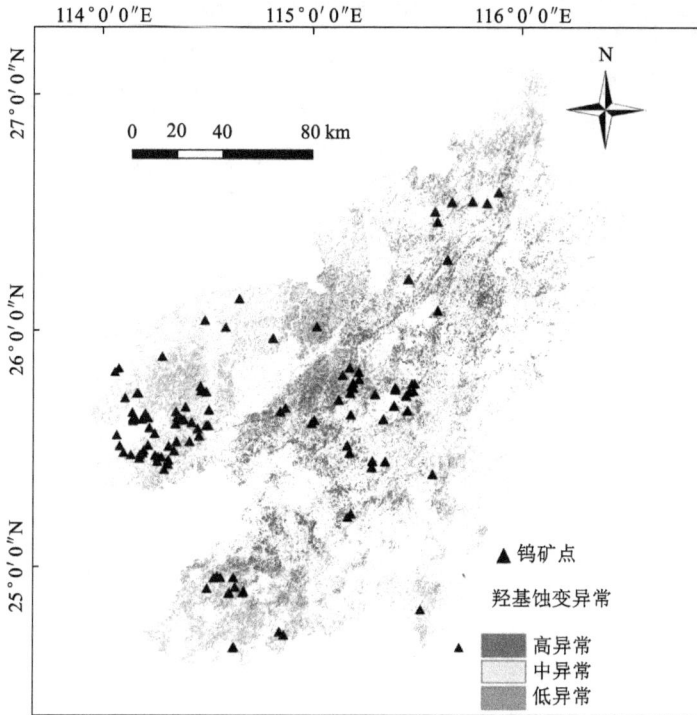

(b) 羟基蚀变异常

图 10-10　从遥感数据中提取的蚀变异常

10.2.3　地质信息空间分析

在提取用于成矿预测的地质信息图层之前，应开展详尽的地质信息空间分析，目的是揭示与成矿相关的地质要素，这些要素的信息才能用于后续的成矿预测。为此，采用了距离分布分析和证据权重法评估地质信息图层与成矿的关联度。

根据研究区已有的地质认识，岩浆岩和构造要素是控制矽卡岩型铜矿床形成和分布的主要控矿要素。考虑到岩体与碳酸岩地层的接触边界在矽卡岩型矿床形成过程中意义重大，提取了该类边界代表岩浆岩要素。距离分布分析的结果表明岩体边界对矿点分布具有非常强的制约作用（图 10-11），在岩体边界 350 m 的缓冲范围内，具有最高超过正常水平 55% 的矿点分布频数，D_M 曲线位于 uc 曲线上方证明了岩体边界与矿点间的高度空间正相关性具有显著的统计意义。

构造要素与矿点的关联比较复杂，研究区多期次的构造运动造就了多样式的构造要素，我们按方向对这些构造进行分类，综合距离分布分析和证据权重法定量评估它们与矿点间的空间相关度。

EW 向基底断裂与铜矿点呈现出较强的正相关关系。根据距离分布分析结果，在 1.5 km 的缓冲距离内，EW 向断裂具有最高超过正常水平 21% 的矿点分布频数，D_M 曲线在此范围内一直位于 uc 曲线上方（图 10-12），表明了缓冲分析反映的空间相关度具有显著的统计意义。

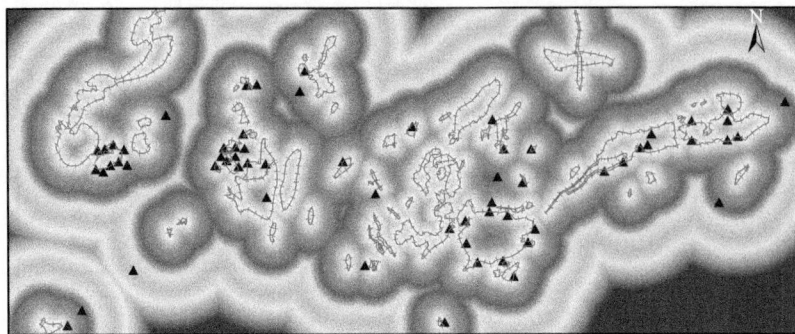

(a)边界缓冲距离图示　　　　　　0　2.5　5　　　10 km

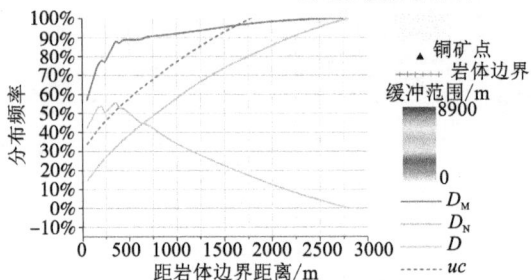

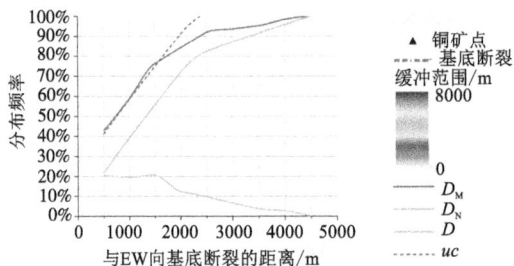

(b)缓冲距离内的矿点分布频数

D_M—矿点分布频数；D_N—非矿点分布频数；$D=D_M-D_N$；uc—置信曲线。

图 10-11　岩体边界缓冲距离分析

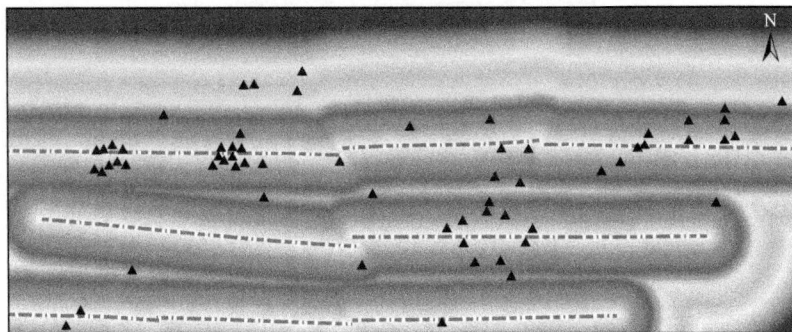

(a)缓冲距离图示　　　　　　　　0　2.5　5　　　10 km

(b)缓冲距离内的矿点分布频数

D_M、D_N、D、uc 含义见图 10-11。

图 10-12　EW 向基底断裂缓冲距离分析

NS 向基底断裂呈现出与矿点很弱的正相关关系。在缓冲距离大于 1 km 时，NS 向断裂仅有最高超过正常水平 2% 的矿点分布频数，但 D_M 曲线全程低于 uc 曲线，表明缓冲分析反映的这种弱相关关系不具有显著的统计意义(图 10-13)。

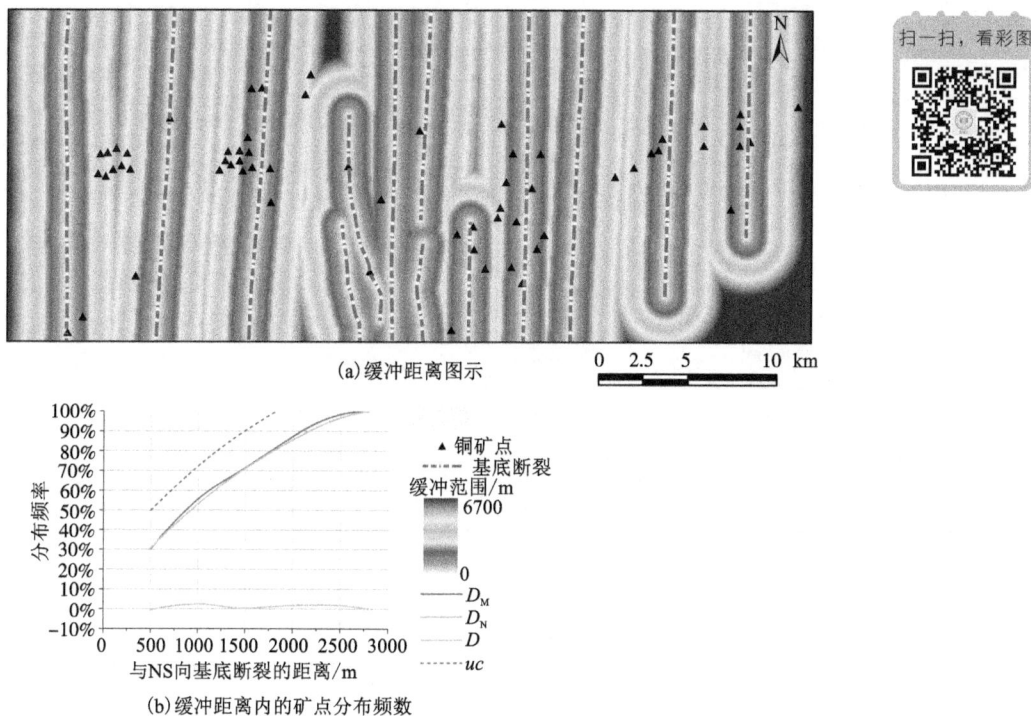

(a) 缓冲距离图示

0　2.5　5　　10 km

(b) 缓冲距离内的矿点分布频数

D_M、D_N、D、uc 含义见图 10-11。

图 10-13　NS 向基底断裂缓冲距离分析

由于篇幅所限，本书不展示所有图层的分析结果，而根据表 10-3 中的统计结果进行后续分析，读者有兴趣可参阅相关专著(孙涛等，2019)获取所有地质信息图层分析结果。

EW 向和 NS 向断裂的交点在一定的缓冲距离内呈现出了与矿点具有显著统计意义的正相关关系。在 2~3 km 的缓冲范围内，基底断裂交点具有最高超过正常水平 23% 的矿点分布频数，且 D_M 曲线位于 uc 曲线上方，表现为 D_M 大于 uc 值(表 10-3)。褶皱轴线在 1.5~3 km 的缓冲范围内表现出与矿点的正相关关系，在此缓冲距离内褶皱轴线具有最高超过正常水平 22% 的矿点分布频数，且 D_M 大于 uc。盖层断裂要素(包括 NE 向和 NW 向断裂以及它们的交点)表现出与铜矿点的正相关关系，在相应的缓冲距离内，分别具有最高超过正常水平 11%(NE 向断裂)、10%(NW 向断裂)和 9%(断裂交点)的矿点分布频数(表 10-3)。但是，以上盖层构造要素与矿点的空间关系都不具有显著的统计意义，在相应缓冲范围内，D_M 都小于 uc(表 10-3)。

岩浆岩和构造要素的证据权重分析结果如表 10-3 和图 10-14 所示，在各自最佳的缓冲距离内，EW 向基底断裂、基底断裂交点和褶皱轴线具有最高的 C 值和 C_S 值，而且这三者的 C 值和 C_S 值远大于其他构造要素的值。证据权重分析反映的这种与矿点空间关联的强弱和距离分布分析的结果完全相同(表10-3),都表明了EW向基底断裂、基底断裂交点和褶皱轴线对研究区铜矿点的区域分布具有重要的控制作用。因此,提取相应的地质信息图层作为后续成矿预测模型的输入。

表 10-3 地质要素的距离缓冲和证据权重分析结果

地质要素	最佳缓冲距离/m	距离分布分析				证据权重分析	
		D_M	D_N	D	uc	C	C_s
岩体边界	350	87%	21%	55%	52%	3.04	8.03
EW 向基底断裂	1500	76%	55%	21%	75%	1.36	4.6
NS 向基底断裂	1000	55%	53%	2%	72%	0.2	0.8
基底断裂交点	2500	83%	60%	23%	79%	1.54	4.64
褶皱轴线	2500	89%	67%	22%	86%	1.59	3.95
NE 向盖层断裂	1500	68%	57%	11%	76%	0.63	2.33
NW 向盖层断裂	1500	59%	49%	10%	68%	0.44	1.74
盖层断裂交点	2500	74%	65%	9%	84%	0.71	2.46

注:D_M 为矿点分布频数;D_N 为非矿点分布频数;$D=D_M-D_N$;uc 为 D_N 的置信曲线。

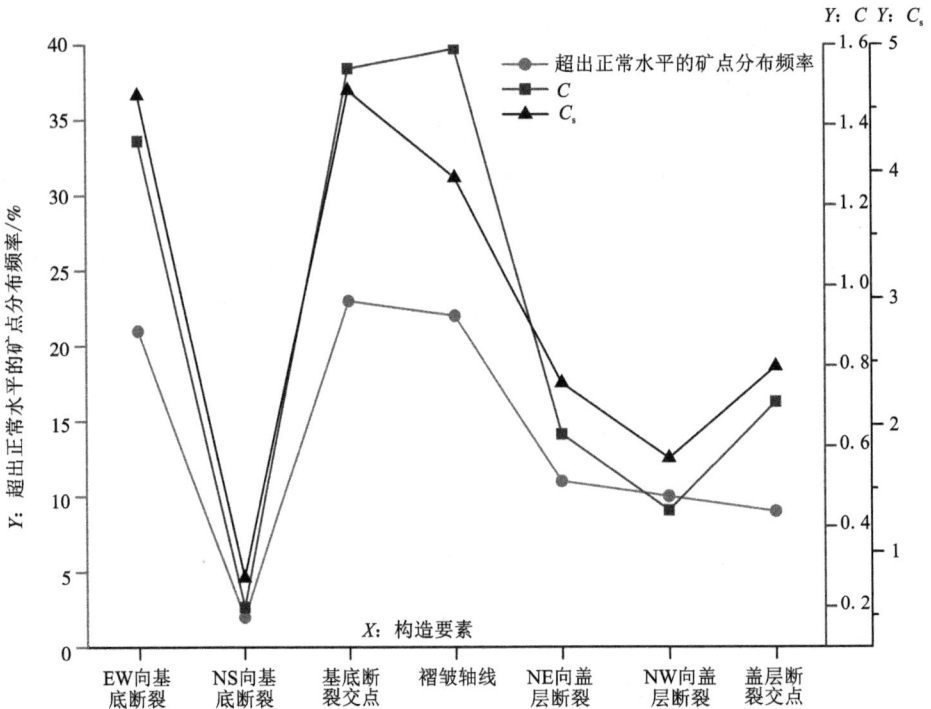

图 10-14 距离分布分析和证据权重分析得出的空间关系定量评价指标的对比图示

10.3 机器学习模型训练与评价

10.3.1 机器学习成矿预测的条件设定

由于本例的成矿预测采用有监督机器学习算法,因此除了信息图层之外还需要输入可供算法学习的样本集。样本集分为正样本和负样本,本区已发现的 63 个铜矿点作为模型学习的正样本,负样本(非矿点)则根据以下原则选取(Carranza et al., 2008; Zuo and Carranza, 2011):

(1)负样本的数量必须与正样本相同,才能组成足够、均衡的训练数据,并且在评价过程中模型的预测性能才能被准确地评估。

(2)负样本应该在已知矿点一定范围之外选取,这是因为在靠近已知矿点的区域很可能具有跟矿点相似的成矿条件组合,因此具有较大的概率发现未知的矿床。矿点距离分析可以用于确定具体的选取范围,如图 10-15 所示,统计每个矿点与它最近矿点的距离并编制成频数图,可以获知任一矿点与它最近矿点的最大距离为 4282 m。换言之,在任一矿点 4284 m 范围内,有 100% 的概率找到 1 个或者 1 个以上的其他已知矿点,因此应在这个缓冲范围之外选取非矿点。但是 4282 m 的缓冲区范围太大,缓冲区之外很难选择出 63 个非矿点。这里采用 1838 m 作为缓冲距离,在任一矿点 1838 m 范围内,有 86% 的概率找到 1 个或 1 个以上的已知矿点(图 10-15),非矿点应在这个范围之外选取。但以上以矿点缓冲区作为选取参照的

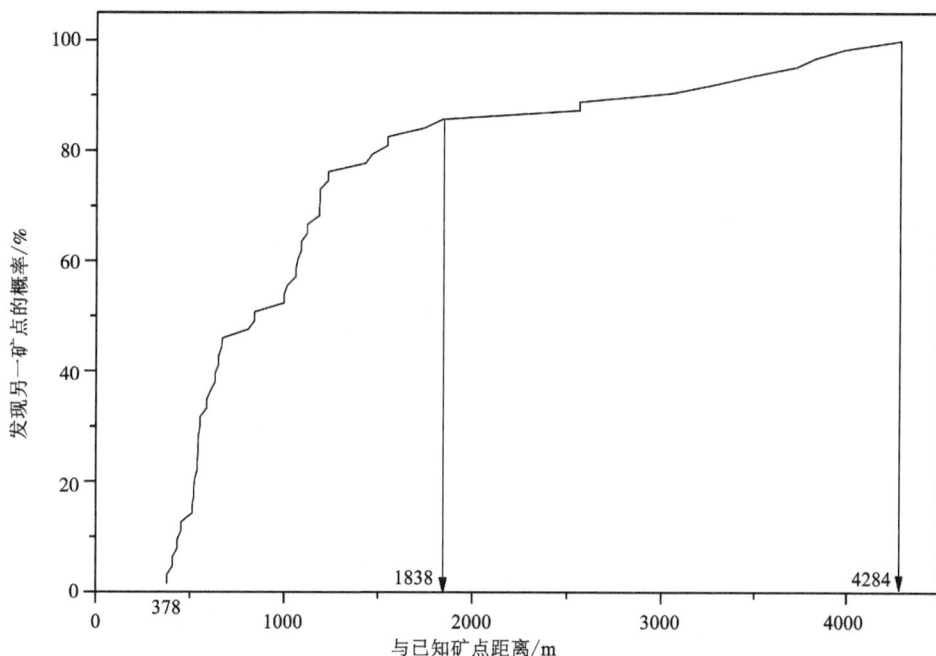

图 10-15 矿点模式分析显示在任一矿点一定范围内找到另一个矿点的概率

前提是研究区的勘查程度是均一的，否则在勘查程度差的地区没有足够的矿点作为参照。因此，在选取非矿点的时候考虑了研究区勘查程度均一的成矿地质条件，根据上节的空间分析结果，区内最有利的成矿条件是靠近侵入岩体，通过建立侵入岩体500 m的缓冲区来限定这一条件。由图10-16可见，大部分岩体缓冲区与矿点缓冲区重合，这些重合部分代表了研究区内勘查程度较高的区域，现有的几大矿田都落在这些重合区内。而有部分岩体缓冲区基本不包含已知矿点，这些区域往往位于勘查程度较差的地区，但具有一定的成矿潜力。因此，负样本应该在矿点缓冲区和岩体缓冲区之外进行选取，这样才能最大程度上降低非矿点与未发现矿床重叠的概率。

（3）矿床是稀有事件和非线性成矿过程的产物，因此它们的分布往往呈现丛聚分布特征，而非矿点作为常规自然事件的产物，一般呈随机分布，因此非矿点的选取应该是随机的。

遵循以上三个原则，在一定缓冲范围之外随机选取了63个非矿点作为负样本（图10-16）。

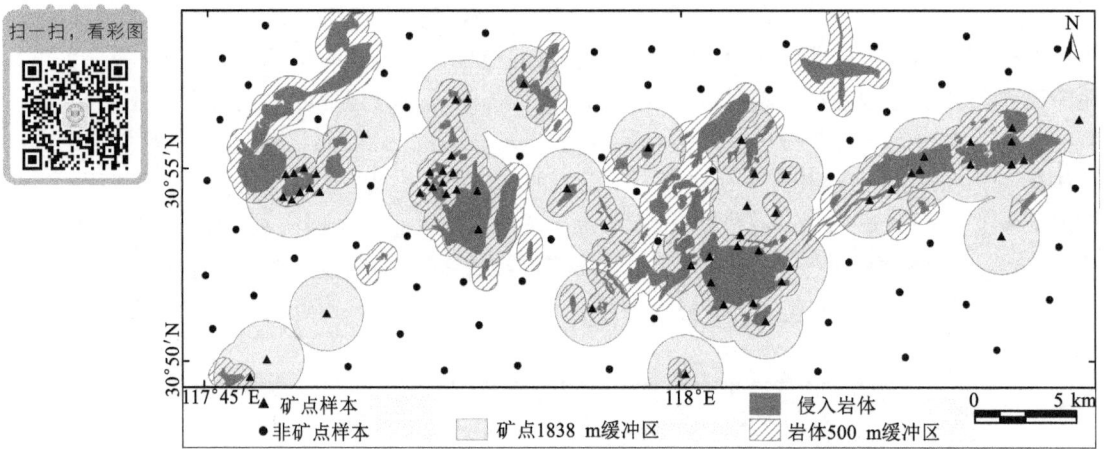

图10-16　输入数据集中正样本和负样本的选取

在训练机器学习模型之前，所有输入集（包括信息图层和样本集）都应该转化成数据表达的形式，因此需要将研究区域离散化，并将信息图层转化为栅格图，每个离散化的网格具有相应信息层的唯一数据表达。离散化的网格尺寸对于预测模型的精度有一定影响，本例采用了Carranza（2009）提出的方法客观地确定网格尺寸。首先，为了尽可能地利用稀少的正样本，合理的网格尺寸应该使每个已知矿点都落在单独的网格内，空间点模式分析可以帮助我们选择合适的尺寸范围。如图10-15所示，任一矿点最近邻矿点的最小距离是378 m，意味着大于378 m的网格尺寸可能会让两个矿点落在同一个网格内，因此，网格尺寸的上限为378 m。其次，网格尺寸的下限 S_{min} 取决于信息图层的分辨率，可通过以下公式计算（Hengl，2006）：

$$S_{min} = MS \times 0.00025 \tag{10-1}$$

其中，MS 表示地图的比例尺，本区采用的信息图层的最小比例尺为1:200000，所以网格尺寸的下限应为50 m。在合理的尺寸范围内（50~378 m），选择200 m作为离散化的网格尺寸，将研究区剖分为20250个网格。

10.3.2　模型训练与评价

通过模型训练获取最佳的模型参数组合是机器算法预测的第一步,也是得到可靠预测结果的关键步骤之一。在实际预测应用中,没有普遍意义上的确定参数的准则可以适用于所有情况,虽然一些经验性的参数区间可以帮助研究者在参数选取过程中缩小选择的范围,但客观的试错流程(trial and error)依然是获取最佳参数的必经步骤。本实例采用了网格搜索的思路和 10 折交叉验证的方法来执行试错程序。网格搜索是指在模型参数的合理范围内设置一定的步长列出参数可能的取值,然后对不同参数的不同取值进行全组合,对每种参数组合都进行训练,比较分类预测的精度。在单个参数组合的试错过程中,采用 10 折交叉验证的方法评价结果,具体方法是将原始训练集分为 10 等份,每次训练取其中 1 份作为验证数据,其余9 份作为训练数据,该过程重复 10 次直至每份数据都作为验证数据去评估过分类结果。最终的分类精度由 10 次训练结果的平均值决定(Xiong and Zuo,2017)。预测结果用均方差(MSE)来评估:

$$MSE = \frac{1}{N_v} \sum_{i=1}^{N_v} (\hat{y}_i - y_i)^2 \qquad (10-2)$$

在本次用于成矿预测的分类评估中,N_v 指验证数据的个数,$\hat{y}_i$ 指验证数据的预测结果(即用 1 来代表矿点,0 代表非矿点),y_i 指验证数据的实际结果(1 或者 0)。MSE 最低的模型参数组合用于构建最佳的预测模型。本实例采用的三种机器学习算法涉及的参数见表10-4,其中各参数的经验取值范围参考了前人的相关研究(Sun et al.,2019)。

表 10-4　机器学习模型的主要参数

模型	参数	描述	取值范围
人工神经网络	神经元数量	中间层(隐藏层)中神经元的数量	2~10
	最大训练次数	权重调整过程中最大的训练次数	10~500
	学习率	模型初始的学习速率	0.1~0.5
	动量项	限制权重调整局部最优化的参数	0.05~0.5
支持向量机	伽马	决定每个支持向量影响范围的参数	0.1~1
	惩罚因子	错误分类的惩罚系数	0.1~50
随机森林	分类树数量	随机森林中分类树的数量	10~500
	特征数量	每棵树随机选取的原始特征图层的数量	2~12
	最大深度	分类树分裂过程中的最大次数	2~20
	最小叶尺寸	每个叶节点的最小数量	1~20

经过参数实验和模型训练,每种机器学习算法采用最佳的参数组合构建了相应的预测模型。研究区每个离散化的网格区域都会被赋予一个范围从 0 到 1 的浮动概率值,表示该区域与矿点所在区域成矿潜力评估条件的相似程度。在默认的分类方案中,预测概率值大于0.5 的网格被认为包含矿点,概率小于 0.5 的区域被认为是非矿点区域。

为了综合评估机器学习模型的分类和预测能力，本实例研究采用了基于混淆矩阵的统计指标、ROC 曲线和成功率曲线等评价方法。

混淆矩阵可以精确地描述模型的分类精度。在混淆矩阵中，模型分类预测的结果被总结为四种情况：

（1）如果一个真实的矿点被预测为矿点，混淆矩阵将之归类为被正确预测的正样本（true positive sample，TP）；

（2）如果一个真实的矿点被预测为非矿点，可将之归类为被错误预测的负样本（false negative sample，FN）；

（3）如果一个真实的非矿点被预测为矿点，可将之归类为被错误预测的正样本（false positive sample，FP）；

（4）如果一个真实的非矿点被预测为非矿点，可将之归类为被正确预测的负样本（true negative sample，TN）。

基于这四种分类，可将训练过程和验证过程中各种类别的分类精度按以下指标进行统计：

$$\text{Sensitivity} = \frac{TP}{TP+FN} \tag{10-3}$$

$$\text{Specificity} = \frac{TN}{TN+FP} \tag{10-4}$$

$$\text{Positive predictive value} = \frac{TP}{TP+FP} \tag{10-5}$$

$$\text{Negative predictive value} = \frac{TN}{TN+FN} \tag{10-6}$$

$$\text{Accuracy} = \frac{TP+TN}{TP+TN+FP+FN} \tag{10-7}$$

三种机器学习模型分类结果的混淆矩阵见表 10-5~10-7。从以上表格数据中可知，随机森林在训练集上达到了 100%的分类准确度，人工神经网络也仅错误分类了 1 个矿点样本，以上两种模型在验证集上有着卓越的表现。与之相比，支持向量机在训练集和验证集上都表现不佳，特别是在验证过程中，支持向量机模型错误分类了近 1/3 的矿点样本。基于以上混淆矩阵，表 10-8 统计了所有样本集上的分类精度的评价指标。随机森林模型具有最高的敏感度（93.65%），指示了 93.65%的矿点样本被正确分类为矿点；其次为人工神经网络模型（90.48%）和支持向量机模型（79.37%）。人工神经网络模型的特异度达到了 100%，指示了所有非矿点样本都被正确地分类为非矿点，随机森林模型和支持向量机模型的特异度也都高于 95%，表明了三类模型对于非矿点的分类都很准确。人工神经网络模型达到了 100%的预测正样本准确率，指示了所有被预测为矿点的样本都为真实矿点；随机森林模型也具有很高的预测正样本准确率（98.33%），仅有 1 个非矿点被错误预测为矿点；支持向量机模型在此项预测精度评估上表现稍差（94.34%）。支持向量机同时具有较低的预测负样本准确率（82.19%），指示了被预测为非矿点的样本里只有 82.19%是真实的非矿点；随机森林模型和支持向量机模型具有较高的预测负样本准确率，分别达到了 93.94%和 91.30%。随机森林模型的总体分类准确率达到了 96.03%，指示了该模型正确识别了 96.03%的矿点和非矿点；人工神经网络和支持向量机的总体分类准确率分别为 95.24% 和 87.30%。

预测模型的总体预测性能可以通过 ROC 曲线来评估，ROC 曲线是针对二元分类系统分类性能的评价指标，将分类成功率随判断阈值递减的变化规律用图形的方式表现出来。具体来说，ROC 曲线以预测结果的每一个值作为可能的判断阈值，由此计算得到相应的灵敏度和特异度，图形中 Y 坐标为真阳性率（即灵敏度），反映当前判断阈值下正确预测滑坡点的比例；X 坐标为假阳性率（数值上等于 1-特异度），指示非目标点被错误预测为目标点的比例。通过改变阈值得到了大量的数据对（假阳性率，真阳性率）从而构建 ROC 曲线。ROC 曲线越接近左上角，说明该模型的预测性能越好。为了量化地评价预测性能，将曲线下的面积（area under the curve，AUC）作为指标定量衡量不同预测模型的预测性能，取值范围为（0，1）。本实例中三种模型的 ROC 曲线如图 10-17 所示，随机森林的 ROC 曲线最靠近左上角，其 AUC（0.9892）大于人工神经网络（0.9836）和支持向量机（0.9332），表明了随机森林的整体预测性能最优，人工神经网络次之，支持向量机的预测性能最差。这与混淆矩阵的评估结果相同。

表 10-5　支持向量机在训练集和验证集上的混淆矩阵

	训练集		验证集	
	真实矿点	真实非矿点	真实矿点	真实非矿点
预测矿点	36	3	14	0
预测非矿点	6	39	7	21

表 10-6　人工神经网络在训练集和验证集上的混淆矩阵

	训练集		验证集	
	真实矿点	真实非矿点	真实矿点	真实非矿点
预测矿点	41	0	16	0
预测非矿点	1	42	5	21

表 10-7　随机森林在训练集和验证集上的混淆矩阵

	训练集		验证集	
	真实矿点	真实非矿点	真实矿点	真实非矿点
预测矿点	42	0	17	1
预测非矿点	0	42	4	20

表 10-8　机器学习模型的分类预测精度　　　　　　　　单位：%

指标	支持向量机	人工神经网络	随机森林
敏感度	79.37	90.48	93.65
特异度	95.24	100	98.41
预测正样本准确率	94.34	100	98.33
预测负样本准确率	82.19	91.30	93.94
总体分类准确率	87.30	95.24	96.03

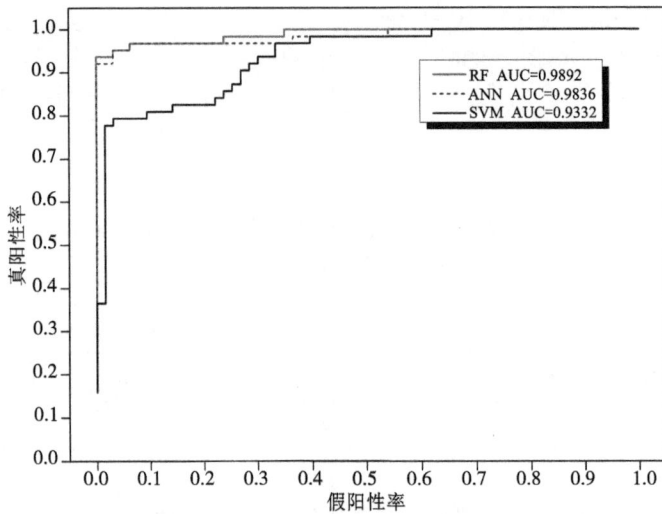

扫一扫，看彩图

图 10-17　随机森林（RF）、人工神经网络（ANN）
和支持向量机（SVM）的 ROC 曲线和 AUC 值

从模型算法角度来看，三种机器学习模型在分类能力和综合预测能力上都达到了令人满意的精度。但结合成矿预测应用的基本要求来看，模型输出的预测结果应尽可能以最小的面积的靶区获得最高的找矿成功率，即应考虑模型的预测效率。三种机器学习模型按默认分类方案（预测概率>0.5）圈定的成矿潜力区分别占研究区总面积的 30.63%（人工神经网络模型）、21.34%（支持向量机模型）、33.11%（随机森林模型）。显然，这种方案圈定的目标区域面积太大，无法作为后续勘查工作中高效合理的找矿靶区。因此，本实例采用成功率曲线作为评估模型预测效率和有效划分勘查靶区的手段。成功率曲线统计了大于某个预测概率的区域面积比率（区域面积/总面积）与该区域内包含的已知矿点比率（区域内矿点数目/总矿点数目）。成功率曲线很好地反映了成矿预测靶区圈定的基本思想，即以尽可能小的面积获得尽可能大的找矿成功率。如图 10-18（a）所示，随机森林的成功率曲线基本位于人工神经网络和支持向量机的成功率曲线之上，那就意味着在相同面积的靶区之内，随机森林包含了比其他两种模型更多的已知矿点；从另一个角度考虑，要捕获相同数量的已知矿点，随机森林圈出的靶区面积最小。如果用若干拟合直线反映不同预测概率区间的矿点比率/面积比率，那么拟合直线的斜率就可以反映该区段模型预测的效率，斜率越大，说明模型用越小的面积捕获了越多的已知矿点。相邻拟合直线的交点反映了不同预测效率区段的分界点，可以作为细分成矿潜力区的阈值。根据从图 10-18(b)~(d)中获取的阈值，三种机器学习模型划分不同成矿潜力区，生成成矿预测图(图 10-19)。随机森林模型生成的成矿预测图中，占总面积 4.99% 的极高潜力区包含了区内 55.56% 的已知矿点；与之相比，人工神经网络模型圈出的极高潜力区占研究区 7.98% 的面积，包含 53.97% 的已知矿点；支持向量机则以 8.98% 的极高潜力区面积捕获了 61.90% 的已知矿点。从成矿潜力和预测效率来看，极高潜力区和高潜力区可以作为后续勘查工作的目标区域，随机森林模型圈定的目标区域包含区内 51 个已知矿点，面积比率为 13.97%；而人工神经网络和支持向量机圈定的目标区域包含相似数目的已知矿点(54 个和 50 个)，但占据了研究区 20.95% 的面积。

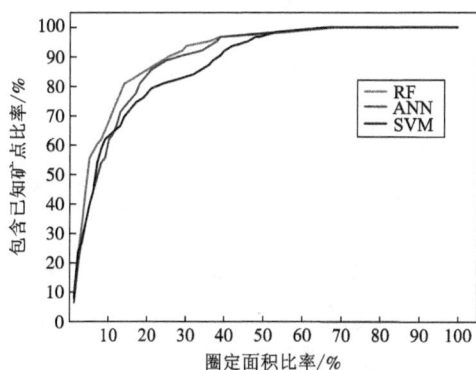

(a)三种模型的成功率曲线对比，随机森林：随机森林，人工神经网络：人工神经网络，支持向量机：支持向量机

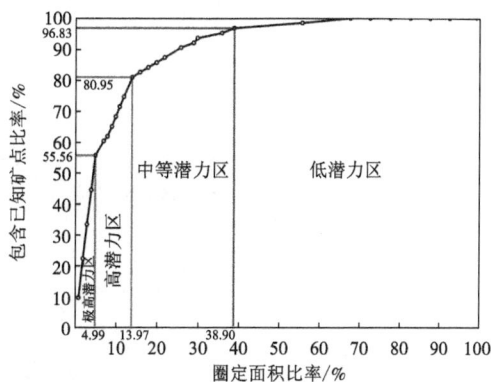

(b)随机森林模型的成矿潜力区划分

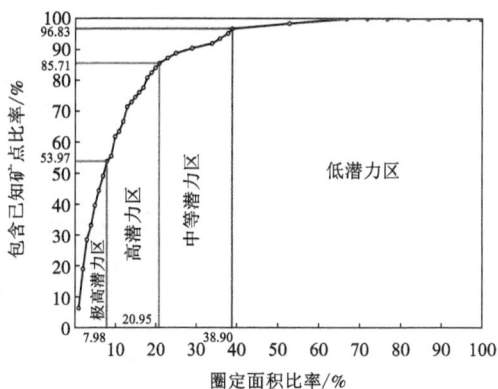

(c)人工神经网络模型的成矿潜力区划分

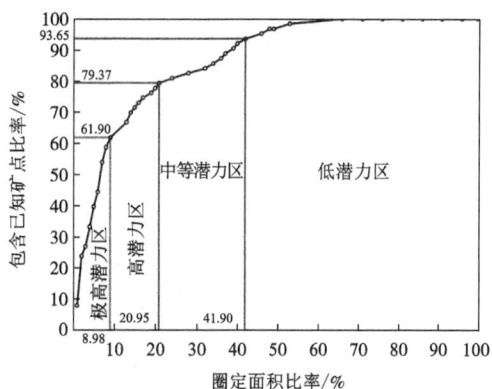

(d)支持向量机模型的成矿潜力区划分

图 10-18　预测模型的成功率曲线

　　综合模型分类精度、ROC 曲线和成功率曲线的评估结果，本实例选择随机森林模型作为最终的成矿预测模型，并将基于成功率曲线的成矿潜力区分布图[图 10-19(c)]作为最终的预测成果图。

扫一扫，看彩图

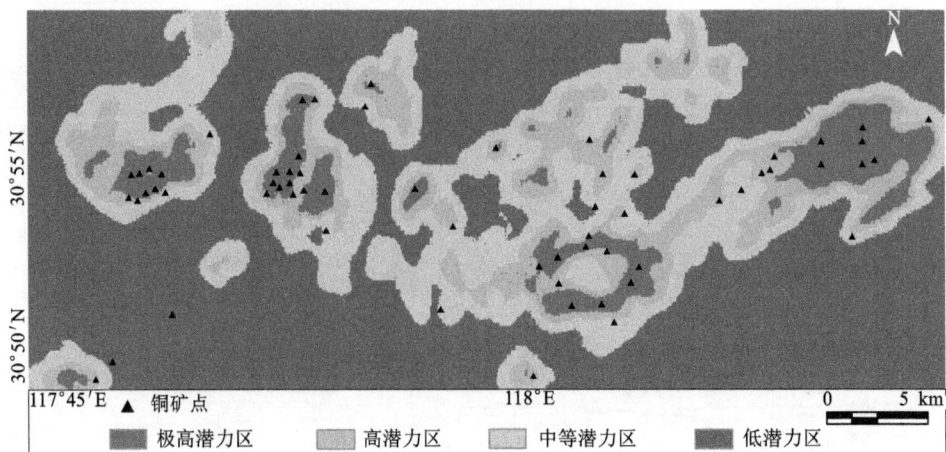

(a) 人工神经网络模型

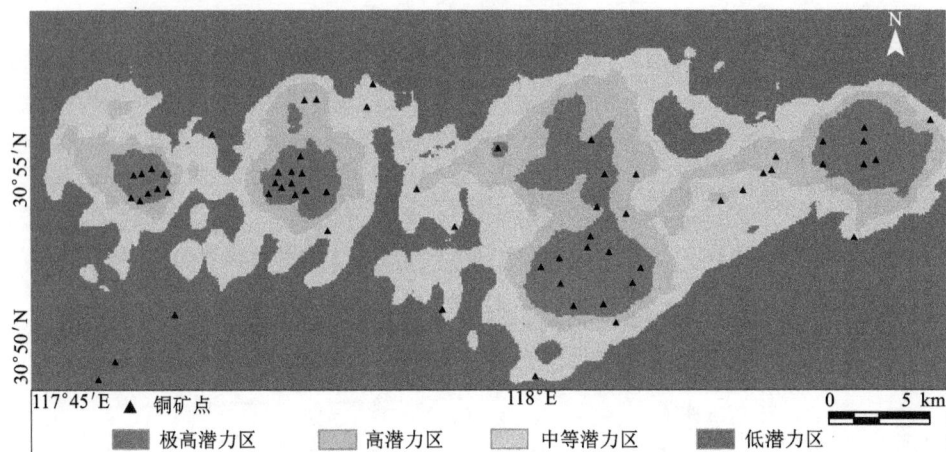

(b) 支持向量机模型

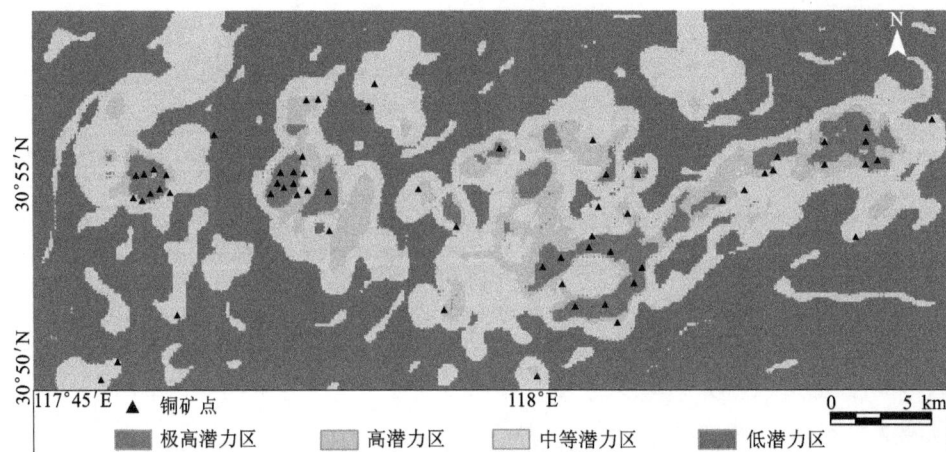

(c) 随机森林模型

图 10-19　根据成功率曲线重分类的成矿预测图

10.4　模型解释

一个有效的成矿预测模型应包含以下要素：稳健的算法方案、合理的模型输入和可靠的模型输出。对于机器学习来说，建立稳健的算法模型最关键的问题是避免过拟合。过拟合是指训练好的模型在训练集上具有优异的预测表现，但对新数据的预测准确度却大幅下降。本实例采用了两种方案来避免过拟合问题：一是将 1/3 的数据从原始样本集中分离出来，组成验证集的这些数据不参与训练过程，因此可以很好地评估过拟合的程度；二是训练过程采用十折交叉验证的方法，每次训练都取出一部分数据作为训练精度的评估样本，以此来保证训练出的模型本身就不会陷入过拟合的陷阱。在确保合理模型输入方面，本实例采用了成矿系统分析法将研究区目标矿床类型的成矿模型转化成 12 个信息图层，能全面地反映成矿系统物质来源、运移、汇聚和沉淀的关键过程。模型评价结果表明了机器学习模型具有优异的预测能力，但对于模型输出结果的可靠性还应进行地质方面的解译。由于对预测结果的解译往往受阻于机器学习算法的"黑箱属性"，即预测过程完全由数据驱动，缺乏对成矿系统知识和认识的反馈，因此本实例采用了信息增益（information gain，简称 IG）值来定量计算输入的各信息图层对预测模型的影响权重，并以此评估信息图层反映的地质要素在成矿预测中的相对重要程度。信息增益值可由下式计算：

$$IG(Y, F_i) = H(Y) - H(Y|F_i) \tag{10-8}$$

其中，$H(Y)$ 是分类结果 Y 的熵值，$H(Y|F_i)$ 为输入信息图层关联 Y 后的熵值。各信息图层对模型预测结果的权重见图 10-20，从图中可见，虽然单个信息图层对不同模型预测结果的权重不尽相同，但所有信息图层对预测模型的相对重要程度的排序是相似的。岩体出露边界邻域对预测结果影响最大，对人工神经网络和随机森林模型的预测结果贡献了超过 35% 的权重。其他重要的信息图层还包括推测的岩体深部边界邻域和多元素地球化学异常，对三种预测模型贡献了平均 10% 左右的权重。磁异常、铜地球化学异常、EW 向基底断裂邻域和岩性边界密度对最终预测结果贡献了大于 5% 的权重，而泥化蚀变邻域和盖层断裂密度的权重最小（<2%）。信息增益值分析结果表明最重要的信息图层反映的是成矿系统起源过程产生的勘查要素，即白垩纪侵入岩体相关的要素，包括岩体出露边界邻域、岩体深部边界邻域和磁异常；反映矿质沉淀过程的多元素和铜地球化学异常以及铁化蚀变邻域是第二重要的勘查要素；反映成矿流体运移和汇聚过程的构造要素也对最终预测模型有一定程度的贡献。信息增益值反映的信息图层相对重要程度的排序，与研究区实际勘查工作的重点基本吻合，都强调侵入岩体和沉淀场所的重要性。

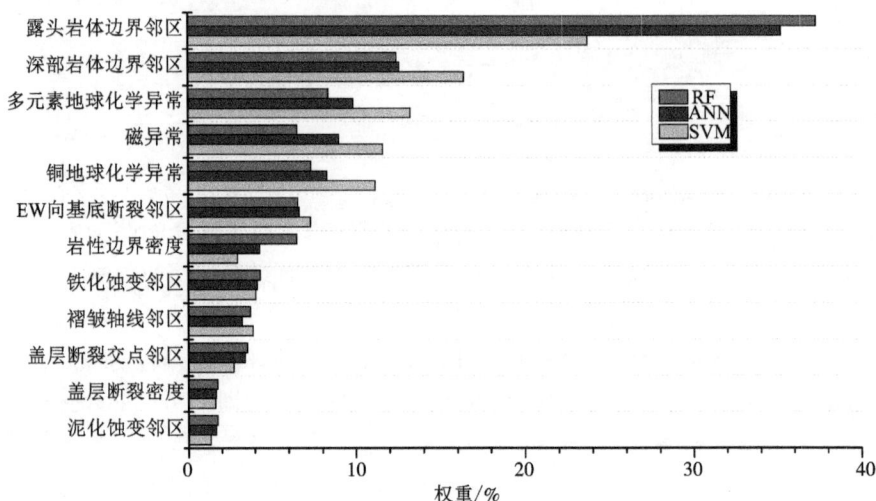

图 10-20　信息图层对成矿预测模型的权重贡献

课后思考题

1. 简述定量成矿预测的流程。

2. 用于成矿预测的地质信息图层的选用原则是什么？

3. 选择非矿点时应遵循哪些原则？其中参考了哪些地质信息？

4. 总结机器学习成矿预测模型评价的指标。

5. 距离分布分析和证据权重法在成矿预测中的作用是什么？

6. 谈谈地质信息处理技术和人工智能技术是如何相互结合，协同服务于成矿预测的。

主要参考文献

［1］孙涛，杨慧娟，胡紫娟，等.地学空间预测的定量分析方法与应用［M］.长沙：中南大学出版社，2019.

［2］Carranza E J M, Hale M, Faassen C. Selection of coherent deposit-type locations and their application in data-driven mineral prospectivity mapping［J］. Ore Geology Reviews, 2008, 33：536-558.

［3］Zuo R, Carranza E J M. Support vector machine：a tool for mapping mineral prospectivity［J］. Computer & Geosciences, 2011, 37：1967-1975.

［4］Carranza E J M. Objective selection of suitable unit cell size in data-driven modeling of mineral prospectivity［J］. Computer & Geosciences, 2009, 35：2032-2046.

［5］Hengl T. Finding the right pixel size［J］. Computer & Geosciences, 2006, 32：1283-1298.

［6］Xiong Y, Zuo R. Effects of misclassification costs on mapping mineral prospectivity［J］. Ore Geology Reviews, 2017, 82：1-9.

［7］Sun T, Chen F, Zhong L, et al. GIS-based mineral prospectivity mapping using machine learning methods：a case study from Tongling ore district, eastern China［J］. Ore Geology Reviews, 2019, 109：26-49.

［8］蒲文斌.基于多源数据集成的赣南钨资源定量成矿预测［D］.赣州：江西理工大学，2024.